高等职业教育创新型人才培养系列教材

STM32 程序设计

——从寄存器到 HAL 库

主　编　欧启标

副主编　吴　清　邱　怡　何　威

审　核　正点原子

北京航空航天大学出版社

内容简介

本书从一个最简单的 STM32/GD32 的程序出发,逐步过渡到时钟系统的作用和配置、如何精确延时、使用定时器对各种信号进行捕获。为了解决 HAL 库函数涉及的大量的 C 语言知识,针对模块寄存器的特点介绍了如何使用结构体对这些寄存器进行封装,并以 GPIO 的设置函数为例,介绍了如何实现功能的封装,并最终过渡到 HAL 库中库函数的形成以及特点。全书共包含 9 个模块,其中:模块一介绍 STM32/GD32 开发环境的使用,并顺带学习 GPIO 口的输出功能应用和 STM32/GD32 系列单片机相关知识以及本书使用的硬件平台;模块二介绍 STM32/GD32 时钟系统的作用以及配置流程;模块三介绍系统滴答定时器的定时原理及延时的应用,同时对模块化编程的思想进行介绍;模块四介绍 STM32/GD32 的存储器,包括程序的存放地点以及 STM32/GD32 的存储器结构等,并通过 GPIO 口的设置函数的定义初步学习 STM32/GD32 的功能集成;模块五介绍机械按键的识别,通过该模块的学习,可以知道 GPIO 口的输入的应用特点,并对目前市面上的各种矩阵键盘的按键状态的识别进行了介绍;模块六介绍使用 ST 公司的初始化工具 STM32CubeMX 对 STM32/GD32 功能模块的初始化,并介绍 HAL 库的 GPIO 模块控制的相关函数;模块七介绍 STM32/GD32 中断的使能、响应和执行过程;模块八介绍串口通信,包括轮询方式、中断方式收发数据;模块九学习定时器,在该模块中,对定时器的原理进行了详细的介绍,并通过定时器中断、PWM 信号的产生、输入捕获等的学习来对定时器进行整体的把握,为定时器的各种应用奠定坚实基础。

本书适合作为高职、应用型本科相关专业的教材。不过由于本书以技术介绍和应用为主,因此也可以作为本科相关专业的教材,以及作为相关技术人员的参考用书。

图书在版编目(CIP)数据

STM32 程序设计：从寄存器到 HAL 库 / 欧启标主编
. -- 北京 ：北京航空航天大学出版社,2023.1
ISBN 978 - 7 - 5124 - 3956 - 6

Ⅰ. ①S… Ⅱ. ①欧… Ⅲ. ①单片微型计算机－程序设计 Ⅳ. ①TP368.1

中国版本图书馆 CIP 数据核字(2022)第 243789 号

STM32 程序设计——从寄存器到 HAL 库
主 编 欧启标
副主编 吴清 邱怡 何威
审 核 正点原子
策划编辑 冯颖 责任编辑 冯颖
*
北京航空航天大学出版社出版发行

北京市海淀区学院路 37 号(邮编 100191) http://www.buaapress.com.cn
发行部电话：(010)82317024 传真：(010)82328026
读者信箱：goodtextbook@126.com 邮购电话：(010)82316936
北京宏伟双华印刷有限公司印装 各地书店经销
*
开本：787×1 092 1/16 印张：14 字数：358 千字
2023 年 1 月第 1 版 2023 年 1 月第 1 次印刷 印数：2 000 册
ISBN 978 - 7 - 5124 - 3956 - 6 定价：45.00 元

前　言

　　STM32 是当前单片机应用的主流芯片,在国内 Cortex – M 市场,STM32 市场份额占到了 45.8%,而 ST 也是中国市场第二大通用微控制器厂商。尽管 STM32 的市场占有率如此之高,但在高等职业教育和职业本科领域,学习的主流芯片技术依然是 51 单片机。这里面原因较多,其中之一就是 STM32 模块多、功能多、设计复杂,讲解起来相对困难,学习难度较大。

　　尽管 ST 公司为了让学习者更快地上手,推出 STM32CubeMX 工具来简化设计流程,提高设计效率,但使用 STM32CubeMX 建立的工程是基于 HAL 库的,对 C 语言的要求比较高,其复杂的功能封装使得那些对底层不熟悉的初学者在调试程序时很难发现问题。为了兼顾平衡底层原理和开发应用,我们和广州星翼电子科技有限公司(正点原子)联合编写了本书。

　　本书从底层控制核心部件——寄存器出发,从寄存器操作到寄存器封装,再到功能封装,最后过渡到 HAL 库,步步推进,逐层深入,让读者不但学会应用,而且理解原理。在应用 HAL 库开发遇到复杂问题时,可以直接用寄存器调试,以寻找问题的替代方法。

　　本书特点如下:

　　1. 配套资源丰富。本书配有全套视频教程,这些教程不但有原理讲解,还有实操过程演示、实操出现问题的解决方案等。视频教程在全网多个渠道免费发布。在发布的视频中,不但包含本书的全部内容讲解,还包含实时操作系统等扩展内容的实操、原理和执行过程演示与讲解。除了视频教程,本书还配套全部课程实验的程序、PPT、习题库等。

　　2. 兼顾原理的掌握和应用开发的统一。书中内容分为两部分,前半部分主要是入门引导,所有例程都使用直接操作寄存器达到控制目的,让读者知道"为什么这样做";后半部分则从 STM32CubeMX 出发,带领读者进入 HAL 库的世界,提高开发效率。前半部分重在学习基础知识,后半部分重在应用。为了更加贴近实战,在呼吸灯介绍中使用正弦函数改变占空比,使灯的"呼吸"更加柔和自然,在串口通信中介绍了自定义数据帧的应用以模拟工业控制过程。

　　3. 突出先技能再原理的学习策略。全书除了定时器等少部分内容,都是先做实验,让读者初步了解知识点后再讲解原理,避免了"长篇大论"的原理介绍使读者失去继续学习的兴趣和信心。

4. 复杂知识碎片化。 在本书中,对 STM32 复杂的模块内容进行碎片化。以定时器学习为例,将相关知识细分为普通定时应用、普通中断应用、PWM 信号的产生、输入信号的捕获等知识点,并在其中穿插讲解定时器的结构、HAL 库定时器应用相关函数的实现等内容。

5. 手把手教学。 所有实验都配套完整的开发过程视频,这些视频将项目的建立、程序结构的编制、程序的书写、调试(包括实现过程中出现的错误以及错误解决办法)全部包含在其中,手把手带领读者进入嵌入式开发世界。

6. C 语言再学习。 本书不但详细介绍了 STM32 各个模块的应用和原理,而且扩展了嵌入式开发中一些 C 语言知识的应用,比如结构体在寄存器封装中的应用、串口的重定向以及使用 memset 清空缓冲区等。

本书参考学时数为 64,在使用时可根据具体教学情况酌情增减。欧启标总体策划本书,编著了本书的大部分章节并对全书统稿。何威编写了模块二,邱怡编写了模块五,吴清编写了模块三、模块四并编写了全书的习题和习题库,广州市星翼科技有限公司(正点原子)为全书提供了丰富的例程并指导了全书内容节点的确定及编排。

为了方便教学,**本书配有开发板、教学课件、视频教程、C 语言源程序文件、习题库等供任课教师选用,如有需要请发送邮件至 goodtextbook@126.com 或致电 010-82339817 申请索取。**

另外需要说明的是,本书以 STM32F407ZGT6 为例进行讲解,但 STM32F407ZGT6 和兆易创新的 GD32F407ZGT6 是 Pin to Pin 的,两者封装一样,程序通用,所以也适用于 GD32F407ZGT6 的学习。

最后,感谢我的学生梁华南、黄明钊、黄箐昱、杨育斌、邹希敬、何志诚、许奋钊等,他们反复对书中的例程进行验证,并以初学者的角度对书中的内容进行了多次模拟阅读,为本书的改进提出了宝贵的修改意见。另外,同教研室的张宇、赵剑川、赵金洪,学院的黎旺星、张永亮、潘必超、李建波、赵静、陈榕福、高立新、兰小海等老师也对本书的编著提出了中肯的意见和建议,在此表示感谢。正点原子公司的工程师们也为本书提供了大量的源码和例程,同时还和编者深入探讨了书中的内容并给出了很多改进意见,在此一并表示感谢。

由于时间紧迫和编著者水平有限,书中的错误和缺点在所难免,敬请各位读者批评指正。

作 者

2022 年 11 月

目　　录

STM32 开发入门基础知识

教学目标

◆ 能力目标

1. 掌握编程软件 MDK - ARM 的基本操作。

2. 掌握使用 ST - Link 下载程序。

3. 掌握 STM32 的 GPIO 口作输出时的配置。

◆ 知识目标

1. 了解 STM32 的发展历程。

2. 了解 STM32 的分类及主要特点。

3. 了解 STM32 的 3 种开发方法。

4. 熟悉 STM32 的 GPIO 口寄存器的配置特点。

◆ 项目任务

1. 通过实施任务掌握 STM32 的程序下载方法和应用 MDK 建立工程的步骤。

2. 通过实施任务掌握蜂鸣器的应用。

项目 1.1　STM32 的开发过程

1.1.1　STM32 的开发过程简介

　　STM32 的开发分为两大步骤:一是使用开发工具建立工程,生成可执行文件;二是将可执行文件下载到开发板上观察结果。

　　常用的 STM32 单片机开发工具有 MDK - ARM 和 IAR,本书使用的是 MDK - ARM。MDK - ARM 是 Keil 公司开发的基于 ARM 核系列微控制器的嵌入式应用程序,适合不同层次的开发者使用,包括专业的应用程序开发工程师和嵌入式软件开发入门者。MDK - ARM 集成了工业标准的 Keil C 编译器、宏汇编器、调试器、实时内核等组件,支持所有基于 ARM 内核的设备,能够编辑、编译、链接程序以生成最终的可执行文件。下面通过任务 1 - 1 来学习 MDK 在 STM32 开发中的应用,并初步掌握 STM32 寄存器开发的特点。

　　【任务 1 - 1】　点亮与 STM32 PF9 引脚相连的 LED 灯(LED0)。

　　【任务目标】　已知开发板上红色 LED 灯的电路连接如图 1 - 1 所示,使用 MDK 创建工程并将输出的可执行文件(.hex)下载到开发板上,实现 LED0 常亮。

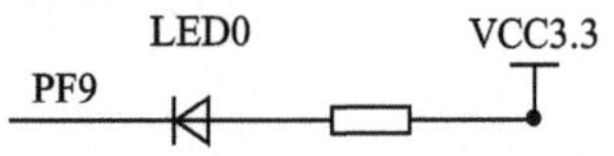

图 1 - 1　PF9 控制 LED 硬件电路图

　　【源程序】　实现任务目标的源程序如下:

```
/* GPIOF 口相关寄存器的定义 */
#define GPIOF_MODER    ( * (volatile unsigned * )0x40021400)   //端口 F 的模式配置寄存器
#define GPIOF_ODR      ( * (volatile unsigned * )0x40021414)   //端口 F 的输出数据寄存器

/* 时钟系统相关寄存器的定义 */
#define RCC_AHB1ENR    ( * (volatile unsigned * )0x40023830)   //外设时钟使能寄存器

/* 主函数 */
int main(void)
{
    RCC_AHB1ENR  | = (1 << 5);         //使能端口 F 时钟
    GPIOF_MODER  & = ~(3 << (9 * 2));  //将模式寄存器的 bit19、bit18 位清 0
    GPIOF_MODER  | = (1 << (9 * 2));   //将模式寄存器的 bit19、bit18 设置为 01
    GPIOF_ODR    | = (1 << 9);         //设置数据寄存器的 bit9 = 1,LED0 灭
    while(1)
    {
        GPIOF_ODR & = ~(1 << 9);       //设置数据寄存器的 bit9 = 0,LED0 亮
    }
}
```

【实现过程】

1. 创建工程具体步骤

(1) 新建工程并选择对应的 MCU。

首先,建议读者养成良好的习惯,建立一个专门的文件夹用于保存工程文件,而且最好所有的文件夹和文件名都使用英文命名。在此,我们建立的文件夹名称为 stm32test,专门用于存放 stm32 的练习例程。在该文件夹中再新建一个名为 LED0_Bright 的文件夹,用于保存本例程的工程及相关文件。双击桌面上 MDK - ARM 的快捷图标打开 Keil5,Keil 的打开界面如图 1-2 所示。

图 1-2　Keil 打开界面框图

由图 1-2 可知,Keil 的界面由 5 部分组成,具体如下:

① 菜单栏。菜单栏列出了 Keil 的所有功能。

② 工具栏。工具栏列出了 Keil 的常用功能,比如保存、编辑、编译、配置等。

③ 工程窗口。工程窗口中包含了全部的工程文件。

④ 代码编辑窗口。用于编辑源代码。

⑤ 编译信息输出窗口。该窗口提供了软件编译过程的信息,比如警告、错误等。

打开 Keil 后,若已经存在工程,则先关闭工程,关闭已有工程的步骤如图 1-3 所示。

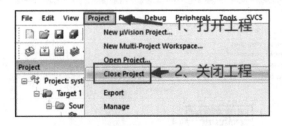

图 1-3 Keil 关闭已有工程步骤

若没有已经存在的工程或者已经将工程关闭,则接下来新建工程。单击 Project 菜单,选择 New μVision Project(新建工程),如图 1-4 所示。

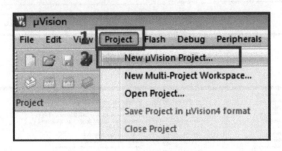

图 1-4 新建工程

将新建的工程命名为 LED0_Bright(可依个人爱好命名,但一定要见名知意),并保存到之前新建的 LED0_Bright 文件夹,具体步骤如图 1-5 所示。

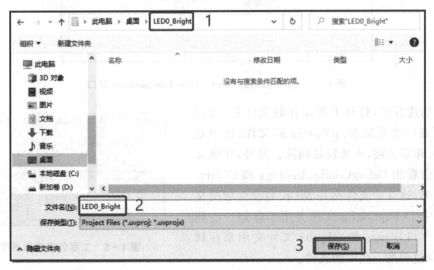

图 1-5 定位工程文件存放目录

保存之后,在弹出的窗口中选择处理器:单击打开 STM32F407 下拉列表,选择 STM32F407ZG (开发板的处理器是什么就选择什么,笔者使用的开发板处理器为 STM32F407ZGT6),选择好后,单击"OK"按钮,然后在弹出的下一个窗口中单击"Cancel"(取消)按钮。具体过程分别如图 1-6 和图 1-7 所示。至此,工程创建完毕,结果如图 1-8 所示。

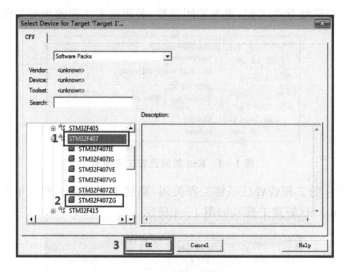

图 1-6　处理器的选择

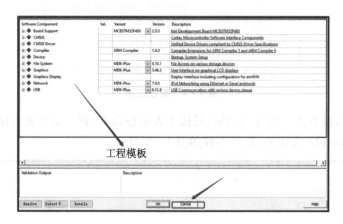

图 1-7　取消 Manage Run-Time Environment 窗口

工程创建好后,打开工程保存的文件夹,可以看到里面有一个后缀为 .μVprojx 的文件,这个是工程文件,非常关键,不要轻易删除。另外,在该文件夹中还会看到 DebugConfig、Listings 和 Objects 三个文件夹,这 3 个文件夹是 MDK 自动生成的文件夹。其中 DebugConfig 文件夹用于存储一些调试配置文件,Listings 和 Objects 文件夹用来存储 MDK 编译过程的一些中间文件。

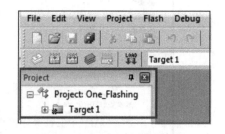

图 1-8　工程创建结果界面

(2)编辑源程序,并将源程序保存到文件夹 LED0_Bright 中。

　　单击 Keil 左上角的空白页▢工具按钮,弹出编辑窗口,将任务 1-1 的源代码编辑到该窗口并保存到 LED0_Bright 文件夹中,保存时取名为 main.c。因为这里我们只是观看结果,所以带"//"的注释部分可以不编辑。编辑过程和结果如图 1-9 所示。

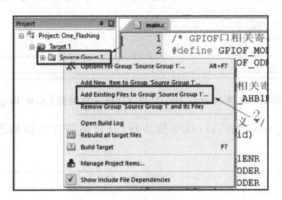

图 1-9　编辑源程序并保存

　　(3)将编辑好的源程序添加到工程中,添加过程如图 1-10 所示。

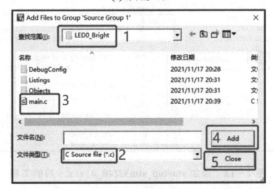

(a) 添加步骤

(b) 选择添加文件并添加

图 1-10　将源程序文件添加到工程中

　　(4)因为单片机启动时都先执行一段汇编程序,对系统进行初始化后才跳转到 main 函数

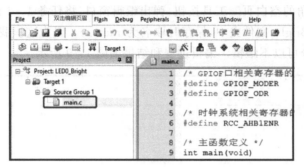

(c) 添加结果

图 1-10　将源程序文件添加到工程中(续)

执行,所以需要将启动的汇编程序添加到工程中。对于本开发板的处理器,启动文件为 star-tup_stm32f40_41xxx.s,将该文件复制到 LED0_Bright 文件夹中,如图 1-11 所示。

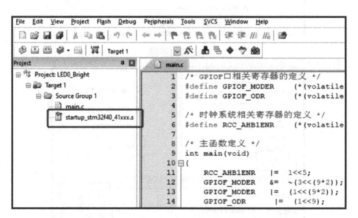

图 1-11　将汇编文件 startup_stm32f40_41xxx.s 复制到 LED0_Bright 后的结果

(5) 将文件 startup_stm32f40_41xxx.s 按步骤(3)介绍的方法添加进工程,结果如图 1-12 所示。

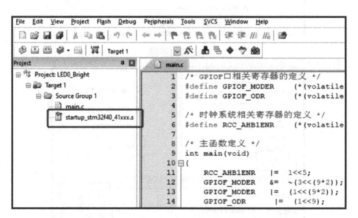

图 1-12　添加 startup_stm32f40_41xxx.s 后的工程

(6) 配置工程文件,单击工具栏中的魔术棒(目标选项按钮) ,设置开发板使用的晶振频率为 8 MHz(按实际设置,注意,本任务实际使用的是 STM32 的内部时钟,没有使用该晶振时钟!),并勾选 Create HEX File 选项,具体分别如图 1-13 和图 1-14 所示。

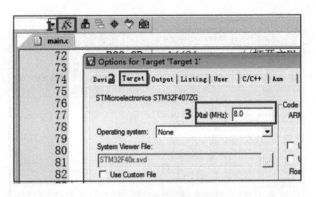

图 1 - 13 设置晶振频率

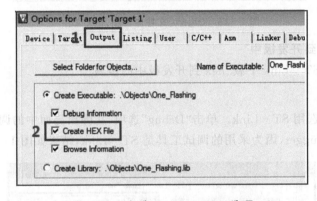

图 1 - 14 勾选 Creat HEX File 选项

（7）单击工具栏中的编译按钮编译源程序，具体步骤如图 1 - 15 所示。

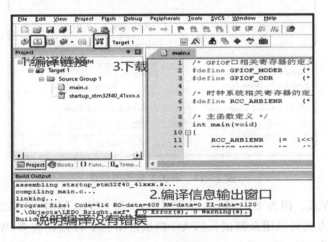

图 1 - 15 编译结果

编译后，如果在编译结果显示界面显示"0 Error(s)，0 Warning(s)"，说明源程序没有语法错误，此时会在工程文件夹中的 Objects 文件中输出.hex 文件，如图 1 - 16 所示。若在步骤（6）中没有勾选 Creat HEX File 选项，则不会输出.hex 文件!!! 所以在配置的时候要注意勾选该选项。

图 1 - 16　Objects 文件中输出 .hex 文件

2. 将 .hex 下载到开发板中

下面介绍使用 ST - Link 下载 .hex 到开发板中的步骤。

（1）配置 MDK

① 配置调试器选用 ST - Link。单击"Debug"选项，在弹出界面中的调试工具选择一栏中选择 ST - Link Debugger，因为采用的调试工具是 ST - Link，结果如图 1 - 17 所示。

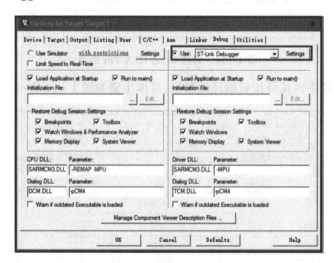

图 1 - 17　调试工具选项设置

② 选择调试方式。因为 ST - Link 支持 JTAG 和 SWD，同时 STM32 也支持 JTAG 和 SWD，所以有两种方式可以用来调试。JTAG 调试占用的 I/O 线比较多，而 SWD 调试占用的 I/O 线很少，只需要两根，因此采用 SWD 进行调试。单击图 1 - 17 中的"Settings"按钮，设置 ST - Link 的调试方式，设置结果如图 1 - 18 所示。

③ 选择编程算法。设置完调试方式后，单击图 1 - 19 中的"Flash Download"设置编程算法。

一般情况下，MDK5 会根据新建工程时选择的目标器件自动设置 Flash 算法。若使用的

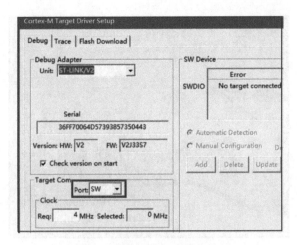

图 1 - 18　J - Link 模式设置

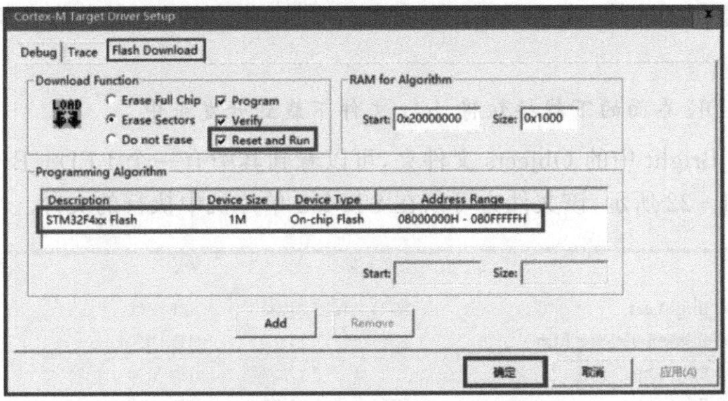

图 1 - 19　编程算法设置

MDK 不自动选择,则需要手动选择。本开发板使用的是 STM32F407ZGT6,其 Flash 容量为 1 MB,所以需要单击图 1 - 19 中的"Add",然后去选择 1M 型号的 STM32F4xx Flash 算法。图 1 - 19 中,"Reset and Run"选项也要同时选中以实现程序下载后自动运行,否则程序烧录到 STM32 后需要手动按复位键才执行。

　　设置完后,单击"OK",然后再单击"OK",回到 IDE 界面编译工程。

　　注意,若已经配置过调试器使用 ST - Link,则以上步骤可以跳过,无须再次配置。

　　(2) 接好电路连线

　　ST - Link 是一款调试工具,可以用于将 .hex 文件下载到 STM32 中,其外形如图 1 - 20 所示。

图 1 - 20　ST - Link 及相关连线

　　图 1 - 20 中,印有 ST 字样的工具为 ST - Link,它的一端需要一根并口线接到开发板上的 JTAG 接口,另一端需要一根 USB 线连接到电脑。整机连接如图 1 - 21 所示。

　　在图 1 - 21 中,整机连接需要两根 USB 线,一根接开发板上的 USB_232 接口,用于给开

图 1 - 21　整机连接图

发板供电,另一根用于连接 ST - Link。因为 USB 供电能力较弱,所以若有条件,建议直接采用电源供电。

(3) 单击 MDK 界面的下载按钮将.hex 文件下载到开发板中

打开 LED0_Bright 中的 Objects 文件夹,可以看到其中有一个 LED0_Bright.hex 的十六进制文件,如图 1 - 22 所示,该文件为可以在 STM32 单片机中执行的文件。

名称	修改日期	类型	大小
LED0_Bright.axf	2021/11/17 21:02	AXF 文件	16 KB
LED0_Bright.build_log.htm	2021/11/17 21:17	HTM 文件	2 KB
LED0_Bright.hex	2021/11/17 21:17	HEX 文件	3 KB
LED0_Bright.htm	2021/11/17 21:02	HTM 文件	47 KB
LED0_Bright.lnp	2021/11/17 21:02	LNP 文件	1 KB
LED0_Bright.sct	2021/11/17 21:02	SCT 文件	1 KB

图 1 - 22　可执行文件示意图

回到 MDK 界面,双击图 1 - 23 中的程序下载按钮,启动程序下载。

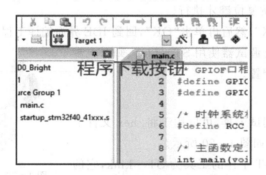

图 1 - 23　下载工具示意图

注意,下载前要确保开发板驱动和 ST - Link 驱动已经正确安装。

下载完成后可以在 MDK 的编译信息输出窗口看到如图 1 - 24 所示的结果,同时可以看到开发板上的红色 LED 灯亮,如图 1-25 所示。如果已经下载完成但仍没有看到红色 LED 灯亮,则可能需要按一下复位键才能执行程序,复位键为图 1-26 中圆圈中按键。

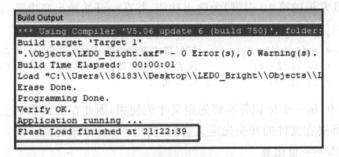

图 1-24　编译信息输出窗口

图 1-25　程序运行结果

图 1-26　开发板的复位按键

至此,任务 1-1 完成。

【任务 1-1 涉及的 C 语言知识】

1. 程序的设计要点

① 任务 1-1 的目标是使得 LED0 一直亮,所以只须使用如下的无限循序语句即可:

```
while(1)
{
    GPIOF_ODR &= ~(1 << 9);        //PF9 引脚输出低电平
}
```

或

```
for(;;)
{
    GPIOF_ODR &= ~(1 << 9);        //PF9 引脚输出低电平
}
```

② 对于基于 STM32 的开发,在使用每一个模块时,比如任务 1-1 的 GPIOF 模块,都要

先初始化该模块,然后才对该模块进行操作。在任务 1-1 中,如下语句段的作用就是设置 F 组通用 I/O 口的第 9 引脚(注意,如无特殊说明,都从 0 开始,而不是从 1 开始,所以书中说的第 9 引脚实际为日常说的第 10 引脚)为输出功能,并在一开始输出高电平,使得 LED0 熄灭:

```
RCC_AHB1ENR   |= 1 << 5;            //使能 GPIOF 模块的时钟
GPIOF_MODER   &= ~(3 << (2 * 9));   //配置模式寄存器的 bit18 和 bit19 为 0
GPIOF_MODER   |= (1 << (2 * 9));    //配置模式寄存器的 bit19 和 bit18 为 01
GPIOF_ODR     |= (1 << 9);          //LED0 熄灭
```

③ 在 C 语言中,每一个标识符都要先定义才能使用,因此在主函数中使用 GPIOF_MODER 等标识符时,都要在文件的开头先定义它们,使用♯define 来定义。

2. 寄存器操作——位运算

下面介绍任务 1-1 中涉及的寄存器的配置。目前,在基于 STM32 的开发中,有寄存器开发、库函数开发和 HAL 库开发 3 种方式,但无论哪一种方式,最终都是通过操作寄存器来实现的。而在操作寄存器时,若只涉及单比特的操作,则直接操作该比特,若涉及多比特的操作,则要先对多个比特清 0 然后再进行赋值操作。下面以配置 GPIOF_MODER 为例来介绍任务 1-1 中涉及的位运算。

我们先来看语句"GPIOF_MODER &= ~(3 << (2 * 9));"是如何实现 bit18 和 bit19 清 0 的。

① 我们并不知道当前 GPIOF_MODER 寄存器中的数据是什么,所以用 X 来代替其中的数据。由于 GPIOF_MODER 是 32 位,因此其中的数据为 XXXX XXXX XXXX XXXX XXXX XXXX XXXX XXXX。

② 符号"&="是一个复合赋值运算符,对于语句"A&=B",其等效于"A=A&B",所以 GPIOF_MODER &= ~(3 << (2 * 9)),实际上就是 GPIOF_MODER = GPIOF_MODER & (~(3 << (2 * 9)))。

③ 执行上面的语句时,系统先执行"(3 << (2 * 9))","(3 << (2 * 9))"的作用是将 3 左移 18 位。其中,3 在内存中的存储为 0000 0000 0000 0000 0000 0000 0000 0011。

整体左移 18 位后的结果为:

$$0000\ 0000\ 0000\ 11$$

可以看到,32 位存储单元的高 18 位被移出去了,此时低 18 位留有空,这 18 位系统自动补 0,所以移动 18 位后的数据最终为:

$$0000\ 0000\ 0000\ 1100\ 0000\ 0000\ 0000\ 0000$$

④ 处理器在执行完"(3 << (2 * 9))"后,接下来对"(3 << (2 * 9))"进行按位取反(~),按位取反后,"~(3 << (2 * 9))"的结果为:

$$1111\ 1111\ 1111\ 0011\ 1111\ 1111\ 1111\ 1111$$

⑤ 系统执行"GPIOF_MODER & (~(3 << (2 * 9)))"并将这个结果赋值给 GPIOF_MODER,具体过程为:

```
  GPIOF_MODER          XXXX XXXX XXXX XXXX XXXX XXXX XXXX XXXX
& ~(3 << (2 * 9))   &  1111 1111 1111 0011 1111 1111 1111 1111
                       ─────────────────────────────────────
                       XXXX XXXX XXXX 00XX XXXX XXXX XXXX XXXX
```

可以看到,执行语句"GPIOF_MODER &= ~(3 << (2 * 9));"后,寄存器 GPIOF_

MODER 的 bit18 和 bit19 位被清 0 了,其他位的值保持不变。

接着我们来看语句"GPIOF_MODER |= 1 << (2 * 9);"是如何实现将 bit18 和 bit19 配置为 01 的。

① 明确"GPIOF_MODER |= 1 << (2 * 9);"也就是"GPIOF_MODER = GPIOF_MODER |(1 << (2 * 9));"。

② 语句"GPIOF_MODER = GPIOF_MODER |(1 << (2 * 9));"执行时先执行"(1 << (2 * 9))",其中 1 在内存中存储为:

0000 0000 0000 0000 0000 0000 0000 0001

将 1 左移 18 位后的结果为:

0000 0000 0100 0000 0000 0000 0000 0000

③ 语句"GPIOF_MODER |(1 << (2 * 9))"的执行过程如下:

```
GPIOF_MODER        XXXX XXXX XXXX 00XX  XXXX XXXX XXXX XXXX
|  (1 << (2 * 9))|  0000 0000 0000 0100  0000 0000 0000 0000
                   XXXX XXXX XXXX 01XX  XXXX XXXX XXXX XXXX
```

可以看到,bit19 和 bit18 位变为 01 了。

在步骤③的运算中要注意,经过语句"GPIOF_MODER &= ~(3 << (2 * 9));"后,GPIOF_MODER 寄存器的 bit18、bit19 位已经变为 00,所以在上面的运算中没有用 XX 去代替这两个位。

3. 寄存器的定义

任务 1-1 涉及 STM32 的两个模块:GPIOF 模块和时钟模块,每一个模块的功能都是通过配置模块中相关的寄存器来实现的。任务 1-1 中各模块基地址及使用到的寄存器在模块内部的偏移地址如表 1-1 所列。

表 1-1 特殊功能寄存器相关信息

特殊功能寄存器名称	符号表示	偏移地址	基地址
GPIOF 端口模式寄存器	GPIOF_MODER	0x00	0x40021400
GPIOF 输出数据寄存器	GPIOF_ODR	0x14	0x40021400
AHB1 外设时钟使能寄存器	RCC_AHB1ENR	0x30	0x40023800

在表 1-1 中,要分清楚 3 个地址:一个是基地址,基地址是模块中寄存器的起始地址(一个模块往往有多个寄存器存放数据,这些寄存器按顺序排列,而基地址就是第 1 个寄存器的地址);另一个是偏移地址,偏移地址是寄存器在各自模块中的地址偏移量;还有一个是实际地址(又称绝对地址),它是寄存器的实际地址,由基地址和偏移地址相加得到。各模块的基地址可通过 STM32F4xx 参考手册第 2 章"存储器和总线结构"的 2.3 节的"存储器映射"进行查询,而偏移地址可在各模块的寄存器介绍中查询。

表 1-1 中给出的 GPIOF_MODER 等只是一个符号,若想让这些符号代表对应的寄存器单元,还需要在 C 语言中进一步处理。以 GPIOF_ODR 为例,应该用如下宏定义将符号 GPIOF_ODR 和地址 0x4002 1414 所指向的存储单元对应起来:

```
#define GPIOF_ODR    ( * (volatile unsigned * )0x40021414)
```

下面介绍其定义过程。

(1) 将 0x4002 1414 转为地址

从计算机系统和编译器的角度,0x40021414 只是一个整型数据,所以需要使用强制类型转换使之变为一个地址,即

$$(*)0x40021414 \qquad ①$$

(2) 说明地址 0x4002 1414 指向的存储单元的数据类型

经过上述强制类型转换后,0x4002 1414 代表一个地址,但该地址指向的存储单元占据多少字节或者说该存储单元中的数据类型是什么并没有指明,所以还需要加类型修饰符。由于寄存器中存放的都是无符号整型数据,因此采用 unsigned int 对代码①的地址进行修饰,具体如下:

$$(unsigned\ int\ *)0x40021414 \qquad ②$$

(3) 使用 volatile 修饰地址,使得处理器每次都是对相应的寄存器单元进行操作

接下来,我们希望处理器在对地址为 0x4002 1414 的存储单元进行操作时每次都是直接对该存储单元进行读写而不经过缓存,这样尽管速度慢一些但能够避免数据读写错误。采用修饰符 volatile 对代码②的地址进行修饰可满足这一要求,具体如下:

$$(volatile\ unsigned\ int\ *)0x40021414 \qquad ③$$

(4) 将地址转换为地址指向的存储单元

考虑到 C 语言中的指针变量的定义与使用,使用如下示例:

```
int * p, a;        //定义一个指针变量 p
p = &a;            //将变量 a 的地址赋给 p
```

该示例中,将变量 a 的地址赋值给同类型的指针变量 p,然后通过 " * p=5;" 方式对 a 赋值,所以要想访问地址为 0x40021414 的存储单元,还需要在代码③的基础上加一个指针运算符 * ,即

$$* (volatile\ unsigned\ int\ *)0x40021414$$

经过上述转换后就可以对地址为 0x4002 1414 的存储单元进行读写了,如

$$* (volatile\ unsigned\ int\ *)0x40021414=5; \qquad ④$$

是指将 5 存入地址为 0x4002 1414 的 4 个字节的存储单元中。

又如

$$a = * (volatile\ unsigned\ int\ *)0x40021414; \qquad ⑤$$

是指将地址为 0x40021414 的 4 个字节存储单元的内容读出存入变量 a 中。

(5) 定义寄存器单元以方便输入

不过,代码段④和⑤都需要输入较多的字符,严重影响代码输入速度,故一般都是定义一个符号代表 * (volatile unsigned int *)0x40021414,如

```
#define GPIOF_ODR   ( * (volatile unsigned * )0x40021414)
```

这样,就可以执行 "GPIOF_ODR = …;" 的操作,达到配置地址为 0x4002 1414 的存储单元的目的。

1.1.2 STM32 的通用 I/O 口的输出功能

在任务 1-1 中,我们看到的现象是开发板上的红色 LED0 灯亮,而这个功能是通过控制 STM32 的 PF9 引脚输出低电平来实现的。那 STM32 又是如何控制 PF9 输出低电平的呢? 下面就来探讨这个问题。

1. GPIO 端口位的基本结构及其工作模式

(1) GPIO 端口位的基本结构

STM32F407ZGT6 有 7 组输入/输出端口,分别为 GPIOA、GPIOB、……、GPIOG,每组 I/O 有 16 个接口,每个 I/O 口控制一个引脚,故一共有 112 个 I/O 引脚。每个 I/O 口的基本 结构如图 1-27 所示。

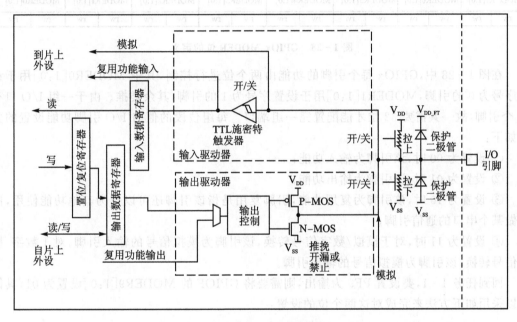

图 1-27 GPIO 端口位的基本结构示意图

图 1-27 中虚线左边为 I/O 引脚内部结构。由图可见,GPIO 端口每位的内部电路主要 由一对保护二极管、受开关控制的上下拉电阻、一个施密特触发器、一对 MOS 管、若干读写控 制逻辑、输入/输出数据寄存器、复位/置位寄存器及输出控制逻辑构成。

(2) STM32 的 GPIO 端口位的工作模式及其设置

GPIO 端口可配置成输入、输出、复用、模/数或数/模转换时模拟信号输入/输出 4 种工作 模式。其中,作为输出和复用模式时又可以配置成推挽模式和开漏模式,作为输入时又可以配 置为浮空输入、上拉输入和下拉输入。

① 若 I/O 引脚用于读取外部状态,比如用于判断按键的状态,则应该配置该引脚工作于 输入模式;

② 若 I/O 引脚用于控制外部电路工作,比如控制 LED 的闪烁,则应该配置该引脚工作于 输出模式;

③ 若 I/O 引脚用作其他模块(比如定时器的 PWM 信号)的输出引脚,则应该配置该引脚

工作于复用模式；

④ 若 I/O 引脚用于输入模拟信号以便进行模/数转换,则应该配置该引脚工作于 AD/DA 的模拟信号通道模式。

I/O 引脚工作模式的设置通过模式选择寄存器 GPIOx_MODER 完成。每一组 I/O 口都有一个模式寄存器,比如 PA 口,其模式寄存器为 GPIOA_MODER,其余类推。

GPIOx_MODER 各位的定义如图 1-28 所示。

31	30	29	28	27	26	25	24	23	22	21	20	19	18	17	16
MODER15[1:0]		MODER14[1:0]		MODER13[1:0]		MODER12[1:0]		MODER11[1:0]		MODER10[1:0]		MODER9[1:0]		MODER8[1:0]	
rw	rw	rw	rw	rw	rw	rw	rw	rw	rw	rw	rw	rw	rw	rw	rw
15	14	13	12	11	10	9	8	7	6	5	4	3	2	1	0
MODER7[1:0]		MODER6[1:0]		MODER5[1:0]		MODER4[1:0]		MODER3[1:0]		MODER2[1:0]		MODER1[1:0]		MODER0[1:0]	
rw	rw	rw	rw	rw	rw	rw	rw	rw	rw	rw	rw	rw	rw	rw	rw

图 1-28 GPIOx_MODER 位的定义

在图 1-28 中,GPIOx 每个引脚的功能由两个位进行控制,其中 MODER0[1:0]用于设置序号为 0 的引脚,MODER1[1:0]用于设置序号为 1 的引脚,其余类推。由于一组 I/O 口有 16 个引脚,故一共需要 32 位才能配置完一组端口。每组位段的值与 I/O 引脚功能设置的关系如下：

① 设置为 00 时,该引脚为输入功能；

② 设置为 01 时,该引脚为输出功能；

③ 设置为 10 时,该引脚为复用功能,引脚复用是指该引脚还可以作为其他功能使用,比如做某个串口的通信引脚；

④ 设置为 11 时,对于模拟/数字信号转换,该引脚为模拟信号的输入引脚,对于数字/模拟信号转换,该引脚为模拟信号的输出引脚。

回到任务 1-1,要设置 PF9 为输出,则需要将 GPIOF 的 MODER9[1:0]设置为 01,具体可以采用如下方法来完成对这两个位的设置：

```
GPIOF_MODER  & = ~(3 << 18);          //先清除 bit[19:18]
GPIOF_MODER  | = (1 << 18);           //设置 bit[19:18]的值
```

不过,一般采用的是如下方式：

```
GPIOF_MODER  & = ~(3 << 2 * 9);       //先清除 bit[19:18]
GPIOF_MODER  | = (1 << 2 * 9);        //设置 bit[19:18]的值
```

其中 9 表示第 9 个引脚,2 表示配置这个引脚的功能需要两个位,这样更加直观。

2. GPIO 端口的输出通道

（1）STM32 的 GPIO 端口的输出通道

端口位作输出时数据传输通道如图 1-29 所示。

由图可见,STM32 的输出通路上有置位复位寄存器、输出数据寄存器、输出控制逻辑、一对 MOS 管和一对受控的上下拉电阻等电路模块。根据一对 MOS 管的通断状态可以将输出分为推挽输出和开漏输出。其中,P-MOS 管截止、N-MOS 导通为开漏方式,两个 MOS 管都导通为推挽方式。

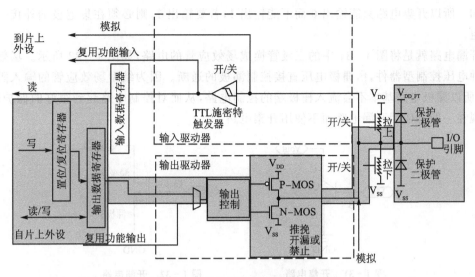

图 1 - 29 端口位作输出时数据传输通道

（2）推挽电路和开漏电路的区别

下面以三极管推挽电路和三极管开集电路为例，对这两种电路进行介绍以了解其特点，结论适用于应用 MOS 管时的情况。

● 推挽电路的特点

基于三极管的推挽放大电路如图 1 - 30 所示。

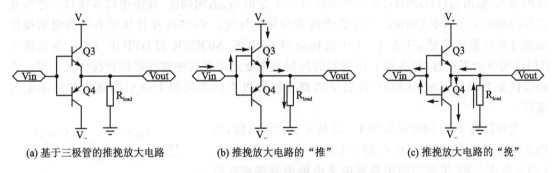

(a) 基于三极管的推挽放大电路　　(b) 推挽放大电路的"推"　　(c) 推挽放大电路的"挽"

图 1 - 30 推挽电路及其工作原理

在图 1 - 30(a)中，Vin 和 Vout 分别为输入和输出信号，Q3 和 Q4 组成放大电路，R_{load} 为负载。当 Vin 为正时，Q3 导通 Q4 截止，电流从上向下流给负载供电，如图 1 - 30(b)所示，这种现象叫"推"。当 Vin 为负时，Q3 截止 Q4 导通，电流流通路径如图 1 - 30(c)所示，这种现象叫"挽"（拉回来之意）。推挽电路的 Q3 和 Q4 各放大输入信号 Vin 的半周，当 Vin 为正时，输出为正(1)，当 Vin 为负时，输出为负(0)，所以推挽电路既可输出 0 也可输出 1。

● 开漏电路的特点

开漏是指场效应管的漏极开路，与三极管的开集电路类似。下面从开集来理解开漏。基于三极管的开集电路如图 1 - 31 所示。

开集即三极管的集电极什么都不接，直接作为一个输出端口。对于开集电路，当输入为高电平时，三极管导通，由于接地的作用，此时输出为 0；当输入为低电平时，三极管截止，输出电平未知。所以开集电路只能输出 0 而不能输出 1,若要输出 1,则必须在集电极端外接一个上拉电阻。

开漏电路就是将图 1-31 中的三极管换成场效应管的电路,如图 1-32 所示。场效应管是一种电压控制型器件,由栅极电压直接控制漏极的通断。因为结型场效应管的输入阻抗非常大,所以漏极电路基本不会流入栅极端的控制电路,从而对控制电路起到很好的保护作用,所以现在一般都使用开漏电路而不使用开集电路。

图 1-31 开集电路   图 1-32 开漏电路

对于推挽电路和开漏电路,因为开漏电路吸收电流的能力相对较强(一般在 20 mA 以内),所以一般做电流型的驱动时才用到。

3. GPIO 端口输出功能的配置步骤及其相关寄存器

STM32F407ZGT6 是在 ARM 公司 Cortex-M 架构上进行再开发的成果,它的内部又分为两大块,一块是内核 Cortex-M4,另一块是 ST 公司在内核基础上设计的各种电路模块,如通用输入/输出端口(GPIO)、串行外设接口 SPI、定时器、通用同步/异步串口等接口。这些在芯片内部但又不属于 Cortex-M4 的模块称为片上外设。STM32 单片机对各种外设的操作都通过寄存器来完成,任务 1-1 中的标识符 GPIOF_MODER 和 GPIOF_ODR 等都属于 GPIO 端口的寄存器,对各种 I/O 引脚的控制都需要通过对这些寄存器进行操作来完成。下面以任务 1-1 中 DS0(LED0)控制中的寄存器配置为例来说明 I/O 引脚输出使能的配置流程。

重画任务 1-1 的电路如图 1-33 所示。由图可知,当 PF9 输出低电平时,LED0 点亮,当 PF9 输出高电平时,LED0 熄灭。PF 组端口输出高低电平由输出数据寄存器(ODR)控制,但并不是直接配置 ODR 寄存器就能使得对

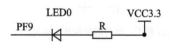

图 1-33 任务 1-1 电路图

应的引脚输出高低电平。欲使 PF9 输出高低电平,要遵循如下寄存器配置步骤:

① 使能端口时钟——将 PF 组端口使能寄存器 RCC_AHB1ENR 的 GPIOF 时钟控制位置 1。

若使用 STM32 的某个引脚功能,首先要使能该引脚所在端口的时钟。实际上,对于 STM32 的各个模块,在使用前都要先使能对应模块的时钟。对于 GPIOF 组端口,其时钟使能控制位位于寄存器 RCC_AHB1ENR 中。RCC_AHB1ENR 各位定义如图 1-34 所示。

图 1-34 中,寄存器 RCC_AHB1ENR 的每一位控制一组设备的时钟使能,当某位为 1 时,对应设备时钟使能。由图 1-34 可知,GPIOF 组端口时钟使能由 RCC_AHB1ENR 的第 5 位控制,可以用如下语句使能 GPIOF 端口的时钟:

31	30	29	28	27	26	25	24	23	22	21	20	19	18	17	16
Reser-ved	OTGHS ULPIEN	OTGHS EN	ETHMA CPTPE N	ETHMA CRXEN	ETHMA CRXEN	ETHMA CEN	Reserved		DMA2 EN	DMA1 EN	CCMDATA RAMEN	Res.	BKPSR AMEN	Reserved	
	rw	rw	rw	rw	rw	rw			rw	rw	rw		rw		

15	14	13	12	11	10	9	8	7	6	5	4	3	2	1	0
Reserved			CRCEN	Reserved			GPIOIE N	GPIOH EN	GPIOGE N	GPIOFE N	GPIOEEN	GPIOD EN	GPIOC EN	GPIOB EN	GPIOA EN
			rw				rw	rw	rw	rw	rw	rw	rw	rw	rw

图 1-34　RCC_AHB1ENR 寄存器位定义

```
RCC_AHB1ENR │ = 1 << 5;
```

② 配置端口位的工作模式（通过 GPIOx_MODER 来完成）。

③ 配置电路驱动类型寄存器 GPIOx_OTYPER。

在前面的介绍中提到过每个 I/O 引脚作输出时其电路驱动有两种形式，使用哪一种形式由其外围电路决定。在任务 1-1 中，PF9 只需要输出高低电平驱动 LED，所以采用推挽方式即可。引脚输出时电路驱动方式在寄存器 GPIOx_OTYPER 中设置，图 1-35 给出了 GPIOx_OTYPER 的位定义。

31	30	29	28	27	26	25	24	23	22	21	20	19	18	17	16
Reserved															

15	14	13	12	11	10	9	8	7	6	5	4	3	2	1	0
OT15	OT14	OT13	OT12	OT11	OT10	OT9	OT8	OT7	OT6	OT5	OT4	OT3	OT2	OT1	OT0
rw	rw	rw	rw	rw	rw	rw	rw	rw	rw	rw	rw	rw	rw	rw	rw

图 1-35　GPIOx_OTYPER 位定义及作用

由图 1-35 可知，GPIOx_OTYPER（x=A～G）一共用到 16 位，每位控制 1 个引脚是推挽输出还是开漏输出，置 0 时为推挽输出，置 1 时为开漏输出。可以使用如下语句设置 PF9 的输出电路类型为推挽类型：

```
GPIOF_OTYPER & = ~（1 << 9）;
```

注意，因为 OTYPER 寄存器的默认值为 0，所以若配置为推挽工作方式，则可以不用配置该寄存器，采用默认值即可。任务 1-1 的源程序即采用此方式。

④ 配置引脚响应速度寄存器 GPIOx_OSPEEDR。

GPIOx_OSPEEDR 为响应速度设置寄存器，和 GPIOx_OTYPER 一样，都是将某引脚设置为输出时才需要配置的寄存器。GPIOx_OSPEEDR 的各位定义如图 1-36 所示。

31	30	29	28	27	26	25	24	23	22	21	20	19	18	17	16
OSPEEDR15[1:0]		OSPEEDR14[1:0]		OSPEEDR13[1:0]		OSPEEDR12[1:0]		MODER11[1:0]		OSPEEDR10[1:0]		OSPEEDR9[1:0]		OSPEEDR8[1:0]	
rw	rw	rw	rw	rw	rw	rw	rw	rw	rw	rw	rw	rw	rw	rw	rw

15	14	13	12	11	10	9	8	7	6	5	4	3	2	1	0
OSPEEDR7[1:0]		OSPEEDR6[1:0]		OSPEEDR5[1:0]		OSPEEDR4[1:0]		OSPEEDR3[1:0]		OSPEEDR2[1:0]		OSPEEDR1[1:0]		OSPEEDR0[1:0]	
rw	rw	rw	rw	rw	rw	rw	rw	rw	rw	rw	rw	rw	rw	rw	rw

图 1-36　GPIOx_OSPEEDR 位定义及作用

与 GPIOx_MODER 类似，GPIOx_OSPEEDR 也是两位控制一个引脚的响应速度。位段值和配置速度的关系为：

- 配置为 00,响应速度为 2 MHz;
- 配置为 01,响应速度为 25 MHz;
- 配置为 10,响应速度为 50 MHz;
- 配置为 11,响应速度为 100 MHz。

任务 1-1 对响应速度不做要求,所以直接采用默认值(默认为 00,即 2 MHz)。

⑤ 配置上下拉电阻设置寄存器 GPIOx_PUPDR。

GPIOx_PUPDR 用于配置 I/O 引脚内部的上拉电阻和下拉电阻的使能,其中各位定义如图 1-37 所示。

31	30	29	28	27	26	25	24	23	22	21	20	19	18	17	16
PUPDR15[1:0]		PUPDR14[1:0]		PUPDR13[1:0]		PUPDR12[1:0]		PUPDR11[1:0]		PUPDR10[1:0]		PUPDR9[1:0]		PUPDR8[1:0]	
rw	rw	rw	rw	rw	rw	rw	rw	rw	rw	rw	rw	rw	rw	rw	rw

15	14	13	12	11	10	9	8	7	6	5	4	3	2	1	0
PUPDR7[1:0]		PUPDR6[1:0]		PUPDR5[1:0]		PUPDR4[1:0]		PUPDR3[1:0]		PUPDR2[1:0]		PUPDR1[1:0]		PUPDR0[1:0]	
rw	rw	rw	rw	rw	rw	rw	rw	rw	rw	rw	rw	rw	rw	rw	rw

图 1-37 GPIOx_PUPDR 位定义及作用

GPIOx_PUPDR 也是两位控制一个引脚,位端值及对应功能如下:

- 配置为 00,上拉电阻和下拉电阻都不使能,即这两个电阻无效;
- 配置为 01,上拉电阻有效;
- 配置为 10,下拉电阻有效;
- 配置为 11,保留。

当某个引脚电路的驱动方式设置为推挽方式时,因为推挽方式既可以输出 0 又可以输出 1,所以不需要配置上下拉电阻,当某个引脚的电路驱动方式设置为开漏方式时,因为该方式只能直接输出 0,所以要想输出 1 必须使能上拉电阻或者在该引脚外部增加一个上拉电阻。

任务 1-1 采用推挽方式,直接使用默认值,所以不用配置该寄存器。

⑥ 配置输出数据寄存器 GPIOx_ODR。

前面 4 个寄存器都用于设置 PF9 的工作属性,作输出时输出的数据位在寄存器 GPIOx_ODR(也可以在 BSRR 寄存器)中设置,该寄存器的各位定义如图 1-38 所示。

31	30	29	28	27	26	25	24	23	22	21	20	19	18	17	16
Reserved															

15	14	13	12	11	10	9	8	7	6	5	4	3	2	1	0
ODR15	ODR14	ODR13	ODR12	ODR11	ODR10	ODR9	ODR8	ODR7	ODR6	ODR5	ODR4	ODR3	ODR2	ODR1	ODR0
rw	rw	rw	rw	rw	rw	rw	rw	rw	rw	rw	rw	rw	rw	rw	rw

图 1-38 GPIOX_ODR 寄存器各位定义

由图 1-38 可知,ODR 寄存器只有低 16 位有用,原因在于 STM32F4 的每一组引脚只有 16 个引脚,而 ODR 寄存器的一位控制一个引脚,所以 ODR 寄存器中只有 16 位有效。当 ODR 寄存器的某位置 1 时对应引脚输出高电平,置 0 时输出低电平,因此要想点亮 LED0,只需将 PF 组端口的输出数据寄存器 ODR 的第 9 位置 0,让 PF9 输出低电平即可,具体采用如下语句实现:

```
GPIOF_ODR & = ~(1 << 9);
```

同理,若想熄灭 LED0,只需将 PF 组端口的输出数据寄存器的第 9 位置 1,让 PF9 输出高电平,具体采用如下语句实现:

```
GPIOF_ODR | = (1 << 9);
```

需要注意的是,在使用上述寄存器时,要先根据寄存器的实际地址来定义对应的寄存器标识符,任务 1-1 中如图 1-39 所示的宏定义即为在《STM32F4XX 中文参考手册》中查到对应的地址后定义。在使用标识符代表对应的寄存器后即可通过对这些标识符的操作来操作对对应的寄存器。

```
ain.c
1   //GPIOF口相关寄存器的定义
2   #define GPIOF_MODER     (*(volatile unsigned *)0x40021400)
3   #define GPIOF_ODR       (*(volatile unsigned *)0x40021414)
4   //时钟系统相关寄存器的定义
5   #define RCC_AHB1ENR     (*(volatile unsigned *)0x40023830)
```

图 1-39　项目 1-1 中寄存器的定义

下面通过一个驱动蜂鸣器任务来进一步学习这些寄存器的使用。

【**任务 1-2**】　有源蜂鸣器是一种电子发声器件,当有电流流过时它会发出声音。已知有源蜂鸣器电路如图 1-40 所示,编程实现蜂鸣器的间隔发声。

【**任务分析**】　由图 1-40 可知,当 S8050 三极管的 C、E 导通时,有电路流过蜂鸣器,蜂鸣器发声,而当 S8050 三极管的 C、E 截止时,没有电流流过蜂鸣器,故蜂鸣器不发声。所以控制蜂鸣器的发声实际上就是控制三极管的通断。要控制三极管的通断,只需要控制 PF8 间隔输出高低电平即可。

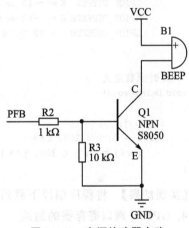

图 1-40　有源蜂鸣器电路

【**源程序**】

```
/* 定义寄存器 */
# #define GPIOF_MODER ( * (volatile unsigned * )0x40021400) //模式配置, = 00 输入, = 01 输出
# #define GPIOF_OTYPER ( * (volatile unsigned * )0x40021404)
                                            //输出电路类型配置寄存器, = 0 推挽输出
# #define GPIOF_OSPEEDR ( * (volatile unsigned * )0x40021408) //输出速度配置寄存器, = 00,2 MHz
# #define GPIOF_PUPDR ( * (volatile unsigned * )0x4002140C)
                                            //配置上下拉电阻, = 00 无上下拉, = 01 上拉
# #define GPIOF_ODR ( * (volatile unsigned * )0x40021414)
                                            //输出数据寄存器, = 0 输出低电平, = 1 输出高电平

//时钟系统相关寄存器的定义
# #define RCC_AHB1ENR ( * (volatile unsigned * )0x40023830)
                                            //外设时钟使能寄存器, = 1 对应外设时钟使能

/* 函数声明 */
void Delay(void);
```

```
void Beep_Init(void);

/* 主函数 */
int main(void)
{
    Beep_Init();                                //初始化蜂鸣器接口
    while(1)
    {
        GPIOF_ODR & = ～(1 << 8);               //关闭蜂鸣器
        Delay();                                //延时
        GPIOF_ODR | = (1 << 8);                 //打开蜂鸣器
        Delay();                                //延时
    }
}

/* 蜂鸣器电路的初始化 */
void Beep_Init(void)
{
        RCC_AHB1ENR   | = 1 << 5;              //使能 PORTF 时钟
        GPIOF_MODER   & = ～(3 << (8 * 2));    //配置 PF8 引脚相关位 bit16、bit17 为 0
        GPIOF_MODER   | = (1 << (8 * 2));      //配置 PF8 为输出——设置值
        GPIOF_OTYPER  & = ～(1 << 8);          //电路工作方式为推挽
        GPIOF_OSPEEDR & = ～(3 << (8 * 2));    //对应位清 0
        GPIOF_OSPEEDR | = (2 << (8 * 2));      //响应速度为 50M,其他值亦可
}

/* 延时函数定义 */
void Delay(void)
{
    int i, j;
    for(i = 0; i < 200; i++)
        for(j = 0; j < 300; j++);
}
```

【实现结果】 将程序编译下载到 STM32 后,即可听到蜂鸣器间隔发声,任务目标实现。

4. GPIOF 端口寄存器的封装

【任务 1-3】 配置 PF9 间隔输出高低电平,实现 LED0 的闪烁效果(系统时钟为 16 MHz)。

【源程序】

```
/* 定义常用数据类型 */
# define uint8_t unsigned char
# define uint16_t unsigned short
# define uint32_t unsigned int

/* 将寄存器封装成类,抽象成结构体数据类型 */
typedef struct
{
    volatile uint32_t  MODER;        //模式寄存器
    volatile uint32_t  OTYPER;       //电路驱动方式寄存器
    volatile uint32_t  OSPEEDR;      //响应速度寄存器
    volatile uint32_t  PUPDR;        //上下拉电路配置寄存器
    volatile uint32_t  IDR;          //输入数据寄存器
    volatile uint32_t  ODR;          //输出数据寄存器
    volatile uint32_t  BSRR;         //置位复位寄存器
```

```
    volatile uint32_t   LCKR;
    volatile uint32_t   AFR[2];
}GPIO_TypeDef;

#define  GPIOF  ((GPIO_TypeDef *) 0x40021400)   //定义 GPIOF 代表 GPIOF 模块的首地址

/* 时钟系统相关寄存器的定义 */
#define RCC_AHB1ENR  (*(volatile unsigned *)0x40023830)
                                        //外设时钟使能寄存器,=1 对应外设时钟使能
/* LED0 初始化函数和延时函数的声明 */
void Led_Init(void);
void Delay(void);

/* 主函数 */
int main(void)
{
    Led_Init();
    while(1)
    {
        GPIOF->ODR  & = ~(1 << 9);   //LED0 亮
        Delay();
        GPIOF->ODR  | = (1 << 9);   //LED0 灭
        Delay();
    }
}

/* LED0 的初始化 */
void Led_Init(void)
{
    RCC_AHB1ENR  | = 1 << 5;             //使能 PORTF 时钟
    GPIOF->MODER  & = ~(3 << (9 * 2));   //配置 PF9 引脚相关位 bit18、bit19 为 0
    GPIOF->MODER  | = (1 << (9 * 2));    //配置 PF9 为输出
    GPIOF->OTYPER  & = ~(1 << 9);        //电路工作方式为推挽
    GPIOF->OSPEEDR & = ~(3 << (9 * 2));  //对应位清 0
    GPIOF->OSPEEDR | = (2 << (9 * 2));   //响应速度为 50M,其他值亦可
}
/* 延时函数 */
void Delay(void)
{
    int i, j;
    for(i = 0; i < 200; i++)
        for(j = 0; j < 3000; j++);
}
```

将任务 1-1 的 main.c 文件内容改为上述内容,编译并将.hex 文件下载到开发板上,可以看到 LED0 闪烁,任务目标实现。仔细观察上述源程序,会发现我们已经采用结构体类型将端口的寄存器封装起来了,而实验时亦能获得相同的结果,这是为什么呢?下面我们来回答这个问题。

学习 C 语言时我们已经了解了结构体指针的如下知识:

① 声明一个结构体类型,比如:

```
struct student{
    long num;
    char name[20];
```

```
    char sex;
    float score;
};
```

② 用上述声明的结构体类型来定义变量和指针变量,比如:

`struct student stu_1, * p;`

③ 将变量 stu_1 的地址赋给指针变量 p,然后可以使用 p 结合指向运算符访问变量 stu_1 中的成员,具体如下:

`p = & stu_1;`　　　　　　　`//然后可以用形如 p->num 等去访问 stu_1 中的成员`

④ 系统会为结构体类型的变量分配内存空间,分配的内存空间大小为各成员所占大小之和,各成员的存储空间依次连续排列。

下面我们来观察 STM32 端口寄存器的分布特点。STM32F4ZGT6 有 7 组 I/O 口,分别为 GPIOA、GPIOB、……、GPIOG,每组 I/O 口有 10 个相关寄存器,各寄存器的名称、偏移地址及说明如表 1-2 所列。

表 1-2　STM32F4ZGT6 的 I/O 口寄存器描述

序　号	寄存器名称	偏移地址	寄存器描述
1	模式寄存器 MODER	0x00	配置端口 x 某引脚的功能
2	输出类型寄存器 OTYPER	0x04	配置 I/O 端口的输出类型
3	输出速度寄存器 OSPEEDR	0x08	使能端口 x 某引脚的响应速度
4	上/下拉寄存器 PUPDR	0x0c	使能端口 x 某引脚的上/下电阻
5	输入数据寄存器 IDR	0x10	保存端口输入数据
6	输出数据寄存器 ODR	0x14	保存端口输出数据
7	置位复位寄存器 BSRR	0x18	对端口 x 位 y 进行置位或复位控制
8	配置锁定寄存器 LCKR	0x1c	用于锁定端口 x 位 y 的配置
9	复用功能低位寄存器 AFRL	0x20	选择端口 x 为 y 的复用功能(y=0~7)
10	复用功能高位寄存器 AFRH	0x24	选择端口 x 为 y 的复用功能(y=8~15)

可以看到,它们的地址是连续排列的。为了访问端口方便,将这些寄存器封装进一个结构体,比如:

```
struct
{
    volatile unsigned int MODER;
    volatile unsigned int OTYPER;
    volatile unsigned int OSPEEDR;
    volatile unsigned int PUPDR;
    volatile unsigned int IDR;
    volatile unsigned int ODR;
    volatile unsigned int BSRRL;
    volatile unsigned int BSRRH;
    volatile unsigned int LCKR;
    volatile unsigned int AFR[2];            //将高低两个寄存器合并
```

```
};
```

然后为该结构体类型定义一个别名,比如:

```
typedef struct
{
    volatile unsigned int MODER;
    volatile unsigned int OTYPER;
    volatile unsigned int OSPEEDR;
    volatile unsigned int PUPDR;
    volatile unsigned int IDR;
    volatile unsigned int ODR;
    volatile unsigned int BSRRL;
    volatile unsigned int BSRRH;
    volatile unsigned int LCKR;
    volatile unsigned int AFR[2];
} GPIO_TypeDef;
```

最后用该结构体类型定义一个指针变量,比如:

```
GPIO_TypeDef * GPIOx;
```

这样,只要给变量 GPIOx 赋予正确的端口地址,就可以应用 GPIOx →成员的方式访问特定端口的特定寄存器了。比如若 GPIOF 基地址为 0x4002 1400,则只须将数据 0x4002 1400 进行如下的强制类型转换并赋值给 GPIOx:

```
GPIOx = (GPIO_TypeDef * )(0x40021400UL);
```

即可通过 GPIOx 访问 GPIOF 的各个寄存器,如 GPIOx →MODER 访问 GPIOF 的 MODER 寄存器,GPIOx →OTYPER 访问 GPIOF 的 OTYPER 寄存器。

也许读者有疑问:访问 GPIOF 的 OTYPER 不是要访问地址为 0x4002 1404 的存储单元吗? 使用 GPIOx →OTYPER 怎么能访问 GPIOF 的 OTYPER 呢? 回答这个问题很简单,结构体的成员依次存放,如果结构体变量的首地址是 GPIOF 的 MODER 的地址(0x4002 1400),而 MODER 占用 4 个字节的存储空间,那么接下来的成员 OTYPER 的地址为 0x4002 1404,成员 OSPEEDR 的地址为 0x4002 1408,……,这些地址不正是 GPIOF 相关寄存器的地址吗? 讨论到这里,读者应该注意到,在将某个模块的寄存器封装进某个结构体时,这些寄存器的顺序一定要按偏移地址排列,否则无法实现访问特定寄存器的目的!!!

通常,为了更加直观,都是先对代码段(1)的右边进行宏定义后再使用,比如:

```
#define GPIOF    ((GPIO_TypeDef * ) 0x40021400)
```

然后执行如下语句:

```
GPIOx = GPIOF;
```

即可将 GPIOF 的基地址赋给指针变量 GPIOx。然后使用 GPIOx →MODER 等方式实现对 GPIOF 寄存器的访问(当然,使用 GPIOF →MODER 亦可实现对 GPIOF 的 MODER 寄存器的访问)。

项目 1.2　STM32 的基础知识

1.2.1　STM32 单片机基础知识

1. 单片机概念

单片机即单颗芯片构成的微型计算机。它是采用超大规模集成电路技术把具有数据处理能力的中央处理器 CPU、随机存储器 RAM、只读存储器 ROM、多种 I/O 口和中断系统、定时器/计数器等功能模块(可能还包括显示驱动电路、脉宽调制电路、模拟多路转换器、A/D 转换器等电路)集成到一块硅片上构成的一个小而完善的微型计算机系统。与平时使用的计算机相比,单片机只是缺少了输入/输出设备,其使用领域十分广泛,如智能仪表、实时工控、通信设备、导航系统、家用电器、玩具等都大量使用到单片机。

2. STM32 单片机的分类及其特点

STM32 属于单片机的一种,它是意法半导体公司基于 ARM 公司的 Cortex - M 架构推出的一系列高性能、低成本、低功耗微处理器的总称。

(1) STM32 单片机的分类

● 从内核来分

从内核上可以将 STM32 分为 Cortex - M0、M3、M4 和 M7 四类。

● 从性能来分

从性能上有主流产品、超低功耗产品、高性能产品 3 类,具体如下:

① 主流产品:STM32F0,STM32F1,STM32F3;

② 超低功耗产品:STM32L0,STM32L1,STM32L4,STM32L4+;

③ 高性能产品:STM32F2,STM32F4,STM32F7,STM32H7。

图 1-41 给出了 3 颗 STM32 芯片的外形图,在本书中,我们学习的是 STM32F407ZGT6。

(a) STM32F103ZGT6　　　　(b) STM32F407ZGT6　　　　(c) STM32F767IGT6

图 1-41　STM32 芯片外形图

(2) STM32F407ZGT6 的内部资源和主要特点

● 内核

STM32F407ZGT6 的内核采用 Cortex - M4 架构,主频高达 168 MHz,支持浮点运算 FPU 和 DSP 指令。单片机的大脑 CPU 位于内核中。

● 存储器

① STM32F407ZGT6 拥有 1 MB Flash(相当于计算机硬盘)。

② STM32F407ZGT6 拥有 256 KB 的 RAM(具体又分为 192 KB 的 SRAM 和 64 KB 的 CCMRAM,相当于计算机的内存)。

③ 提供了多个外部存储控制器接口,具体有 SRAM、PSRAM、NOR/NAND 等接口,方便这些类型的存储器挂接(即存储器扩展)。

● 数据输入/输出端口

STM32 的 I/O 口,既可作输入也可以作输出,还可以复用为其他功能,比如做串口的发送和接收引脚,这种不针对特定设备或应用设计的 I/O 口称为通用 I/O 口,用 GPIO 表示。STM32F407ZGT6 有 144 个引脚,其中可以作为 I/O 口的有 112 个。大部分 I/O 口都耐 5 V 电压(模拟通道除外)。

● 芯片供电、时钟、复位和电源管理
① 供电电源电压范围为 1.8～3.6 V。
② 强大的时钟系统,具体有:
— 4～26 MHz 的外部高速晶振。
— 内部 16 MHz 的高速 RC 振荡器。
— 内部锁相环(PLL,倍频),一般系统时钟都是由外部或者内部高速时钟经过 PLL 倍频后得到。
— 外部低速 32.768 kHz 的晶振,主要做 RTC 时钟源。
③ 具有上电复位、掉电复位和可编程的电压监控功能。

● 功耗低
① 具体有睡眠、停止和待机 3 种低功耗模式;
② 可用电池为 RTC 和备份寄存器供电。

● 集成 A/D 转换模块
① 3 个 12 位 A/D[多达 24 个外部测试通道]转换模块;
② 内部通道可以用于内部温度测量;
③ 内置参考电压。

● 集成 D/A 转换模块
拥有 2 个 12 位 D/A 转换模块。

● 具有直接数据存储模块 DMA
① 16 个 DMA 通道,带 FIFO 和突发支持;
② DMA 支持多个外设的数据传输,具体包括定时器、ADC、DAC、SDIO、I2S、SPI、I2C 和 USART。

● 集成 17 个定时器
① 10 个通用定时器(其中,TIM2 和 TIM5 是 32 位,其余定时器是 16 位);
② 2 个基本定时器;
③ 2 个高级定时器;
④ 1 个系统定时器;
⑤ 2 个看门狗定时器。

● 集成丰富的通信接口(17 个)
① 3 个 I2C 接口;

② 6 个串口；

③ 3 个 SPI 接口；

④ 2 个 CAN2.0；

⑤ 2 个 USB OTG；

⑥ 1 个 SDIO。

(3) STM32F407ZGT6 单片机名称的含义

① ST——意法半导体公司；

② M——Cortex - M 系列内核；

③ 32——32 位处理器，即该处理器一次能处理 32 位，即 4 字节的数据；

④ F——该处理器为基础型处理器；

⑤ 407——芯片型号；

⑥ Z——该芯片有 144 个引脚；

⑦ G——该处理器用于存储程序的 Flash 有 1024 KB；

⑧ T——封装是四面表贴型；

⑨ 6——该芯片的工作温度为 −40～85 ℃。

因为 STM32 产品阵容能够满足各种不同需求，且经过多年的发展，其拥有成熟的生态系统，所以 STM32 系列芯片在国内发展迅速。基于 STM32 的产品被广泛应用于工业控制、消费电子、物联网、通信设备、医疗服务、安防监控等领域。

得益于 ARM 的 Cortex - M 开放策略，目前，已有越来越多的国内公司推出了兼容 STM32 的芯片，这些公司包括兆易创新、深圳航顺、深圳贝特莱等。

这里特别说明一下，本教程以 STM32F407ZGT6 为例，但介绍例程完全适用于兆易创新的 GD32F407ZGT6。

3. STM32 单片机的开发方法

STM32 的开发方法有 3 种，分别是寄存器方法、标准库方法和 HAL 库方法。

(1) 寄存器方法

C 语言不能直接操作 STM32 的各类模块和外设，但可以操作这些模块和外设的寄存器，并通过这些寄存器来控制对应的模块和外设工作，因此直接采用操作寄存器来开发使得开发者能熟知原理，知其然也知其所以然，方便查找问题。由于 51 单片机也是基于对寄存器的控制来实现的，因此学过 51 单片机的读者会比较喜欢这种方法。不过由于 STM32 的寄存器数量是 51 单片机的数十乃至数百倍，如此多的寄存器根本无法全部记忆，开发时需要查阅芯片的数据手册，此时直接操作寄存器就变得费时费力，效率低下。

(2) 标准库方法

由于 STM32 的寄存器众多，而且这些寄存器中相当多的寄存器里面又细分多个功能，导致直接采用寄存器方法开发效率非常低，因此 ST 公司为每款芯片都编写了一份标准库文件。在该库文件中，每个模块寄存器的作用或者寄存器中位的作用采用宏定义好并保存在 .h 文件中，同时标准库还对各个外设的寄存器采用结构体方式封装起来以便操作，针对模块操作的函数也被封装置于该模块的 .c 文件中。使用标准库开发时，开发者只需要配置结构体变量成员就可以修改外设的配置寄存器，进而选择不同的功能，使用起来非常方便。这种方式即为标准库方式,目前很多开发人员都还在使用该方式。

由于经过了封装,在开发时不必直接操作外设寄存器,而是通过标准外设库间接操作,避免了直接操作外设寄存器过程中因计算失误和工作疲劳等原因造成的错误。不过随着需求逐渐提高,越来越多的开发者在工程中加入了中间件(即 RTOS、GUI、FS 等)。因为标准外设库只是对寄存器的简单封装,并不能完全将硬件封锁在底层代码中,所以很容易造成中间件不兼容的情况发生,目前 ST 公司已经不再更新支持该方式。

（3）HAL 库方法

HAL 库方法是 ST 公司目前力推的开发方式。HAL 是 Hardware Abstraction Layer 的缩写,中文翻译为硬件抽象层。HAL 库是 ST 为 STM32 新推出的抽象层嵌入式软件,可以更好地确保跨 STM32 产品的最大可移植性。该库提供了一整套一致的中间件组件,如 RTOS、USB、TCP/IP 和图形等。

HAL 库中的函数出现得比标准库要晚,它和标准库一样,都是为了节省程序开发时间而推出的。标准库集成了实现功能需要配置的寄存器,而 HAL 库则更进一步,它的一些函数甚至做到了某些特定功能的集成。也就是说,同样的功能,标准库可能要用几句话,而 HAL 库只需用一句话就够了,并且 HAL 库能很好地解决程序的移植问题,不同型号的 STM32 芯片的标准库是不一样的,例如 F4 上开发的程序移植到 F3 上是不能通用的,而使用 HAL 库,只要使用的是相同的外设,程序基本可以完全复制粘贴过去。另外,ST 公司还推出了一款可以用于对 STM32 资源进行初始化的软件 STM32cubeMX,该软件采用图形化的配置方式直接生成整个使用 HAL 库的工程文件,非常方便,但执行效率较低。

由于 ST 公司在主推 HAL 库,而且 HAL 确实能够提高效率,因此建议学习时选择 HAL 作为主要学习方向。但是,考虑到开发时最根本的还是操作底层的寄存器,所以对寄存器要有一定的了解,要知道哪些外设有哪些寄存器,这些寄存器具体有哪些功能,这些功能该如何使用。不要求深入掌握寄存器,但一定要了解,很多时候,问题还得回到寄存器层面解决。基于此,本书分为两大部分,前一部分重点介绍原理,程序的书写采用寄存器方式;后一部分重点针对应用,程序的书写采用 HAL 库方式。

在以上 3 种方式中,标准库函数和 HAL 库函数都由 ST 官方提供,其实除了这两种库,ST 官方还提供了 LL 库。目前,ST 官方已经停止了标准外设库的更新,主推 HAL 库和 LL 库,不过由于 HAL 库在可移植性、易用性、完备性和硬件覆盖范围方面具有明显的优势,故 HAL 库是目前用得最多的一种库。

4. STM32 的开发步骤

STM32 的开发过程主要包含 5 步,具体如下:

① 编辑文件:编辑好的文件后缀为.c、.h 和.s;

② 编译文件:因为 CPU 只认 0 和 1,所以需要将人能识别的文件编译为 CPU 能够识别的二进制文件,编译得到的文件称为目标文件,后缀为.o,如 led.o;

③ 链接文件:每一个 C 语言文件(.c)和汇编文件(.s)编译后都生成单独的目标文件,需要使用链接器连接起来变为可执行文件,对于 STM32,可执行文件的后缀是.hex(也可以是 bin),比如 test1.hex;

④ 文件下载:编译好的文件存储于计算机中,需要下载到 STM32 中才能被执行;

⑤ 上电执行:将.hex 文件下载到 STM32 后,给 STM32 芯片上电,程序即可执行。

若上电后发现与预期目标不一致,则回到源程序查找问题并改正,改正后再重复以上步骤,直到获得正确的结果。

1.2.2 STM32 开发依托的硬件平台

本书的学习都是在附录 B(扫描二维码阅读)所示的电路上进行的,该电路的主控制器为 STM32F407ZGT6。STM32F4 系列处理器是 ST 公司的核心产品之一,它能驱动大屏幕,资源也更加丰富。下面对该电路的一部分电路进行简单介绍。

1. 时钟电路

时钟电路有两个,一个是外部高速系统时钟的时钟源,该电路的晶振频率范围为 4～26 MHz,这里采用 8 MHz,它负责为 STM32 内部电路模块的协调工作提供“节拍”。另一个是实时时钟电路(电脑右下角的时间和日期的信号就来自于该电路),它的晶体振荡器的频率为 32.768 kHz。这两个电路如图 1-42 所示。

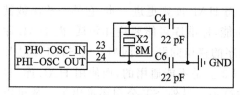
(a) 外部高速时钟源

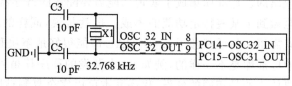
(b) 实时时钟电路

图 1-42 外部高速时钟源和实时时钟电路示意图

2. 复位电路

复位电路即将系统恢复到初始状态的电路。大家使用计算机出现卡顿、死机等情况时,按下计算机的 RESET 键重新启动计算机就是一种典型的复位。

STM32 的复位有 3 种类型,分别是系统复位、电源复位和备份域复位。系统复位时,除了时钟控制寄存器 CSR 中的复位标志和备份域中的寄存器,其他寄存器全部被复位为默认值。产生系统复位的方式有多种,但一般常说的是与计算机的 RESET 键功能相同的复位,这种复位称为外部复位。STM32 的外部复位由 NRST 引脚低电平引起,其电路如图 1-43 所示。

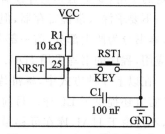

图 1-43 STM32 的复位电路

由图 1-43 可知,外部复位电路通过按下 RST1 键达到复位目的,按下 RST1 键,NRST 引脚会被置低电平,系统进行复位。

3. JTAG 接口下载电路

下载电路用于将可执行文件下载到芯片上,芯片上电或者复位后就会执行这些可执行文件。在本书的例程中,采用 ST-Link 下载程序,其接口电路如图 1-44 所示。

实际上,也可以采用串口下载程序,但是建议大家使用 ST-Link 或者 JTAG 等工具下载,因为这些工具下载速度快、可以调试,而且价格不高。在图 1-44 所示的下载接口电路中,要注意除了 JTCK 引脚,其他引脚都需要采用电阻上拉。

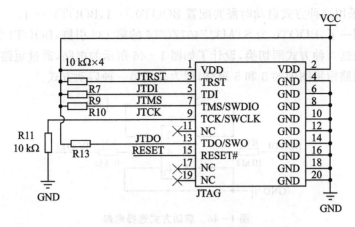

图 1-44 下载电路(JTAG 接口电路)示意图

4. 测试电路

测试电路用于验证程序功能,主要由 LED 电路、蜂鸣器电路和按键电路组成。具体如图 1-45 所示。

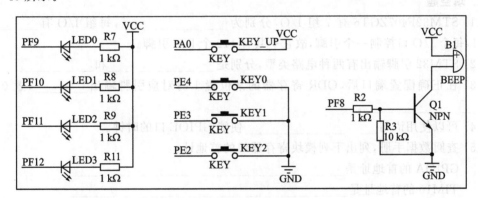

图 1-45 测试电路示意图

5. STM32 的启动选择电路设计

STM32 的启动方式有 3 种,下面简单介绍一下。

第一种是从芯片内置的 Flash 启动,这种是正常的启动方式。平时程序下载到 STM32 的内部 Flash,也从这里启动。这种方式的启动地址为 0x0800 0000,启动时需要配置 BOOT0=0。

第二种是从系统存储器启动。系统存储器是芯片内部一块特定的区域,STM32 出厂时,ST 公司在这个区域内部预置了一段 BootLoader,即常说的 ISP 程序,这是一块 ROM,出厂后无法修改。一般来说,选用这种启动方式是为了从串口下载程序,因为在厂家提供的 BootLoader 中,提供了串口下载程序的固件,可以通过这个 BootLoader 将程序下载到系统的 Flash 中。这种方式的启动地址为 0x1FFF 0000。采用这种方式启动时需要配置 BOOT0=1,BOOT1=0。

第三种是从 SRAM 启动。这种方式一般用于程序调试。调试时经常需要简单修改一下代码,若使用 Flash,则需重新擦除整个 Flash,然后再执行并观察结果。这样做比较费时,这时可以考虑采用这种方式启动,将程序加载到 SRAM 中进行调试。这种方式的启动地址为

0x2000 0000。采用这种方式启动时需要配置 BOOT0 = 1,BOOT1 = 1。

在这里说明一下,BOOT0 为 STM32F407ZGT6 的第 138 引脚,BOOT1 为第 48 引脚。

为了方便在这 3 种方式间切换,设计了如图 1 - 46 所示的电路,通过短路帽来选择对应的启动方式。用短路帽将图中的 3 和 5 短路,即为采用第一种启动方式。

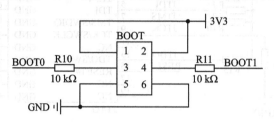

图 1 - 46 启动方式选择电路

思考与练习

1. 填空题

(1) STM32F407ZGT6 有 7 组 I/O,分别为 _____,每组 I/O 有 _____ 个 I/O 口,每个 I/O 口控制一个引脚,故它一共有 112 个 I/O 引脚。

(2) STM32 引脚输出有两种电路类型,分别是 _____ 和 _____。

(3) 在正确配置端口后,ODR 寄存器的某位置 1 时对应引脚输出 _____,置 0 时输出 _____。

(4) 可以使用语句 _____ 使能 GPIOE 口的时钟。

(5) 查阅数据手册,列出下列模块寄存器组的首地址:

GPIOA 的首地址是 _____

TIM10 的首地址是 _____

SPI1 的首地址是 _____

EXTI 的首地址是 _____

USART2 的首地址是 _____

(6) 在不使能上下拉电阻的情况下,_____ 电路既能输出 1 也能输出 0。

2. 思考题

(1) 假设需要配置 PF8 为推挽输出,响应频率为 50 MHz,上拉电阻使能,该如何实现?试写出实现该功能的代码段。

(2) 如果知道了某个模块的寄存器排列,你能对其使用结构体类型进行封装吗?试举例说明。

模块 2

深入了解 STM32 的时钟系统

教学目标

◆ 能力目标

了解 STM32 时钟系统的配置。

◆ 知识目标

1. 了解 STM32 时钟系统的时钟信号来源。
2. 了解 STM32 的 AHB、APB 总线及其挂接的模块。

◆ 项目任务

通过实施任务掌握 STM32 时钟系统的配置。

【任务 2-1】 编程实现 LED0 闪烁(系统时钟为 168 MHz)

【任务目标】

与任务 1-3 相同。

【源程序】

```
/*GPIOF 模块的寄存器*/
#define GPIOF_MODER    (*(volatile unsigned *)0x40021400)
#define GPIOF_ODR      (*(volatile unsigned *)0x40021414)

/*时钟系统相关寄存器的定义*/
#define RCC_CR     (*(volatile unsigned *)0x40023800)   //RCC 控制寄存器,用于控制各时钟的使能
#define RCC_PLLCFGR    (*(volatile unsigned *)0x40023804)   //PLL 锁相环参数配置寄存器
#define RCC_CFGR   (*(volatile unsigned *)0x40023808)   //RCC 的各种分倍频配置寄存器
#define RCC_CIR    (*(volatile unsigned *)0x4002380C)   //RCC 的中断寄存器
#define RCC_AHB1ENR    (*(volatile unsigned *)0x40023830)   //外设时钟使能寄存器
#define RCC_APB1ENR    (*(volatile unsigned *)0x40023840)   //外设时钟使能寄存器
#define PWR_CR     (*(volatile unsigned *)0x40007000)   //电源系统相关寄存器

/*Flash 系统相关寄存器*/
#define FLASH_ACR  (*(volatile unsigned *)0x40023C00)

/*数据类型的定义*/
#define  uint8_t   unsigned char
#define  uint16_t  unsigned short
#define  uint32_t  unsigned int

/*函数声明*/
void Led_Init(void);
void Delay(void);
void Stm32_Clock_Init(uint32_t plln,uint32_t pllm,uint32_t pllp,uint32_t pllq);
uint8_t  Sys_Clock_Set(uint32_t plln,uint32_t pllm,uint32_t pllp,uint32_t pllq);
```

```
int main(void)
{
    Stm32_Clock_Init(336,8,2,7);
    Led_Init();                             //初始化 LED 接口,LED0 接 PF9
    while(1)
    {
        GPIOF_ODR & = ~(1 << 9);            //LED0 亮,红灯
        Delay();                            //延时
        GPIOF_ODR | = (1 << 9);             //LED0 灭,红灯
        Delay();                            //延时
    }
}
/*led 初始化函数定义*/
void Led_Init(void)
{
    RCC_AHB1ENR | = 1 << 5;                 //使能 PORTF 时钟
    GPIOF_MODER & = ~(3 << (9 * 2));        //配置 PF9 引脚工作模式相关位为 0
    GPIOF_MODER | = (1 << (9 * 2));         //配置 PF9 引脚工作模式为输出
    GPIOF_ODR   | =   1 << 9;               //先关闭 LED0
}
/*延时函数定义*/
void Delay(void)
{
    uint32_t  i, j;
    for(i = 0; i < 200; i ++ )
        for(j = 0; j < 5000; j ++ );
}
/*使能高速外部时钟 HSE 作为系统时钟源,开启 PLL 锁相环*/
uint8_t SYS_Clock_Set(uint32_t plln,uint32_t pllm,uint32_t pllp,uint32_t pllq)
{
        uint16_t  retry = 0;
        uint8_t  status = 0;
        RCC_CR | = 1 << 16;                      //HSE 开启
        while(((RCC_CR&(1 << 17)) == 0)&&(retry < 0X1FFF)) retry ++ ;   //等待 HSE RDY
        if(retry = = 0X1FFF) status = 1;         //HSE 无法就绪
        else
        {
        RCC_APB1ENR | = 1 << 28;                     //电源接口时钟使能
        PWR_CR       | = 3 << 14;                     //高性能模式,时钟可到 168 MHz
        RCC_CFGR     | = (0 << 4)|(5 << 10)|(4 << 13);  //HCLK 不分频;APB1 4 分频;APB2 2 分频
        RCC_CR       & = ~(1 << 24);                  //关闭主 PLL
        RCC_PLLCFGR   = pllm|(plln << 6)|((((pllp >> 1) - 1) << 16)|(pllq << 24)|(1 << 22);
                                                     //配置 PLL
        RCC_CR       | = 1 << 24;                     //打开主 PLL
        while((RCC_CR & (1 << 25)) == 0);            //等待 PLL 准备好
        FLASH_ACR    | = 1 << 8;                      //指令预取使能
        FLASH_ACR    | = 1 << 9;                      //指令 cache 使能
        FLASH_ACR    | = 1 << 10;                     //数据 cache 使能
        FLASH_ACR    | = 5 << 0;                      //5 个 CPU 等待周期
        RCC_CFGR     & = ~(3 << 0);                   //清 0
        RCC_CFGR     | = 2 << 0;                      //选择主 PLL 作为系统时钟
        while((RCC_CFGR&(3 << 2))! = (2 << 2));      //等待主 PLL 作为系统时钟成功
        }
        return status;
```

```
}
/* 系统时钟初始化函数定义 */
void Stm32_Clock_Init(uint32_t  plln,uint32_t  pllm,uint32_t  pllp,uint32_t  pllq)
{
        RCC_CR   |= 1 << 0;                              //设置 HSISON,开启内部高速 RC 振荡
        RCC_CFGR  = 0x00000000;                          //CFGR 清 0
        RCC_CR   &= 0xFEF6FFFF;                          //HSEON,CSSON,PLLON 清 0
        RCC_PLLCFGR = 0x24003010;                        //PLLCFGR 恢复复位值
        RCC_CR   &= ~(1 << 18);                          //HSEBYP 清 0,外部晶振不旁路
        RCC_CIR   = 0x00000000;                          //禁止 RCC 时钟中断
        Sys_Clock_Set(plln,pllm,pllp,pllq);             //设置时钟
}
```

【任务结果】

编译源程序并将结果下载到开发板后,可以看到 LED0 快速闪烁。如果仔细观察任务 1-3 和任务 2-1 的延时函数,会发现两者是一样的,但为什么任务 2-1 的闪烁频率高,而任务 1-3 的闪烁频率低呢? 下面我们来探讨这个问题。

项目 2.1　单片机中时钟系统的作用

单片机中有大量的电路模块,而每一模块中又有大量的电路,这些电路都要在共同的节拍下协调工作。如果没有这个节拍来协调,那么这些电路就如数千万人同时做操而没有指挥一般,你踢东我踢西,相互"打架"。这个节拍的提供者即为时钟,所以单片机中时钟系统的主要作用就是提供统一的节拍,以便各电路能有序工作,并最终达到控制目的。

项目 2.2　STM32F4 的时钟系统

STM32 内部模块繁多,这些不同的电路模块可能需要使用不同频率的时钟脉冲来驱动。尽管 STM32 内部有很多分、倍频电路,但也不一定能够全部满足各个模块的需求,所以 STM32 的内部需要多个时钟源。这些时钟源和众多的分、倍频电路一起构成了 STM32 复杂的时钟系统。

STM32F407 的时钟系统如图 2-1 所示。

下面针对图 2-1 中的常用部分进行介绍。

2.2.1　时钟源

STM32F4 的时钟源有 4 个,从上到下分别为:

① 内置低速时钟 LSI,频率为 32 kHz,用来供独立看门狗和自动唤醒单元使用。

② 外置低速时钟 LSE,它需要外接频率为 32.768 kHz 的石英晶体(外部电路如图 2-2 所示),主要作为 RTC 的时钟源。

③ 内置高速时钟 HSI,频率为 16 MHz,可以直接用作系统时钟 SYSCLK,也可以作为 PLL 的输入。它的优点是成本低,启动速度快,缺点是精度差,模块 1 的 3 个任务使用的都是这种时钟。

④ 外置高速时钟 HSE,HSE 的晶振电路如图 2-3 所示,本书开发板采用 8 MHz 的晶振

来做 HSE 的时钟源。

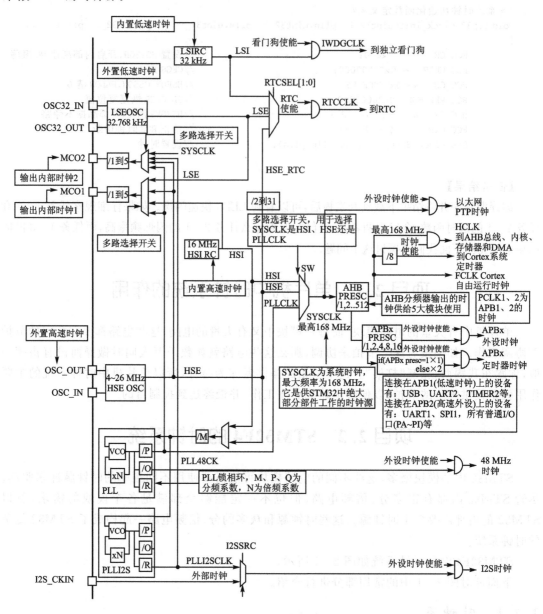

图 2 - 1 STM32 的时钟系统

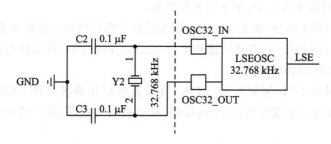

图 2 - 2 LSE 产生电路(虚线左侧为外部晶振电路)

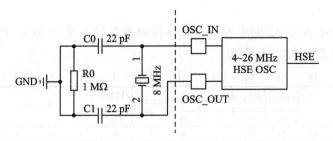

图 2-3 HSE 产生框图(虚线左侧为外部晶振电路)

2.2.2 主锁相环 PLL

锁相环用于将频率抬高。STM32 的时钟系统有两个锁相环,一个是主 PLL,一个是专用 PLL。主 PLL 有两个不同的输出信号:一个经 P 分频后变为 PLLCLK,一般被用作系统时钟 SYSCLK 的时钟源,在 STM32F407ZGT6 中,系统时钟的频率最高为 168 MHz;另一个经 Q 分频后变为 48 MHz 的 PLL48CK,关于这个时钟此处不做进一步的介绍。

主 PLL 的结构框图如图 2-4 所示。

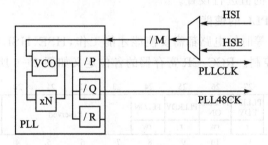

图 2-4 主 PLL 的时钟结构

1. 主 PLL 的时钟源输入选择

从图 2-4 可以看到,主 PLL 的输入信号可以由 HSI 和 HSE 提供,到底选择哪个作为主 PLL 的输入,由寄存器 PLLCFGR 的第 22 位决定,该位的作用如下:

➢ 配置为 0:选择 HSI 时钟作为 PLL 和 PLLI2S 时钟输入;

➢ 配置为 1:选择 HSE 振荡器时钟作为 PLL 和 PLLI2S 时钟输入。

注意,该位只有在 PLL 和 PLLI2S 已禁止时才可写入。

2. M、N、P、Q 等参数的选择

在图 2-4 中,xN 表示 N 倍频,/M、/P 和/Q 分别代表 M、P 和 Q 分频。一般系统都使用 HSE 作为时钟源,此时 HSE 的频率、PLL 的输出频率和这些分、倍频系数之间存在着如式(2-1)所示的关系:

$$f_{SYSCLK} = (f_{HSE}/M) \times N/P \qquad (2-1)$$

如果外部晶振的频率已经确定,可以通过设置系数 M、N 和 P 来配置系统时钟频率。其中 M、N 和 P 可以有多种组合,只要满足相应的条件就可以了。在任务 2-1 中,我们采用函数 Stm32_Clock_Init(336,8,2,7)对系统时钟进行初始化,函数参数中的 336 即为 N 的值,8、2,7 分别为 M、P、Q 的值,经过主 PLL 之后,得到的 PLLCLK 为 168 MHz,PLL48CK 为

48 MHz。

主 PLL 中的 M、N、P、Q 四个参数在时钟控制寄存器系统中 RCC_PLLCFGR 中配置，PLLCFGR 的位定义如图 2-5 所示。

31	30	29	28	27	26	25	24	23	22	21	20	19	18	17	16
	Reserved			PLLQ3	PLLQ2	PLLQ1	PLLQ0	Reserved	PLLSRC		Reserved			PLLP1	PLLP0
				rw	rw	rw	rw		rw					rw	rw

15	14	13	12	11	10	9	8	7	6	5	4	3	2	1	0
Reserved	PLLN									PLLM5	PLLM4	PLLM3	PLLM2	PLLM1	PLLM0
	rw	rw	rw	rw	rw	rw	rw	rw	rw	rw	rw	rw	rw	rw	rw

图 2-5 PLLCFGR 寄存器的位定义

由图 2-5 可知，RCC_PLLCFGR 的 bit0～bit5 用于保存 M 值，bit6～bit14 用于保存 N 值，bit16～bit17 用于保存 P 值，bit24～bit27 用于保存 Q 值。

任务 2-1 中的函数 Sys_Clock_Set()中有一条语句：

```
RCC_PLLCFGR = pllm|(plln << 6)|(((pllp >> 1) - 1) << 16)|(pllq << 24)|(1 << 22);
```

即用来对 M、N、P 和 Q 的值进行设置。

3. HSE、HSI 和主 PLL 的使能

HSE、HSI 和 PLL 等时钟电路都需要使能才能工作，HSE、HSI、PLL 的启动控制由寄存器 RCC_CR 的相关位控制。RCC_CR 寄存器的各位定义如图 2-6 所示。

31	30	29	28	27	26	25	24	23	22	21	20	19	18	17	16
	Reserved			PLLI2S RDY	PLLI2S ON	PLLRDY	PLLON		Reserved			CSS ON	HSE BYP	HSE RDY	HSEON
				r	rw	r	rw					rw	rw	r	rw

15	14	13	12	11	10	9	8	7	6	5	4	3	2	1	0
HSICAL[7:0]								HSITRIM[4:0]					Res.	HSIRDY	HSION
r	r	r	r	r	r	r	r	rw	rw	rw	rw	rw		r	rw

图 2-6 RCC_CR 寄存器的位定义

图 2-6 中，bit[1:0]位为 HSI 控制位，其中：

➤ bit0 位为 STM32 内部高速时钟 HSI 使能位，配置为 1 时使能 HSI，为 0 时 HSI 关闭；

➤ bit1 位用于判断 HSI 是否已经就绪，为 1 说明已经就绪。

bit[17:16]用于控制外部高速时钟 HSE 的开启，bit[25:24]用于控制 PLL 的开启，bit[27:26]用于控制 PLLI2S 的开启，各位域的作用与控制 HSI 时相同。

任务 2-1 中的系统设置函数中的语句：

```
RCC_CR |= 1 << 16;          //HSE 开启
while(((RCC_CR&(1 << 17)) == 0));   //等待 HSE 准备好
```

用来启动 HSE。另外，还有语句：

```
RCC_CR |= 1 << 24;          //打开主 PLL
while((RCC_CR & (1 << 25)) == 0);   //等待 PLL 准备好
```

用来启动主 PLL。

2.2.3 系统时钟 SYSCLK

STM32 中绝大部分模块的时钟由系统时钟 SYSCLK 分频后的时钟提供。系统时钟可由主 PLL、HSI 或者 HSE 提供(见图 2-7),具体由这三者中的哪一个提供,需要在 RCC_CFGR 寄存器中进行配置。RCC_CFGR 寄存器的各位定义如图 2-8 所示。

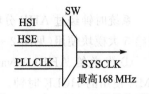

图 2-7 与 SYSCLK 相关的时钟

31	30	29	28	27	26	25	24	23	22	21	20	19	18	17	16
MCO2		MCO2 PRE[2:0]			MCO1 PRE[2:0]			I2SSCR	MCO1		RTCPRE[4:0]				
rw		rw	rw	rw	rw	rw	rw	rw	rw		rw	rw	rw	rw	rw

15	14	13	12	11	10	9	8	7	6	5	4	3	2	1	0
PPRE2[2:0]			PPRE1[2:0]			Reserved		HPRE[3:0]				SWS1	SWS0	SW1	SW0
rw	rw	rw	rw	rw	rw			rw	rw	rw	rw	r	r	rw	rw

图 2-8 RCC_CFGR 寄存器的位定义

其中,bit[1:0]即用于选择系统时钟源,当将其设置为 10 时,即选择主 PLL 的输出作为系统时钟源。因为时钟信号由开始切换到稳定需要一个过程,所以在设置时钟来源时要等待切换成功,对于系统时钟 SYSCLK 时钟源的切换,其等待位为寄存器 RCC_CFGR 的 bit[3:2]位。当 bit[3:2]=10 时说明主 PLL 作系统时钟已经准备好。

注意:bit[1:0]切换位和切换是否成功状态位位值一样。

另外,为各模块选择时钟源或者配置相应的预分频器时,所做的选择可能会造成干扰,所以强烈建议仅在复位后但在使能外部振荡器和 PLL 之前进行选择时钟源或配置预分频器等操作。

在任务 2-1 中,函数 Sys_Clock_Set()中的语句:

```
RCC_CFGR &= ~(3 << 0);          //清 0
RCC ->CFGR |= 2 << 0;           //选择主 PLL 作为系统时钟
```

用于选择 PLL 的输出作为系统时钟源。在选择主 PLL 作为系统时钟之后使用了一条语句:

```
while((RCC ->CFGR&(3 << 2))! = (2 << 2));   //等待主 PLL 作为系统时钟成功
```

用于等待主 PLL 作为系统时钟成功。

在寄存器 RCC_CFGR 中还涉及一些本书实验中使用的位段,具体如下:

➤ bit[7:4]用于配置 AHB 预分频器的分频系数,后面的实验中配置为 1;

➤ bit[12:10]用于配置 APB 低速预分频器(APB1)的分频值,后面的实验中配置为 4;

➤ bit[15:13]用于配置 APB 高速预分频器(APB2)的分频值,后面的实验中配置为 2。

其他位的作用大家可以参考 STM32 的中文参考手册。

由于在任务 2-1 中使用主 PLL 的输出作为系统时钟,该时钟配置为 168 MHz,因此速度非常快。而在模块 1 的 3 个任务中没有对系统时钟进行配置,默认使用的是 HSI 时钟,这个时钟只有 16 MHz,为 168 MHz 的 1/10 左右,速度比较慢,所以在相同的延时函数中,大家看到的 LED 灯闪烁频率比较低,这就是任务 2-1 采用相同的延时函数闪烁频率更高的原因。

2.2.4 由 SYSCLK 模块提供时钟源的时钟

系统时钟经过 AHB 分频（分频值由 RCC_CFGR 中的 bit[7:4]位决定）后输出的时钟发送给 5 大模块使用（见图 2-9），这些模块分别是：

① 发送给 AHB（Advanced High - performance Bus，高级高性能总线）、内核、内存和 DMA 使用的 HCLK 时钟。因为一般情况下 AHB 不分频，所以 HCLK 的频率与 SYSCLK 的相同，都是 168 MHz。

② 8 分频后发送给 STM32 系统定时器作为它的时钟源，即 Systick 时钟。

③ 直接发送给 Cortex 的自由运行时钟 FCLK（free running clock）。在这里补充一下 FCLK 的作用，FCLK 为自由振荡的处理器时钟，用来采样中断和为调试模块计时，平时所说的 CPU 的主频指的就是它。"自由"的意思是指它不来自于 HCLK，因此在 HCLK 停止时 FCLK 也继续运行。FCLK 和 HCLK 互相同步，故两者频率相同，都等于 168 MHz。

④ 发送给 APB（Advanced Peripheral Bus，先进外围总线）低速预分频器（APB1 预分频器），APB1 分频器的分频系数可选择 1、2、4、8、16 分频（由 RCC_CFGR 中的 bit[12:10]决定），其输出的一路供 APB2 的外设使用（频率为 PCLK1，最大频率为 42 MHz），另一路发送给一部分定时器的倍频器使用。

⑤ 发送给 APB 的高速预分频器（APB2 预分频器）。APB2 分频器的分频系数可选择 1、2、4、8、16 分频（由 RCC_CFGR 中的 bit[15:13]决定），其输出的一路供 APB1 的外设使用（频率为 PCLK1，最大频率为 84 MHz），另一路发送给一部分定时器的倍频器使用。

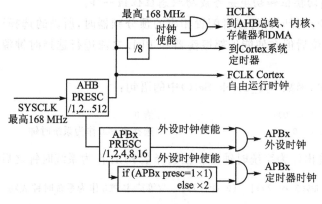

图 2-9　AHBx 的时钟结构

本书的实验中，在函数 Sys_Clock_Set()中使用语句：

```
RCC_CFGR | = (0 << 4)|(5 << 10)|(4 << 13);        //HCLK 不分频；APB1 4 分频；APB2 2 分频
```

对 AHB、APB1 和 APB2 的分频系数进行了设置，设置结果是 AHB 不分频，即 AHB 的频率与 SYSCLK 的频率相同，APB1 配置为 4 分频，即其频率为 SYSCLK 的频率/4 = 42 MHz，APB2 配置为 2 分频，所以 APB2 的频率为 84 MHz。

2.2.5 APB1 总线和 APB2 总线上挂接的模块

在任务 1-1 的学习中，知道了 GPIO 端口模块挂接在 AHB1 总线上，在 STM32 中除了

AHB 总线,还有 APB1 总线和 APB2 总线等。总线是嵌入式系统主机部件之间传送信息的公用通道,物理上对应一组组导线,CPU、内存、输入/输出、各种外设之间的比特信息都在这些总线上传输。STM32 微处理器的总线有两类,分别是 AHB 和 APB。AHB 是 Advanced High-performance Bus 的缩写,译作高级高性能总线,是一种系统总线。AHB 主要用于高性能模块(如 CPU、DMA 和 DSP 等)之间的连接。AHB 系统由主模块、从模块和基础结构(Infrastructure)3 部分组成,整个 AHB 总线上的传输都由主模块发出,从模块负责回应。APB 是 Advanced Peripheral Bus 的缩写,译作高级外设总线,是一种外围总线。APB 总线主要用于低带宽的周边外设之间的连接,例如 USART、I/O、AD/DA 等,它不需要很高的时钟频率,功耗也较低。

下面给出 APB1 和 APB2 总线使能寄存器的位定义,大家可以通过这些位定义了解这两类总线各接哪些片内外设。

1. APB1ENR 寄存器

APB1ENR 寄存器用于对挂接在其上的模块时钟进行使能,其位定义如图 2-10 所示。

31	30	29	28	27	26	25	24	23	22	21	20	19	18	17	16
Reserved		DAC EN	PWR EN	Reserved	CAN2 EN	CAN1 EN	Reserved	I2C3 EN	I2C2 EN	I2C1 EN	UART5 EN	UART4 EN	UART3 EN	UART2 EN	Reserved
		rw	rw		rw	rw		rw	rw	rw	rw	rw	rw	rw	

15	14	13	12	11	10	9	8	7	6	5	4	3	2	1	0
SPI3 EN	SPI2 EN	Reserved		WWDG EN	Reserved		TIM14 EN	TIM13 EN	TIM12 EN	TIM7 EN	TIM6 EN	TIM5 EN	TIM4 EN	TIM3 EN	TIM2 EN
rw	rw			rw			rw	rw	rw	rw	rw	rw	rw	rw	rw

图 2-10 RCC->APB1ENR 寄存器各位的位定义

在图 2-10 中,当将其中的某位置 1 时,对应模块的时钟使能,置 0 失能,可以看到,挂在 APB1 总线上的模块有 TIM2~TIM7、I2C 模块、UART 模块等。

2. APB2ENR 寄存器

APB2ENR 的作用与 APB1ENR 类似,用于使能挂接在 APB2 上模块的时钟,其位定义如图 2-11 所示。

31	30	29	28	27	26	25	24	23	22	21	20	19	18	17	16
Reserved													TIM11 EN	TIM10 EN	TIM9 EN
													rw	rw	rw

15	14	13	12	11	10	9	8	7	6	5	4	3	2	1	0
Reserved	SYSCFG EN	Reserved	SPI1 EN	SDIO EN	ADC3 EN	ADC2 EN	ADC1 EN	Reserved		USART6 EN	USART1 EN	Reserved		TIM8 EN	TIM1 EN
	rw		rw	rw	rw	rw	rw			rw	rw			rw	rw

图 2-11 RCC->APB2ENR 寄存器各位的位定义

从图 2-11 可以看出,挂接在 APB2 总线上的有 ADC 模块、TIM9~TIM11 等模块。

项目 2.3 系统时钟设置步骤

STM32 启动后,如果不对系统时钟进行配置,而是直接采用默认方式(内部高速时钟 HSI)作为系统时钟,这个时钟比较慢,发挥不出 STM32F407 速度快的优势。为了使

STM32F407 的输出性能最大化,一般将其系统时钟配置为 168 MHz 来使用。下面结合任务 2-1 的系统时钟配置程序来介绍具体的配置流程。

(1) 开机后,让系统先启动起来,因为 HSI 的启动速度快,所以先启动内部 HSI,使用语句为:

```
RCC_CR | = 1 << 0;
```

(2) 系统启动后,接下来切换系统时钟的时钟源为 HSE,切换过程如下:

① 先关闭时钟相关的中断,防止中断破坏时钟源的切换,关闭时钟相关中断的语句为:

```
RCC_CIR = 0;
```

② 设置 HSE 的信号源(外部晶振的信号不旁路),然后启动 HSE,并等待 HSE 变稳定,使用语句如下:

```
RCC_CR & = ～(1 << 18);           //HSEBYP 清 0,外部晶振不旁路
RCC_CR | = 1 << 16;              //HSE 开启
while((RCC_CR&(1 << 17)) == 0);  //等待 HSE 变稳定
```

③ 在 HSE 稳定后,配置 STM32 工作于高性能模式下,这样可以将 STM32F407 的时钟频率提升到 168 MHz。STM32 工作于高性能模式通过配置电源接口的 PWR_CR 寄存器 bit14 和 bit15 为 11 来实现,所使用的语句为:

```
RCC_APB1ENR | = 1 << 28;         //电源接口时钟使能
PWR_CR | = 3 << 14;              //高性能模式,时钟可到 168 MHz
```

④ 配置 AHB、APB1 和 APB2 的分频系数,所使用语句如下:

```
RCC_CFGR | = (0 << 4)|(5 << 10)|(4 << 13);       //HCLK 不分频;APB1 4 分频;APB2 2 分频
```

⑤ 关闭 PLL,然后配置 PLL 的分频、倍频系数,然后再开启 PLL,并等待 PLL 输出信号稳定,其使用的语句为:

```
RCC_CR      & = ～(1 << 24);        //关闭主 PLL
RCC_PLLCFGR = pllm|(plln << 6)|(((pllp >> 1) - 1) << 16)|(pllq << 24)|(1 << 22);   //配置 PLL
RCC_CR      | = 1 << 24;
while((RCC_CR & (1 << 25)) == 0);
```

注意,在该步骤中,通过设置 RCC_PLLCFGR 的 bit22 为 1,选择 HSE 作为主 PLL 的输入时钟源,此时 HSI 并没有关闭,只是不使用为主 PLL 的时钟源而已。

⑥ 配置指令预取、指令 cache、数据 cache 等使能。

⑦ 选择主 PLL 作为系统时钟,并等待其稳定,所使用的语句为:

```
RCC_CFGR | = 2 << 0;               //选择主 PLL 作为系统时钟
while((RCC_CFGR&(3 << 2))! = (2 << 2));   //等待主 PLL 作为系统时钟成功
```

至此,系统时钟配置为 168 MHz 过程完成,系统正式工作于 168 MHz 频率下。

思考与练习

1. 填空题

(1) STM32 的时钟系统中,HSE 代表＿＿＿＿＿＿＿＿＿,HSI 代表＿＿＿＿＿＿＿,LSE 代表＿＿＿＿＿＿＿＿,LSI 代表＿＿＿＿＿＿＿。

(2) 从时钟系统上看,独立看门狗的时钟源只有一个,具体是＿＿＿＿＿＿＿＿。

(3) 从时钟系统上看,RTC 实时时钟的时钟源有 3 个,分别是＿＿＿＿、＿＿＿＿、和＿＿＿＿＿。

(4) 假设 STM32 的主 PLL 的 M＝18,N＝336,P＝2,则 PLLCLK 的频率是＿＿＿＿。

(5) RCC_CR 寄存器的作用是＿＿＿＿＿＿＿＿＿＿＿＿＿＿＿＿＿＿＿＿＿。

(6) RCC_PLLCFGR 寄存器的作用是＿＿＿＿＿＿＿＿＿＿＿＿＿＿＿＿＿＿＿。

2. 问答题

如果要设置 STM32F407ZGT6 的系统时钟为 72 MHz,可以有哪些设置方式?

模块 3

Systick 定时器的应用和模块化编程

教学目标

◆ 能力目标

1. 掌握 Systick 定时器做延时时的配置。
2. 掌握模块化编程的方法。

◆ 知识目标

1. 了解 Systick 的系统构成。
2. 了解 Systick 的工作原理。

◆ 项目任务

1. 通过实施任务掌握 Systick 做延时时的应用。
2. 通过实施任务掌握模块化编程的实现原理。

项目 3.1　精确延时的实现——滴答定时器的原理及其应用

【任务 3-1】　蜂鸣器发声控制,发声间隔为 1.2 s。

【任务目标】

利用 Systick 定时器控制蜂鸣器周期发声,发声周期为 1.2 s。

【电路连接】

蜂鸣器与 STM32 的电路连接图如图 3-1 所示。

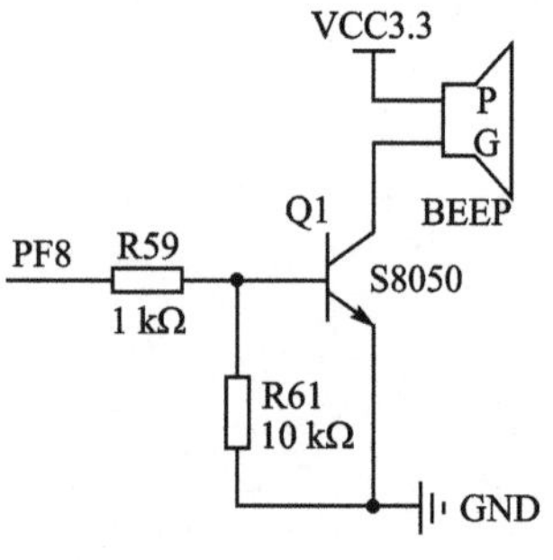

【源程序】

```
/* 数据类型定义 */
#define uint8_t   unsigned char
#define uint16_t  unsigned short
#define uint32_t  unsigned int
/* GPIO 口寄存器封装 */
typedef struct
{
    volatile uint32_t MODER;      //I/O引脚工作模式寄存器
    volatile uint32_t OTYPER;     //I/O引脚驱动电路配置寄存器
    volatile uint32_t OSPEEDR;    //响应速度配置寄存器
    volatile uint32_t PUPDR;      //上下拉电阻寄存器
    volatile uint32_t IDR;        //输入数据寄存器
    volatile uint32_t ODR;        //输出数据寄存器
    volatile uint32_t BSRR;       //置位复位寄存器
```

图 3-1　蜂鸣器与 STM32 的电路连接图

```
    volatile uint32_t LCKR;
    volatile uint32_t AFR[2];                      //引脚复用设置寄存器
}GPIO_TypeDef;

/* 滴答定时器寄存器的封装 */
typedef struct
{
    volatile uint32_t CTRL;                        //控制寄存器
    volatile uint32_t LOAD;                        //自动重载寄存器,存放计数器初值
    volatile uint32_t VAL;                         //减 1 计数器
    volatile uint32_t CALIB;                       //校准寄存器
}SysTick_TypeDef;

/* 相关寄存器定义 */
#define RCC_CR          (*(volatile unsignedint *)0x40023800)
#define RCC_PLLCFGR     (*(volatile unsignedint *)0x40023804)
#define RCC_CFGR        (*(volatile unsignedint *)0x40023808)
#define RCC_CIR         (*(volatile unsignedint *)0x4002380C)
#define RCC_AHB1ENR     (*(volatile unsigned int *)0x40023830)
#define RCC_APB1ENR     (*(volatile unsigned int *)0x40023840)
#define PWR_CR          (*(volatile unsigned int *)0x40007000)
#define FLASH_ACR       (*(volatile unsignedint *)0x40023c00)

/* GPIOF 和 Systick 指针定义 */
#define  GPIOF ((GPIO_TypeDef *)0x40021400)
#define  SysTick ((SysTick_TypeDef *)0xe000e010)

/* 相关函数的声明 */
void BEEP_Init(void);
void Delay_Low798ms(uint16_t xms);
void Delay(uint16_t ms);

/* 主函数 */
int main(void)
{
    Stm32_Clock_Init(336,8,2,7);                   //系统时钟初始化
    BEEP_Init();                                   //蜂鸣器初始化
    while(1)
    {
        GPIOF ->ODR  |= 1 << 8;                    //beep 响
        Delay(1000);                               //延时 1 s
        GPIOF ->ODR  &= ~(1 << 8);                 //beep 不响
        Delay(1000);                               //延时 1 s
    }
}
/* beep 蜂鸣器初始化设置 */
void BEEP_Init(void)
{
    RCC_AHB1ENR  |= 1 << 5;                        //使能 GPIOF 的时钟
    GPIOF ->MODER &= ~(3 << (2 * 8));
    GPIOF ->MODER |= 1 << (2 * 8);
    GPIOF ->ODR   &= ~(1 << 8);                    //关闭蜂鸣器
}
/* 定义 ms 级延时函数,该函数的最大延时为 798 ms */
void Delay_Low798ms(uint16_t xms)
{
```

```
    uint32_tnum = 21000;              //1 ms 需要数 21 000 个脉冲
    if(xms>798) return;                //采用 HCLK/8 作时钟源,一次最大计数值是 798 ms
    SysTick ->LOAD = xms * num;        //装计数器的初值到重载值寄存器中
    SysTick ->CTRL & = ~(1 << 2);      //选择 Systick 定时器的时钟源为参考时钟
    SysTick ->VAL = 0;                 //将 Systick 定时器的计数器进行清 0
    SysTick ->CTRL | = (1 << 0);       //启动计数器
    while((SysTick ->CTRL&(1 << 16)) == 0);    //等待一轮计数结束
    SysTick ->CTRL & = ~(1 << 0);      //一轮计数结束,关闭计数器
}
/* 定义延时函数,该延时函数延时范围比上面的更广,可以实现 1 000 ms 以上的延时 */
void Delay(uint16_t ms)
{
    uint16_t repeat = 0, remain = 0;
    repeat = ms/500;                   //调用 Delay_xms(500)合计 repeat 次
    remain = ms % 500;                 //调用一次 Delay_xms(remain)
    while(repeat)
    {
        Delay_Low798ms(500);
        repeat -- ;
    }
    if(remain>0) Delay_Low798ms(remain);
}
/* 将项目 2-1 中的函数 Sys_Clock_Set()和 Stm32_Clock_Init()复制过来 */
//函数 Sys_Clock_Set(uint32_t plln,uint32_t pllm,uint32_t pllp,uint32_t pllq)
//函数 Stm32_Clock_Init(uint32_t plln,uint32_t pllm,uint32_t pllp,uint32_t pllq)
```

【实验结果】

将程序编译下载到开发板,可以看到蜂鸣器间隔发声,间隔周期为 1 s。

项目 3.2　Systick 定时器的内部结构

3.2.1　滴答定时器简介

　　Systick 定时器又称之为滴答定时器,滴答定时器是一个 24 位的倒计时定时器,一次最多可以计数 2^{24} 个时钟脉冲,它的主要作用是为操作系统提供一个时基。因为滴答定时器属于内核里面的一个模块,不是 STM32 的一个片上外设,所以在《STM32 中文参考手册》中没有介绍,需要翻阅《ARM Cortex-M3 与 Cortex-M4 权威指南》中的第 9 章 9.5 节有相关介绍。接下来详细介绍滴答定时器的内部电路构成及其工作原理。

3.2.2　滴答定时器的构成

　　图 3-2 为滴答定时器模块的方框图。由图可知,滴答定时器主要由 4 个寄存器、时钟源及相关控制逻辑构成。时钟源已经在模块 2 中介绍过了。

1. 4 个寄存器

(1) 当前值计数寄存器(Systick Current Value Register,地址:0xE000 E018)

当前值计数寄存器简称计数器,它是滴答定时器的核心,计数位为 24 位,计数方式为递减

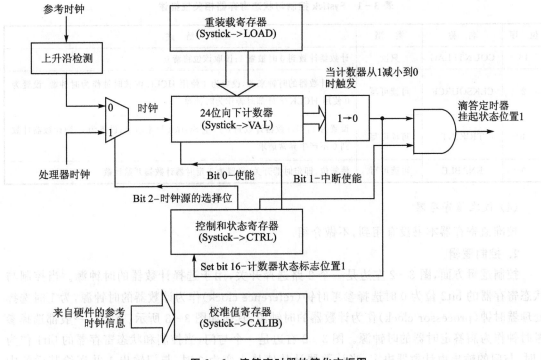

图3－2　滴答定时器的简化方框图

计数,每来一个脉冲,其值减1。

假设初值为5,则启动计数后,其计数过程如下:

5→4→3→2→1→0→5→4→3→2→1→0→5→⋯⋯→0→5→4→3→2→1⋯⋯

从中可以看到滴答定时器的一些特点:

➤ 计数初值和计数周期的关系为:计数周期 ＝ 计数初值＋1;

➤ 只要不关闭定时器,则该定时器一直循环计数;

➤ 该计数器可读可写,读取时返回当前计数值;

➤ 写入数据时会被清0,同时还会清除在 Systick 控制及状态寄存器中的标志。

(2) Systick 重装载寄存器(Systick Reload Value Register,地址:0xE000 E014)

刚才我们讲到,往计数器里面写入值会导致计数器被清0,那现在存在一个问题,计数器的初值装在哪里呢?答案是在重装载寄存器中。当计数器减少到0时,重装载寄存器会将自己保存的值装入计数器中,然后计数器会从该值开始新一轮的计数。

(3) Systick 控制与状态寄存器(Systick Control and Status Register,地址:0xE000 E010)

控制和状态寄存器用于控制计数器的启动与停止、标识计数器计数到0、配置滴答定时器的中断使能及选择滴答定时器的时钟源。

该寄存器相关位的描述如表3-1所列。

表 3 - 1   Systick 控制与状态寄存器相关位描述

位 序	名 称	类 型	描 述
16	COUNTFLAG	只读	计数器计数到 0 时被置 1;读取该位将清 0
2	CLKSOURCE	可读可写	选择计数器的时钟来源,设置为 1 使用 HCLK 内核时钟作为时钟源;设置为 0 使用 HCLK/8 外部时钟作为时钟源
1	TICKINT	可读可写	设置为 1,则计数器计数到 0 产生 Systick 异常请求;设置为 0,则计数器计数到 0 不产生异常请求
0	ENABLE	可读可写	使能位,即定时器开关,设置为 1 定时器计数器开始计数

(4) 校准值寄存器

校准值寄存器本书没有用到,不做介绍。

2. 控制逻辑

控制逻辑方面,图 3 - 2 左边是一个 2 路选择开关,用于选择计数器的时钟源。当控制与状态寄存器的 bit2 位为 0 时选择参考时钟(reference clock)作为计数器的时钟源,为 1 时选择处理器时钟(processor clock)作为计数器的时钟源,具体如图 3 - 3 所示。注意,一般都选择参考时钟作为滴答定时器的时钟源。图 3 - 2 右边是一个与门,当控制和状态寄存器的 bit1 位为 1 时,与门的输出由计数器决定,当计数器计数值从 1 变为 0 时,与门输出 1 并送给其后的中断系统。

滴答定时器实际上就是 Cortex 系统定时器,在 STM32 的时钟系统中它位于图 3 - 4 方框所示的位置。虽然图中 Systick 定时器前面标了"/8",但滴答定时器的时钟并不一定是 HCLK/8,它的时钟源有两个,一个是外部时钟源(HCLK/8,也即前面提到的参考时钟),一个是内核时钟源(HCLK),具体选择哪一个作为滴答定时器的时钟源由滴答定时器控制与状态寄存器的第 2 位决定。

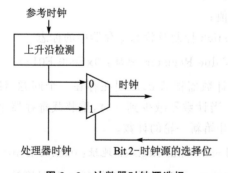

图 3 - 3   计数器时钟源选择

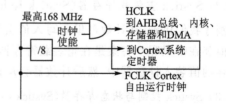

图 3 - 4   滴答定时器在时钟树中的位置

3.2.3   滴答定时器的寄存器封装和模块基地址的定义

图 3 - 5 给出了 Systick 的 4 个寄存器的地址及使用信息。

与前述项目中组织 GPIO 口的寄存器类似,在使用滴答定时器时,也要先将控制滴答定时器的 4 个寄存器按地址先后顺序封装进一个结构体,再为这个结构体类型定义一个别名,

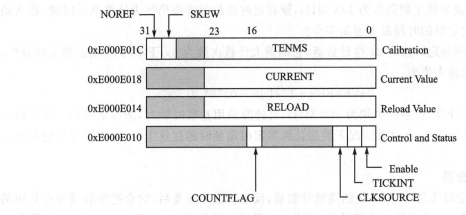

图 3 - 5　**Systick 定时器相关寄存器信息**

如下：

```
typedef struct
{
    volatile uint32_t CTRL;
    volatile uint32_t LOAD;
    volatile uint32_t VAL;
    volatile uint32_t CALIB;
}SysTick_Type;           //定义名为 SysTick_Type 的结构体类型,该类型的变量有 4 个成员
```

然后再定义一个标识符代表 Systick 的地址,具体如下：

```
#define SysTick ((SysTick_Type *)0xE000E010)
```

定义完成后即可采用 Systick→成员的方式访问该变量中的各个成员了。

项目3.3　滴答定时器的延时应用

1. 计数器初值和一轮计数最大值的确定

下面通过两个例子来学习滴答定时器计数器初值的确定和定时值。

例1：假设系统时钟主频为 168 MHz,滴答定时器的时钟源为参考时钟(HCLK/8),要实现一次定时 500 ms,则滴答定时器的初值应为多少?

答:由滴答定时器的时钟源可知,当滴答定时器选择参考时钟作为它的计数器输入时钟时,计数器的输入信号频率为 HCL 的 8 分频,也就是说滴答定时器计数器的输入信号频率为:

$$F_{systick} = 168 \text{ MHz}/8 = 21 \text{ MHz}$$

由于频率和周期互为倒数,可以得到输入信号周期为:

$$T_{systick} = 1/F_{systick} = 1/21 \text{ MHz} = 1/21 \text{ } \mu s$$

所以,要计数 500 ms,需要的计数次数 x 为:

$$x = 500 \text{ ms}/T_{systick} = 10\ 500\ 000 = 0xA0\ 37A0$$

因为滴答定时器是数到 0 产生异常触发信号,所以它的计数初值就是它的计数次数,因此例 1 中滴答定时器的初值应该为 0xA0 37A0。

例 2：假设系统主频仍然为 168 MHz,滴答定时器的时钟源仍然为外部基准时钟,那么滴答定时器一次定时的时间最大值是多少?

答:由于滴答定时器为 24 位计数器,它的最大计数次数为 0xFF FFFF,根据例 1 的分析,它一次定时的最大值为:

$$0xFFFFFF * 1/21\ \mu s = 0.798\ 915\ s$$

根据这一计算,在系统主频为 168 MHz、时钟源采用基准时钟时,滴答定时器一次定时不能超过 0.798 915 s。在这种情况下要想让滴答定时器延时超过这个值,需要重复让它进行多次计数。

2. 延时应用

Systick 定时器是一个 24 位的递减计数器,设定初值并使能后,它会把重装载寄存器中的值装入计数器并对输入脉冲进行计数,每来一个脉冲计数器减 1,减到 0 时,控制寄存器第 16 位置 1。所以,只要知道滴答定时器计数器的输入时钟周期及计数器初值,即可通过查询控制和状态寄存器中的第 16 位是否置 1 获得一次计时时间。可以采用下面的语句来实现查询:

```
while((SysTick_CTRL&(1 << 16)) == 0);      //查询计数是否结束
```

在这条语句执行完之后,就意味着一次计时结束了。

根据滴答定时器的延时原理可以得到滴答定时器延时函数的设计步骤如下:

① 根据延时时间和输入脉冲周期计算出计时初值,并将此值装入重装载寄存器中。

② 通过 SysTick_CTRL 控制寄存器选择滴答定时器的时钟源并获得滴答定时器一次输入脉冲的周期。

③ 对计数器清 0(注意:写入任一数值都可以对其清 0)。

④ 启动滴答定时器。

⑤ 查询控制寄存器的计数标志位是否为 1,如为 1 则一次定时结束。

⑥ 定时结束之后关闭滴答定时器。

基于该步骤可得延时函数的设计如下:

```
void Delay_xms(uint16_t xms)
{
    uint32_t num = 21000;                      //1 ms 需要数 21 000 个脉冲
    if(xms > 798) return;                      //一次最大计数值是 798 ms,这里是对参数做出限制
    SysTick_LOAD = xms * num;                  //设置重装载寄存器的值
    SysTick_VAL = 0;                           //对计数器清 0,同时将控制寄存器的状态位清 0
    SysTick_CTRL |= (1 << 0);                  //启动计数器
    while((SysTick_CTRL&(1 << 16)) == 0);      //查询计数是否结束
    SysTick_CTRL &= ~(1 << 0);                 //一次计数结束,关闭计数器
}
```

在这个函数中,首先定义一个变量 num,并赋一个初值 21 000,赋这个初值的原因在于当系统主频为 168 MHz 并采用参考时钟作为滴答定时器的时钟源时,滴答定时器计时 1 ms 刚好计数是 21 000 次,这样在调用此函数时,函数的参数只需要输入要延时的毫秒值即可。例如要延时 10 ms,在调用这个函数时,它的实际参数值取 10 就可以了,要延时 500 ms,调用这个函数时函数的实际参数取 500 就可以了。

首先使用一个条件判断参数的合法性,判断一次延时是不是超过了798,若超过说明参数非法,则返回。

接着,给重装载寄存器赋初值,记住这时赋的初值是 num 变量的值乘以参数值。

然后是清空计数器,赋任何数值给 VAL 计数器值都会被清0。

最后启动计数器,这时重装载寄存器的值装入计数器中,计数器启动计数。

while 循环用来查询计数是否结束。while 循环语句执行完说明一次计时结束,接下来就可以关闭定时器了。

需要注意的是,函数 Delay_xms() 的参数取值范围不能超过798。若要用它延时超过798,可以采用多次延时来实现。举个例子,如果要延时 2.4 s,也就是 2 400 ms,可以调用 Delay_ms(500) 四次,然后再调用 Delay_ms(400) 一次。更通用的可以采用如下函数来实现:

```
void Delay_ms(uint16_t x)
{
    uint16_t repeat = 0, remain = 0;
    repeat = x/500;              //重复多少次 500 ms 的计数
    remain = x%500;              //余下不够 500 次的计数次数
    while(repeat)
    {
        Delay_ms(500);           //延时 500 ms
        repeat--;
    }
    if(remain) Delay_ms(remain);
}
```

项目 3.4 模块化编程

【任务 3-2】 采用模块化编程方式,利用 Systick 定时器控制 LED0 闪烁,闪烁间隔为 1 s。LED0 亮时蜂鸣器发声,LED0 灭时蜂鸣器也灭。

【工程组织】

(1) 工程组织结构

整个工程的组织结构如表 3-2 所列。

表 3-2 任务 3-2 的工程组织结构——蜂鸣器发声控制

工程名	工程包含的文件夹及文件		
user	main.c,startup_stm32f40_41xxx.s		
obj	保存编译输出的目标文件和下载到开发板的 .hex 文件		
hardware	led	led.c	Led_Init()
		led.h	声明 led.c 中的函数
	beep	beep.c	Beep_Init()
		beep.h	声明 beep.c 中的函数

工程名			工程包含的文件夹及文件
system	sys	sys.c	定义配置时钟系统函数
		sys.h	声明 sys.c 中的函数
	sfrdef	sfrdef.h	对任务 3 - 2 中使用到的寄存器进行定义。sfr 指特殊功能寄存器
	typedef	typedef.h	定义使用符号 uint8_t 等代表数据类型
	delay	delay.c	定义延时函数 Delay_Low798ms 和 Delay()
		delay.h	对 delay.c 中的函数进行声明

由表 3 - 2 可知,整个工程包含 4 个文件,具体如下:

➤ user 文件用于保存 main.c 及启动文件 startup_stm32f40_41xxx.s;

➤ obj 文件用于存放工程编译过程中产生的各种中间文件及要下载到芯片上运行的.hex 文件;

➤ hardware 文件用于存放各个被控制模块的文件,在任务 3 - 2 中,被控制模块有蜂鸣器模块和 LED0 模块,所以有两个文件,分别用于存放这两个模块的头文件和 c 文件;

➤ system 文件中包含各个任务中都可能用到的文件,这些文件有延时函数文件 delay、系统时钟设置文件 sys、类型定义文件 typedef 和各个功能寄存器的定义文件 sfr。

(2) 源程序

主函数 main.c:

```c
#include "regdef.h"
#include "sys.h"
#include "beep.h"
#include "delay.h"
/* 主函数 */
int main(void)
{
    Stm32_Clock_Init(336,8,2,7);         //设置时钟,168 MHz
    Beep_Init();                         //初始化 LED 接口,LED0 接 PF9
    while(1)
    {
        GPIOF->ODR  &=   ~(1 << 9);      //LED0 亮
        GPIOF->ODR  |=    1 << 8;        //beep 响
        Delay(1000);                     //延时
        GPIOF->ODR  |=   (1 << 9);       //LED0 灭
        GPIOF->ODR  &= ~(1 << 8);        //beep 灭
        Delay(1000);                     //延时
    }
}
```

延时模块,这里只给出延时函数:

```c
/* 定义 ms 级延时函数,该函数的最大延时为 798 ms */
void Delay_Low798ms(uint16_t xms)
{
```

```
    uint32_tnum = 21000;                          //1 ms 需要数 21 000 个脉冲
    if(xms > 798) return;                          //采用 HCLK/8 作时钟源,一次最大计数值是 798 ms
    SysTick ->LOAD = xms * num;                    //将计数器的初值到重装载寄存器中
    SysTick ->CTRL & = ~(1 << 2);                  //选择 Systick 定时器的时钟源为参考时钟
    SysTick ->VAL = 0;                             //将 Systick 定时器的计数器进行清 0
    SysTick ->CTRL | = (1 << 0);                   //启动计数器
    while((SysTick ->CTRL&(1 << 16)) == 0);        //等待一轮计数结束
    SysTick ->CTRL & = ~(1 << 0);                  //一轮计数结束,关闭计数器
}
/ * 定义延时函数,该延时函数延时范围比上面的更广,可以实现超过 798 ms 的延时 * /
void Delay(uint16 ms)
{
    uint16_t repeat = 0, remain = 0;
    repeat = ms/500;                               //调用 Delay_xms(500)合计 repeat 次
    remain = ms % 500;                             //调用一次 Delay_xms(remain)
    while(repeat)
    {
        Delay_xms(500);
        repeat -- ;
    }
    if(remain>0) Delay_xms(remain);
}
```

蜂鸣器模块,包含 beep. c 和 beep. h。

beep. c:

```
# include "regdef.h"
void Beep_Init()
{
    RCC_AHB1ENR | = 1 << 5;                        //使能 PORTF 时钟
    GPIOF ->MODER & = ~(3 << (8 * 2));             //配置 PF8 引脚相关位 bit16、bit17 清 0
    GPIOF ->MODER | = (1 << (8 * 2));              //配置 PF8 为输出——设置值
    GPIOF ->OTYPER & = ~(1 << 8);                  //电路工作方式为推挽
    GPIOF ->OSPEEDR & = ~(3 << (8 * 2));           //对应位清 0
    GPIOF ->OSPEEDR | = (2 << (8 * 2));            //响应速度 50M,其他值亦可
}
```

beep. h:

```
# ifndef _BEEP_H_
# define _BEEP_H_
    # include "regdef.h"
    void Beep_Init(void);
# endif
```

led 模块与 beep 模块类似,具体参见对应例程。

公用模块包括 sys. c、sys. h、typedef. h、sfrdef. h。

sys. c:

```
# include "typedef.h"
# include "regdef.h"
/ * 将任务 2 - 1 中的函数 Sys_Clock_Set()和 Stm32_Clock_Init()复制过来 * /
//函数 Sys_Clock_Set(uint32_t plln,uint32_t pllm,uint32_t pllp,uint32_t pllq)
```

//函数 Stm32_Clock_Init(uint32_t plln,uint32_t pllm,uint32_t pllp,uint32_t pllq)

sys. h：

```
# ifndef _SYS_H_
# define _SYS_H_
    # include "typedef.h"
    void Stm32_Clock_Init(uint32_t plln,uint32_t pllm,uint32_t pllp,uint32_t pllq);
    uint8_tSys_Clock_Set(uint32_t plln,uint32_t pllm,uint32_t pllp,uint32_t pllq);
# endif
```

typedef. h：

```
# ifndef _TYPEDEF_H_
# define _TYPEDEF_H_
    /* 数据类型定义 */
    # define uint8_t    unsigned char
    # define uint16_t   unsigned short
    # define uint32_t   unsigned int
# endif
```

sfrdef. h：

```
# ifndef _SRFDEF_H_
# define _SRFDEF_H_
    # include"typedef.h"
    /* GPIO 口寄存器封装 */
    typedef struct
    {
        volatile uint32_t MODER;            //I/O引脚工作模式寄存器
        volatile uint32_t OTYPER;           //I/O引脚驱动电路配置寄存器
        volatile uint32_t OSPEEDR;          //响应速度配置寄存器
        volatile uint32_t PUPDR;            //上下拉电阻寄存器
        volatile uint32_t IDR;              //输入数据寄存器
        volatile uint32_t ODR;              //输出数据寄存器
        volatile uint32_t BSRR;             //置位复位寄存器
        volatile uint32_t LCKR;
        volatile uint32_t AFR[2];           //引脚复用设置寄存器
}GPIO_TypeDef;
/* 滴答定时器寄存器的封装 */
typedef struct
{
    volatile uint32_t CTRL;                 //控制寄存器
    volatile uint32_t LOAD;                 //自动重装载寄存器——存放计数器初值
    volatile uint32_t VAL;                  //减 1 计数器
    volatile uint32_t CALIB;                //校准寄存器
}SysTick_TypeDef;
/* 相关寄存器定义 */
# define RCC_CR          ( * (volatile unsigned int * )0x40023800)
# define RCC_PLLCFGR     ( * (volatile unsigned int * )0x40023804)
# define RCC_CFGR        ( * (volatile unsigned int * )0x40023808)
# define RCC_CIR         ( * (volatile unsigned int * )0x4002380C)
# define RCC_AHB1ENR     ( * (volatile unsigned int * )0x40023830)
# define RCC_APB1ENR     ( * (volatile unsigned int * )0x40023840)
# define PWR_CR          ( * (volatile unsigned int * )0x40007000)
```

#define FLASH_ACR　　　(＊(volatile unsigned int＊)0x40023c00)

/＊GPIOF 和 SysTick 指针定义＊/
#define GPIOF ((GPIO_TypeDef＊)0x40021400)
#define SysTick ((SysTick_TypeDef＊)0xe000e010)

#endif

【工程建立步骤】

① 首先选择工程文件存放路径(参见任务 1-1),将工程命名为 OneLed_Flashing,再在 OneLed_Flashing 文件夹中新建 4 个文件夹,分别命名为 user、system、hardware 和 obj。

② 在 system 文件夹下新建 4 个文件夹,分别命名为 delay、sys、sfrdef 和 typedef。delay 文件夹用于存放延时相关 c 文件及其头文件,sys 文件用于存放系统时钟初始化函数的 c 文件 及其头文件,sfrdef 用于存放本工程中涉及的特殊功能寄存器的定义,typedef 用于存放本文 件中的各种数据类型定义。在 hardware 文件夹下新建一个名为 led 的文件夹,用于存放 led 模块控制相关函数 c 文件及其头文件。

③ 打开 KEIL for arm。

④ 新建一个工程。

⑤ 选择处理器。

⑥ 选择启动文件。

⑦ 在工程中添加组。鼠标单击左边工程窗口的"Target1",然后按下鼠标右键,弹出目标 选择下拉菜单,在该菜单中单击"Add Group",添加一个组,具体过程如图 3-6 所示。

⑧ 修改组名及继续添加组。鼠标单击待修改组名的组,选中该组名,然后再单击一下组 名即处于可编辑状态,更改组名为"user"。用同样的方法,一共在本工程中建立 3 个名称分别 为"user"、"system"和"hardware"的组(组的名字建议与工程中文件夹中的文件名称相同),结 果如图 3-7 所示。

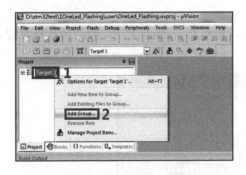

图 3-6　工程中"组"的添加

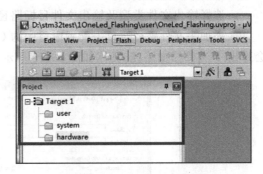

图 3-7　工程中包含的组

⑨ 编辑好各 c 文件及其头文件,然后将 c 文件添加到工程中对应的组中。以 sys.c 为例, 具体添加步骤为:单击选中工程窗口的组"system",然后按鼠标右键,在弹出的下拉菜单列表 中单击"Add existing files",系统弹出添加文件选择窗口,如图 3-8 所示。添加好后可以在工 程窗口的 system 下拉列表中看到该文件。

全部添加后,整个工程分布如图 3-9 所示。注意,将启动文件 startup_stm32f40_41xxx.s 添加到 user 文件夹中。

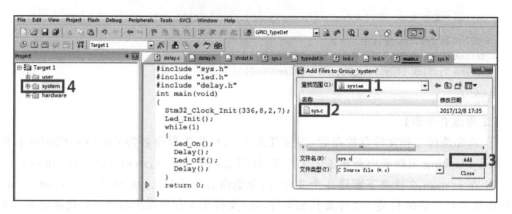

图 3 - 8   c 源文件添加到组

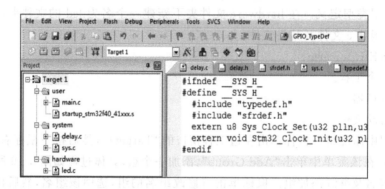

图 3 - 9   工程文件分布图

⑩ 配置工程。通过单击图标 📽 进入工程配置界面,具体配置内容如下:

➢ 修改系统晶振频率。

➢ 选择输出文件类型及输出文件目标路径。

➢ 添加头文件路径。单击配置窗口中的 C/C++,再单击 Include Paths 后面的选择按钮,会弹出.h 文件添加路径,具体如图 3 - 10 所示。

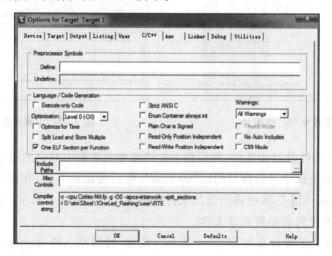

图 3 - 10   .h 文件添加路径

单击路径选择按钮,在弹出的方框后面再单击选择按钮,选择对应的头文件并添加进来。以添加 led.h 为例,具体步骤如图 3 – 11 所示。

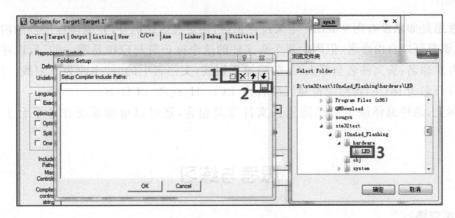

图 3 – 11　头文件的添加

⑪ 完成以上步骤后单击▦按钮即可对文件进行编译,若没有错误,则在 obj 中输出名为 OneLed_Flashing.hex 的文件,将该文件下载到 STM32 中并执行,即可看到实验结果。

任务 1 – 1 将所有的代码编写在同一个 c 文件下。但如果开发的项目较大,代码量有上千上万行甚至更大时,这种方式给代码调试、更改及后期维护都会带来极大的麻烦,模块化编程可以解决这个问题。所谓模块化编程是指将一个程序按功能分成多个模块,每个模块存放在不同的文件中。

一个模块通常包含两个文件:一个是.h 文件(头文件),另一个是.c 文件。

.h 文件一般不包含实质性的函数代码,里面的内容主要是对本模块内可用于供其他模块的函数调用的函数声明。此外,该文件也可以包含一些很重要的宏定义以及数据结构信息。头文件相当于一份说明书,用于告诉外界本模块对外提供哪些接口函数和接口变量。头文件的基本构成原则为不该让外界知道的信息就不应该出现在头文件中,而供外界调用的接口函数或者接口变量所必须的信息则必须出现在头文件中。当外部函数或文件调用该模块的接口函数或者接口变量时,就必须包含该模块提供的这个头文件。另外,该模块也需要包含这个模块的头文件,因为其包含了模块源文件中所需要的宏定义或者数据结构。头文件采用条件编译方式编写,下面用一个应用示例说明。

例:演示头文件 sys.h 中的内容。

```
#ifndef _SYS_H_
#define _SYS_H_
    void Stm32_Clock_Init(uint32_t plln,uint32_t pllm,uint32_t pllp,uint32_t pllq);
    uint8_t Sys_Clock_Set(uint32_t plln,uint32_t pllm,uint32_t pllp,uint32_t pllq);
#endif
```

.c 文件(源文件)的主要功能是对.h 文件中声明的外部函数进行具体实现,对具体的实现方式没有规定,只要能实现函数功能即可。

在模块化编程中,每一个模块都有一个头文件,为了防止头文件的重复包含和编译,需要在头文件中使用条件编译。其典型应用如下:

```
#ifndef 标识符
```

```
#define 标识符
    程序段
#endif
```

其意思是如果没有用 #define 定义过标识符,则定义该标识符,并编译程序段的内容。原则上,标识符可以自由命名,但因为每个头文件的这个标识符都应该是唯一的,所以建议采用这样的方式命名:头文件名全部大写,前后加下划线,文件名中的"."也改为下划线。比如,某个头文件命名为 led.h,则标识符建议命名为_LCD_H_或者_LCD_H。

实际上,条件编译除了可以防止头文件重复包含,还可以增加系统在各平台上的可移植性。

思考与练习

1. 填空题

(1) Systick 定时器是一个_____位的_____(递增或递减)计数器。

(2) Systick 包含 4 个寄存器,分别是 _____、_____、_____ 和_____。

(3) 当向 Systick 定时器的计数器写入 10 时,Systick 定时器计数器的值为_____。

2. 编程题

(1) 如果要选择 Systick 定时器的时钟源为参考时钟,应该如何配置寄存器?

(2) 采用模块化编程方式重新组织任务 3-1,并观察结果。

模块 4

STM32 的存储器结构和 GPIO 设置通用函数设计

教学目标

◆ 能力目标

1. 掌握操作位段别名区来操作位段的位。
2. 掌握 I/O 口功能设置函数的设计。

◆ 知识目标

1. 了解 STM32 的基本结构。
2. 了解 STM32 的存储器地址编码。
3. 熟悉 STM32 的位段和位段别名区的关系。
4. 了解 CPU 和存储器的数据交换。

◆ 项目任务

1. 通过实施任务掌握使用位段别名区来操作位段。
2. 通过实施任务掌握 GPIO 口功能设置函数的设计。

项目 4.1   STM32 的存储器

【任务 4 - 1】   LED0 闪烁控制。

【任务目标】

利用 STM32 的 PF9 控制发光二极管 LED0 闪烁,要求使用位段别名区映射单元进行控制。

【电路连接】

与任务 1 - 1 相同。

【源程序】

```
/* 数据类型定义 */
#define uint8_t unsigned char
#define uint16_t unsigned short
#define uint32_t unsigned int
/* 定义寄存器及封装 */
typedef struct
{
    volatile uint32_t MODER;        //模式设置寄存器
    volatile uint32_t OTYPER;       //驱动电路设置寄存器
    volatile uint32_t OSPEEDR;      //输出速度寄存器
    volatile uint32_t PUPDR;        //上下拉电阻使能设置寄存器
```

```
        volatile uint32_t IDR;                            //输入数据寄存器
        volatile uint32_t ODR;                            //输出数据寄存器
        volatile uint32_t BSRR;
        volatile uint32_t LCKR;
        volatile uint32_t AFR[2];
    }GPIO_TypeDef;
    #define GPIOF ((GPIO_TypeDef * )0x40021400)                      //定义 GPIOF 代表地址
    #define RCC_AHB1ENR  ( * (volatile unsignedint * )0x40023830)//定义 RCC_AHB1ENR 代表存储单元
    /* 定义标识符 LED0 代表 PF9 在位段别名区中的控制字 */
    #define LED0 ( * (volatile unsigned * )0x424282A4)              //定义 PF9 对应的别名区字存储单元
    /* 函数声明 */
    void Led_Init(void);
    void Delay(void);
    /* 主函数定义 */
    int main(void)
    {
        Led_Init();                                       //初始化 LED 接口,LED0 接 PF9
        while(1)
        {
            LED0 = 0;                                     //LED0 亮
            delay();                                      //延时
            LED0 = 1;                                     //LED0 灭
            delay();                                      //延时
        }
    }
    /* 延时函数 */
    void Delay(void)
    {
        uint32_t i, j;
        for(i = 0; i < 200; i++)
            for(j = 0; j < 3000; j++);
    }
    /* LED 灯初始化 */
    void Led0_Init(void)
    {
        RCC_AHB1ENR  |= 1 << 5;                           //使能 PF 组端口的时钟
        GPIOF ->MODER &= ~(3 << (2 * 9));
        GPIOF ->MODER |= 1 << (2 * 9);                    //配置 PF9 引脚的功能为输出
        LED0 = 1;                                         //关掉 LED0
    }
```

【任务结果】

将任务 4-1 源程序编译并下载到开发板上,可以看到 LED0 闪烁,其实现效果与任务 1-1 相同。对比任务 4-1 和任务 1-1,可以发现,两者的区别实际上只有一个,那就是任务 1-1 中通过配置 GPIOF→ODR 寄存器的 bit9 位来对 PF9 输出的高低电平进行控制,而任务 4-1 则直接操作 LED0 代表的地址 0x4242 82A4 指向的存储单元来对 PF9 进行控制。GPIOF→ODR 的地址为 0x4002 1414,与 LED0 代表的地址并不相同,那为什么采用 0x4242 82A4 也能够实现对 PF9 的控制呢?这需要从 STM32 的位段和位段别名区的关系说起。

项目 4.2　位段区域及其对应位段别名区的关系

4.2.1　位段和位段别名区的含义

位段指可以按位操作的存储区域,位段别名区指在存储区的另一区域中,该区域中的每一个字与位段中的一个位一一对应,好像位段中位的"别名"一样。操作位段的位与操作对应的别名区中的字效果相同。由于 STM32 的系统总线是 32 位的,按照 4 个字节访问时是最快的,所以膨胀成 4 个字节来访问是最高效的,即对位段别名区操作比对位段区操作速度更快,效率更高。所以实际应用中一般都是用对位段别名区的操作来替代对位段中某个位的操作。

4.2.2　位段和位段别名区地址的映射关系

STM32 中有两个区域支持位操作,一个是 SRAM 区的最低 1 MB 范围(0x2000 0000～0x200F FFFF),一个是片内外设区的最低 1 MB 范围(0x4000 0000～0x400F FFFF)。这两个区中的地址除了可以像普通的 RAM 一样使用外,它们还都有自己的"位段别名区",位段别名区把位段区的每个比特膨胀成一个 32 位的字,即一个比特膨胀为 4 字节(一个字),所以每个位段别名区有 32 MB。其中,SRAM 位段别名区地址范围为:0x2200 0000～0x23FF FFFF;片内外设位段别名区的地址范围为:0x4200 0000～0x43FF FFFF。

下面先来看一个简单的映射关系,看看别名区和位区是如何对应的。假设位段区域只有 3 字节,那么位段别名区会是多大呢? 我们来计算一下。

① 位段区域的位数一共是 3×8 比特;

② 由于位段别名区由位段区域膨胀得到,膨胀时位段区域一位膨胀成一个字,所以位段别名区一共有 24 个字,每个字是 4 字节,所以位段别名区一共是 4×24=96 字节。

下面来看这 3 个位段字节中的位和位段别名区字节的对应关系。我们给这 3 个字节各编一个编号,分别为 0、1、2,这个编号就是常说的地址。同时也给位段别名区中的每一字节编一个地址,分别为 0、1、2、…、95。他们之间的关系如图 4-1 所示。

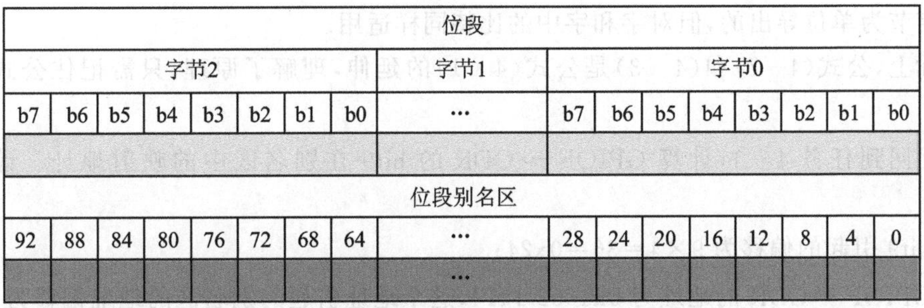

位段																	
字节2								字节1		字节0							
b7	b6	b5	b4	b3	b2	b1	b0	…		b7	b6	b5	b4	b3	b2	b1	b0
位段别名区																	
92	88	84	80	76	72	68	64	…		28	24	20	16	12	8	4	0
								…									

注:颜色较浅的为位段, 颜色较深的为位段别名区。

图 4-1　位段和位段别名区的地址映射关系

由图 4-1 可知:位段中的 b0 位在别名区中所占存储空间为 4 字节,这 4 字节的地址(当前的计算机系统都是采用字节编址)从低字节到高字节分别为 0、1、2、3,通常都是用低字节的地址代表字地址,所以位段中的 b0 位在别名区中的字映射地址为 0。

同理,位段中的 b1 位在别名区中的地址为 4,其余类推。

下面确定位段和别名区的一般映射关系。

对于位段中的字节 0,每一位与位段别名区地址的对应关系为:

$$位段别名区中的字地址 = 位段中位的位序×4 \qquad (4-1)$$

对于位段中的字节 2,b0 位和别名区中地址的映射关系计算过程如下:

① 字节 2 前面的比特数为 2×8=16 比特;

② 因为每比特膨胀为 4 字节,所以字节 2 在别名区中的地址偏移为 2×8×4=64,即字节 2 在别名区中的映射地址从 64 开始,b0 的映射地址为 64,b1 的映射地址为 68,其余类推。

综合以上分析,可以得到上述例子中位段和位段别名区的映射关系为:

位段别名区地址＝位段中的位所在的字节在别名区中的地址偏移＋该位在本字节中偏移导致的地址偏移 $\qquad (4-2)$

下面通过两个示例来验证一下。

例 1:计算字节 0 的 b3 在别名区中的映射地址。

① 字节 0 在别名区中的字节偏移为 0;

② b3 在本字节中的位序导致的偏移为 3×4。

所以字节 0 的 b3 在别名区中的映射地址＝0+12=12。

例 2:计算字节 2 的 b3 在别名区中的映射地址。

① 字节 2 在别名区中的地址偏移为 2×8×4=64;

② b3 在本字节中的偏移导致的在别名区中的偏移为 3×4=12。

所以字节 2 的 b3 在别名区中的映射地址＝64+12=76。

现在回到 STM32 的位段和位段别名区。示例中,两片存储区域的地址都是从 0 开始的,但 STM32 的不一样,它的两个别名区的起始地址都不是 0,因此得在公式(4-2)的基础上加上起始地址,即位段中的某个比特在别名区中的映射地址计算公式为:

位映射地址＝别名区起始地址＋位段中的位所在的字节在别名区中的地址偏移＋该位在本字节中偏移导致的地址偏移 $\qquad (4-3)$

公式(4-3)即为 STM32 的位段别名区和位段中位的地址映射关系。注意,公式(4-3)虽然是以字节为单位导出的,但对字和字中的比特同样适用。

实际上,公式(4-2)和(4-3)是公式(4-1)的延伸,理解了原理,只需记住公式(4-1)即可。

下面回到任务 4-1,计算 GPIOF→ODR 的 bit9 在别名区中的映射地址。计算过程如下:

① bit9 引起的偏移为 9×4=36=0x24;

② GPIOF→ODR 的地址为 0x4002 1414,这个地址引起的别名区的地址偏移为:

(0x4002 1414−0x4000 0000)×4×8=0x21414×0x20=0x42 8280

③ GPIOF→ODR 所在位段别名区的起始地址为 0x4200 0000。

所以,GPIOF→ODR 的 bit9 在别名区中的地址为:

0x4200 0000+0x428280+0x24=0x4242 82A4

得到了别名区的地址后,用宏定义给其取一个名字,比如:

```
# define LED0 ( * (volatile unsigned int * )0x424282A4)
```

那么就可以使用 LED0 来操作 PF9 输出高低电平了，任务 4-1 即为此情况。其他 I/O 口的操作与此相同，不再赘述。

最后要注意，位段别名区的一个字由位段区的一个比特位经过膨胀后得到，此时虽然变大到 4 字节，但还是最低位才有效。

4.2.3 位段中的位与位段别名区中字地址的代码处理

为了通用性，一般先定义一个宏去计算位段中地址为 addr 的存储单元的第 n 位映射到别名区的字的地址值，具体如下：

```
# define BBWAV(addr, n) ((addr&0xf0000000) + 0x2000000 + ((addr&0xfffff) << 5) + (n << 2))
```

上述宏定义中：

① addr&0xf0000000 代表位段的起始地址。比如 addr=0x20000004，addr&0xf0000000 的结果是 0x20000000，说明目前要处理的位在 SRAM 的位段中。

② 0x2000000 为位段别名区与对应位段的距离，所以 (addr&0xf0000000)＋0x2000000 即为对应的位段别名区的首地址，比如①中的 addr&0xf000000 的结果为 0x20000000，加上 0x2000000 后结果即为 SRAM 的位段别名区。

③ (addr&0xfffff) 代表目标位所在字节在目标位段的偏移。比如①中的 addr&0xfffff 的结果为 4，说明 addr 在 SRAM 位段中的偏移为 4。

④ (addr&0xfffff) << 5 实际上就是 (addr&0xfffff)×32。在无符号数据运算中，左移 1 代表乘以 2^1，左移 2 代表乘以 2^2，其余类推。所以，(addr&0xfffff) << 5 实际上是计算位段中字节偏移导致的别名区偏移。

⑤ (n << 2)，本质上就是 n×2^2，即位引起的别名区的偏移。

在计算出位段别名区的地址后，再定义一个将地址值 addr 强制转为地址的宏，具体如下：

```
# define BBAAMEM(addr, n) ( * (volatile unsigned int * )(BBWAV(addr, n)))
```

经过上述步骤后，要想通过别名区来操作某一组端口中的某一个位只需要操作 BBAAMEM 即可。以任务 1-1 操作的 PF9 的数据输出寄存器为例，要想让 PF9 输出 0，可用如下操作：

```
BBAAMEM(0x40021414, 9) = 0;
```

不过，为了直观一般采用如下宏定义来定义一个更加直观的符号来代表上述语句的左边部分，具体如下：

```
# define PFout(n) BBAAMEM(GPIOF_ODR,n)
```

其中，GPIOF_ODR 代表 GPIOF 输出数据寄存器的地址(0x4002 1414)。进行如上定义后，在控制 PF9 的输出时直接操作 PFout() 即可。关于此项应用，有兴趣的读者可参考任务 4-2 中的【源程序】。

项目 4.3　存储器基础知识

1. 计算机系统的基本组成

计算机系统由软件和硬件两部分构成。软件就是下载到单片机中的程序。硬件就是处理器、存储器(包括内存和硬盘等)、液晶屏、键盘等部件。不过,一个微型计算机硬件系统只需要3部分硬件和电源即可以工作,这3部分分别是:

① CPU 又称中央处理器,是计算机的大脑,负责分析程序并将分析结果转变为各种数据和信号。

② 存储器用于保存信息。在数字系统中,只要能保存二进制数据的都可以看作存储器(如内存条、TF 卡等)。计算机系统中全部信息包括输入的原始数据、程序、中间运行结果和最终运行结果都保存在存储器中。这些信息根据控制器指定的位置存入和取出信息。有了存储器,计算机系统才有记忆功能,才能保证正常工作。

③ I/O 口即输入/输出端口,是 CPU 与键盘、打印机等外部设备交换数据的接口。处理器分析程序获知各种结果后,要通过 I/O 口发送给外部设备,而计算机外面的各种数据、信息也通过 I/O 口发送到计算机中。平时看到的液晶屏、用到的键盘等都是连接到 I/O 口上的。

由于单片机系统就是一个小型的计算机系统,所以上述结论也适用于单片机。

2. 常见的存储器分类

常见存储器的分类如图 4-2 所示。存储器分为两种,分别是易失性存储器和非易失性存储器。两者的区别是易失性存储器掉电后数据会被清除,而非易失性存储器掉电后数据不被清除。

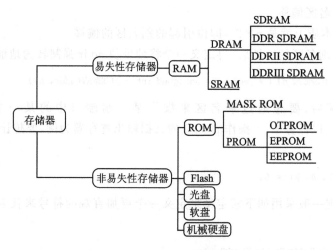

图 4-2　常见的存储器的分类

易失性存储器的代表就是 RAM(Random Access Memory,随机存取存储器),RAM 又分为 DRAM(动态随机存储器)和 SRAM(静态随机存储器),它们的区别在于生产工艺不同。SRAM 保存的数据是靠晶体管锁存的,而 DRAM 保存数据则靠电容充电来维持。SRAM 的工艺复杂,生产成本高,价格比较高(不过速度比较快),容量比较大的 RAM 一般都选用DRAM。

STM32F4 内部的 RAM 分为两大块：一块是地址从 0x2000 0000 开始的普通内存，共 128 KB，这部分内存任何外设都可以访问；另一块是地址从 0x1000 0000 开始的 CCM 内存，这部分内存仅 CPU 可以访问，DMA 之类的设备不能访问，CCM 一共 64 KB。

非易失性存储器常见的有 ROM（Read Only Memory，只读存储器）、Flash、光盘、软盘、机械硬盘。它们的作用相同，只是实现工艺不一样。只读指这种存储器只能读取它里面的数据而不能向里面写数据。不过，现在已经既可读也可写了，但名称保留了下来。Flash 又称闪存，是一种可以写入和读取的存储器。Flash 的存储容量比较大，速度也比较快，又分为 NOR Flash 和 NAND Flash，现在的 U 盘和 SSD 固态硬盘都是 NAND Flash。STM32 内部有 1 MB 的非易失性存储器，起始地址为 0x0800 0000，用来存储烧写到 STM32 的代码。

3. 存储器容量

存储器容量指存储器能存放的二进制代码的总位数，单位为位（bit）。不过平时一般以字节为单位，8 位为 1 字节（byte）。STM32 开发中还经常涉及半字和字这两个概念，其中半字为 16 位，字为 32 位。除了这些单位，在单片机开发中涉及的存储器单位还有 KB、MB、GB 等，它们之间的关系如下：

1 GB=1 024 MB；1 MB=1 024 KB；1 KB=1 024 B；B 为字节。

4. 存储器的存储单元编址

存储器是由一个个存储单元构成的，为了使 CPU 准确地找到存储有某个信息的存储单元，需要对各个存储单元编号，这个过程即存储器编址，而这个编号即为存储单元的地址码，简称地址。在计算机系统中，CPU 即通过此地址来定位存储单元。在嵌入式系统中，编址单位为字节，即每一个字节编有一个地址。这个地址跟人的身份证一样，一一对应，即一个地址与一个字节对应。51 单片机的地址引脚为 16 根，故地址编码为 16 位；STM32 的地址引脚为 32 根，故地址编码为 32 位。STM32 的程序存储器、数据存储器、各种外设的寄存器和 I/O 端口等在同一个顺序的 4 GB 地址空间内进行统一编址。各字节按小端格式在存储器中编码。字中编号最低的字节被视为该字的最低有效字节，而编号最高的字节被视为最高有效字节。

5. 存储器的地址映射

在 STM32 内部集成了多种类型的存储器，同一类型的存储器为一个存储块。一般情况下，处理器设计者会为每一个存储块分配一个数值连续、数目与其存储单元数相等、以十六进制表示的自然数集合作为该存储块的地址编码。这种地址编码与存储单元存在的一一对应关系称为存储器映射（memory map，内存映射或地址映射）。存储器映射的核心就是将对象映射为地址，通过操作地址达到操作对象的目的。以 GPIOF_ODR 寄存器为例，在进行存储器映射后，只需操作地址 0x4002 1414 即可达到操作寄存器 GPIOF_ODR 的目的。

项目 4.4　CPU 和存储器的数据交互

了解存储器的编址特点后，接下来学习 CPU 和存储器如何进行数据交换。以图 4-3 为例来说明。为了简便起见，假设存储器只有 4 字节，地址分别为 0、1、2 和 3，这个 4 字节的存储单元中存储的数据分别为 5、2、7 和 6。

先看第一种情况，CPU 要去地址 1 中将数据 2 取到它里面来（CPU 将外部的数据取到它里面的操作叫做"读"）。为了得到地址 1 中的内容，CPU 将先通过读写信号线 R/W̄ 向存储器发送读命令 1,然后再通过地址线发出地址 1(A1 和 A0 为地址线,此时 A1 信号为 0,A0 为 1)。当存储器收到地址信息和读写指令后,就会将地址中的数据 2 发送给数据总线(图中 D2、D1、D0 为数据线,此时数据线的信号为 010),这样 CPU 就可读到字节 1 的内容了。

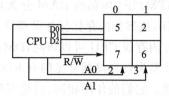

图 4-3 CPU 和存储器构成系统示意图

再看第二种情况,CPU 要将自己里面的一个数据 4 送到地址 3(CPU 将它里面的数据发送到外面叫做"写")。这时,CPU 先通过读写信号线向存储器发出写命令 0,告诉存储器即将发送数据。然后,CPU 将地址 3 发送给地址线,将 4 发送给数据线。存储器收到指令后,通过对地址进行译码获知目的地后,对数据线进行采样得到 4 并送到地址 3 的存储单元进行存储。

项目 4.5 STM32 的存储器结构

4.5.1 CM4 内核的存储器结构

STM32 是在 Cortex-M4 内核的基础上设计的,因此要了解 STM32 的存储器结构必须先了解 Cortex-M4 内核的结构。Cortex-M4 的地址空间有 4 GB,分成 8 个块:代码、SRAM、外设、外部 RAM、外部设备、专用外设总线-内部、专用外设总线-外部、特定厂商,每块大小为 512 MB,但它只对这 4 GB 空间作了预先定义,并指出各块该分给哪些设备,具体实现由芯片厂商决定(类似于政府规划的用地是工业用地、商业用地还是住宅用地,政府只给出规划,而这些地上建不建东西、建成什么样子、建多少则由开发商决定),使用该内核的芯片厂商必须按照这个存储器结构进行各自芯片的存储器结构设计。Cortex-M4 内核的存储器结构如图 4-4 所示。

由图 4-4 可知,Cortex-M4 内核从低地址到高地址的构成如下:

① 代码块(Code):地址为 0x0000 0000~0x1FFF FFFF 的区域,用来保存下载到 STM32 的程序。

② 静态随机读写存储器 SRAM:地址为 0x2000 0000~0x3FFF FFFF 的区域,用于让芯片制造商连接片上的 SRAM,此区域通过系统总线来访问。在这个区下部有一个 1 MB 的位段区,该位段区还有一个对应的 32 MB 的 "位段别名(alias)区",容纳了 8 MB"位变量"。

③ 片上外设区域:地址为 0x4000 0000~0x5FFF FFFF,片上外设的寄存器映射到这个区域。此空间中也有一条 32 MB 的位段别名,以便于快捷地访问外设寄存器。例如,可以方便地访问各种控制位和状态位。

④ 两个 1 GB 的存储空间,起始地址分别为 0x6000 0000 和 0xA000 0000,分别用于连接外部 RAM 和外部设备,它们之中没有位段。

⑤ 0.5 GB 系统级组件和内、外部私有外设总线地带,地址从 0xE000 0000 开始。NVIC、Systick、代码调试控制所用的寄存器等位于该区域。

4.5.2 STM32 的存储器结构

Cortex-M4 搭好存储器框架后,ST 公司在其上实现具体的存储器。ST 公司主要实现

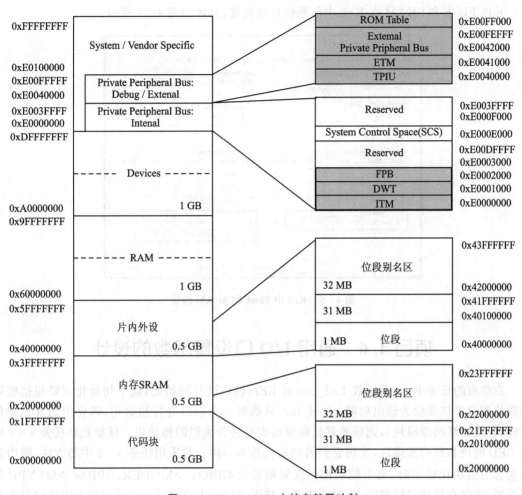

图 4 - 4　Cortex - M4 内核存储器映射

Flash 和 SRAM 这两个区域,下面分别进行介绍。

（1）片内 Flash

STM32 的 Flash 容量为 1 MB,由主存、系统存储器、一次性编程区 OTP、选项字节等组成。其中,主存又分为 12 个扇区,这些扇区存储容量相加等于 1 024 KB,此区域用于存储用户编写的程序。由于该片存储区地址是从 0x0800 0000 开始的,故在使用 ST - Link 烧写程序时,要规定起始地址为 0x0800 0000。

系统存储区是系统保留区,用来在“System memory boot”（系统存储器模式）下启动芯片。里面存储的是一段特殊的程序,叫做 Bootloader（ISP Bootloader 程序）,运行此段区域内的程序可以对主存储区重新烧写。

（2）片内 SRAM

不同类型的 STM32 单片机的 SRAM 大小是不一样的,但是它们的起始地址都是 0x2000 0000,终止地址都是 0x2000 0000＋其固定的容量大小。SRAM 用来存取各种动态的输入/输出数据、中间计算结果以及与外部存储器交换的数据和暂存数据。设备断电后,SRAM 中存储的数据就会丢失。STM32F407ZGT6 的 SRAM 区大小为 128 KB。

片内 Flash 和 SRAM 在 Keil 中已经被自动设置,具体如图 4 - 5 所示。

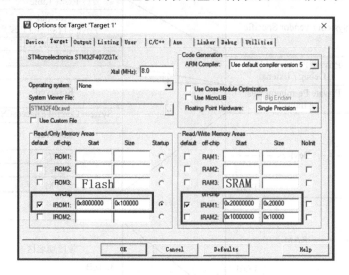

图 4 - 5　Keil 中 Flash 和 SRAM 地址

项目 4.6　通用 I/O 口设置函数的设计

在前面的任务中,采用函数 Led_Init 对 LED 模块进行初始化,这个初始化主要包括使能该模块和设置该模块为输出功能。Led_Init 只能对一个端口进行初始化,若要用到其他类似的模块(比如蜂鸣器模块),则蜂鸣器模块里面也要进行类似的初始化。仔细观察任务 3 - 2 中的 LED 模块和蜂鸣器模块,发现它们的初始化基本一样。若采用任务 3 - 2 中的方法,则当系统包含的模块比较多时,每个模块都要反复初始化 GPIOx ->MODER、GPIOx ->OTYPE 等寄存器,这将会导致程序臃肿,而且不直观。接下来引导大家设计一个通用的 GPIO 口设置函数。设计好后,在各模块的初始化中需要配置 I/O 引脚功能时直接调用该函数即可。

该函数的设计分两部分:一部分是函数入口参数的设计;另一部分是函数内容的设计。

1. 函数入口参数的设计

首先,该函数必须提供一个端口寄存器访问的入口。根据前面的讨论,端口寄存器被封装在一个名为 GPIO_TypeDef 的结构体中,所以在该函数参数中可以提供一个应用该结构体类型定义的指针变量,比如 GPIO_TypeDef * GPIOx,这样,在函数的参数传递中只需要将某组 GPIO 口的基地址传输给该指针变量,可采用 GPIOx ->成员的方式访问该指针变量中任意成员,进而达到访问对应端口寄存器的目的。

其次,该函数必须提供一个参数用于指明待设置的引脚是哪些引脚。比如,这个参数可以设计为 pin,参数定义为"uint8_t pin;"。若要设置引脚 9 时,将 9 传递给 pin 即可,但这里存在一个问题,若要同时设置引脚 8、9、10,则无法直接传递,这时可以采用另一种变通方法,那就是要设置哪一根引脚,就让 pin 的对应位为 1,这样在函数内部只需要搜索 pin 为 1 的位并对其进行设置即可。

比如,如果传递给 pin 的参数是 0b 0000 1110,那么要设置的引脚就是第 1、2、3 引脚。由此可见,采用这种方式可以同时设置多个引脚。由于 STM32 的每一组 I/O 口都有 16 个引脚,为了确保一次将这些引脚信息都传递过去,此时 pin 的类型应该改为 uint16_t。

有了参数 pin 后,要指明设置哪些引脚就变得更容易了。比如要设置 GPIOF 的第 8、9、10 引脚,可以将(1 << 8)|(1 << 9)|(1 << 10)传递给 pin。但是,这种情况仍然不是很直观,在实际应用中,都是先定义好对应的引脚,比如:

```
#define PIN8   (1 << 8)
#define PIN9   (1 << 9)
#define PIN10  (1 << 10)
```

进行参数传递时,传递 PIN8|PIN9|PIN10 给 pin 即可。

接下来的参数应该提供对引脚功能的设置,考虑到引脚功能多达 4 种,这个参数可以设置为 mode,定义时,数据类型采用 uint8_t 即可。

如果引脚功能被配置为输出时,还需要设置输出的驱动方式和响应速度,所以另外需要设置两个参数分别指向这两个元素。考虑到驱动方式只有两种,响应速度只有 4 种,可以设置电路驱动参数定义为 uint8_t otype,设置响应速度为 uint8_t ospeed。

最后,每个引脚还要指明内部上下拉电阻的使用,所以还需要一个参数 pupd,可以定义为 uint8_t pupd。

基于以上讨论,可得该函数的函数头部设计如下:

```
void GPIO_Set(GPIO_TypeDef * GPIOx,uint16_t pin,uint8_t mode,uint8_t otype,uint8_t ospeed,
uint8_t pupd)
{
    函数内容;
}
```

2. 函数内容的设计

函数内容的设计需要注意两点:一是从参数 pin 中找出需要配置的引脚;二是设置待配置引脚的模式,若为输出模式,则需要驱动方式和响应速度。基于此考虑可得函数内容规划如下:

```
定义变量 pinpos;                              //用于遍历 pinx,以找出待设置的引脚
for(pinpos = 0; pinpos < 16; pinpos++)        //每组 16 个引脚
{
    if((1 << pinpos) & pin)                    //如为真,说明第 pinpos 的 n 个引脚需要设置
    {
        设置第 pinpos 引脚的工作方式是输入、输出还是其他
        if(输出)                               //其实还有一个复用,后续再讲解
        {
            配置输出的驱动方式;
            配置输出的响应速度;
        }
        配置上下拉电阻;
    }
}
```

对应代码如下:

```
void GPIO_Set(GPIO_TypeDef * GPIOx,uint16_t pin,uint8_t mode,uint8_t otype,uint8_t ospeed,
uint8_t pupd)
{
```

```
    uint8_tpos;                                            //就是上面介绍的 pinpos
    /*遍历引脚*/
    for(pos = 0;pos < 16;pos++)
    {
        /*看看哪个引脚为 1,为 1 说明该引脚需要设置*/
        if((1 << pos)& pin)
        {
            GPIOx ->MODER & = ~(3 << (pos*2));             //设置引脚的工作模式
            GPIOx ->MODER | = (mode << (pos*2));
            /*如果是输出,要设置输出电路的驱动类型和响应速度*/
            if(mode == 0x01)
            {
                GPIOx ->OTYPER & = ~(1 << pos);
                GPIOx ->OTYPER | = (otype << pos);
                GPIOx ->OSPEEDR & = ~(3 << (pos*2));
                GPIOx ->OSPEEDR | = (speed << (pos*2));
            }
            /*配置上下拉电阻*/
            GPIOx ->PUPDR & = ~(3 << pos*2);
            GPIOx ->PUPDR | = (pupd << (pos*2));
        }
    }
}
```

下面给出应用函数 GPIO_Set 对 I/O 口进行初始化的应用示例。

例 1: 配置 PE2、PE3 为输入,上拉使能。

参考调用方式为:

```
GPIO_Set(GPIOE,(1 << 2)|(1 << 3),0,0,0,1);
```

或者

```
GPIO_Set(GPIOE,PIN2|PIN3,0,0,0,1);
```

例 2: 配置 PF9 和 PF10 为输出,内部电路工作方式为推挽,响应速度为 25 MHz,上下拉电阻都不使能。

参考调用方式为:

```
GPIO_Set(GPIOE,(1 << 9)|(1 << 10),1,0,1,0);
```

或者

```
GPIO_Set(GPIOE,PIN9|PIN10,1,0,1,0);
```

【任务 4-2】 跑马灯的实现。

【任务目标】

利用 STM32 的 PF9 和 PF10 分别控制发光二极管 LED0 和 LED1 轮流闪烁。

【电路连接】

跑马灯的硬件电路如图 4-6 所示。

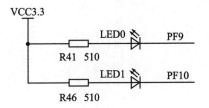

图 4 - 6   跑马灯电路连接图

【工程组织结构】

任务 4 - 2 的工程结构如表 4 - 1 所列。

表 4 - 1   任务 4 - 2 的工程结构

工程名		工程包含的文件夹及文件
user		启动文件 startup_stm32f40_41xxx. s, main. c 及工程文件
obj		存放编译输出的目标文件和. hex 文件
hardware	led	led. c	定义函数 LED_Init()
		led. h	对 lcd. c 中的函数进行声明
system	delay	delay. c	定义延时函数
		delay. h	对 delay. c 中定义的延时函数进行声明
	sys	sys. c	定义系统时钟初始化函数、时钟配置函数 GPIO 口功能设置函数等
		sys. h	声明 sys. c 中定义的函数
		stm32f407. h	定义各 GPIO 口的基地址
		typedef. h	定义 uint8_t、uint16_t 等数据类型

【源程序】

主函数 main. c：

```
# include "delay.h"
# include "sys.h"
# include "led.h"
int main(void)
{
    Stm32_Clock_Init(336,8,2,7);        //系统时钟初始化
    LED_Init();                         //LED 灯初始化
    while(1)
    {
        LED0 = 0; LED1 = 1;             //LED0 亮 LED1 灭
        delay();
        LED0 = 1; LED1 = 0;             //LED0 灭 LED1 亮
        delay();
    }
}
```

LED 模块包括 led. c、led. h。

led.c:

```
#include "stm32f407.h"
#include "led.h"
#include "typedef.h"
#include "sys.h"
void LED_Init(void)
{
    RCC_AHB1ENR |= 1 << 5;                          //使能 GPIOF 的时钟
    GPIO_Set(GPIOF,(1 << 9)|(1 << 10),1,0,1,0);
    LED0 = 1;
    LED1 = 1;
}
```

led.h:

```
#ifndef _LED_H_
#define _LED_H_
    #include "stm32f407.h"
    #define LED0PFout(9)
    #define LED1PFout(10)
    void LED_Init(void);
#endif
```

公用系统模块包括 sys.c、sys.h。

sys.c:

```
#include "typedef.h"
#include "stm32f407.h"
void GPIO_Set(GPIO_TypeDef * GPIOx,uint16_t pin,uint8_t mode,uint8_t otype,uint8_t ospeed,
uint8_t pupd)
{
    uint8_t pos = 0;
    for(pos = 0;pos < 16;pos++)
    {
        if((1 << pos) & pin)
        {
            GPIOx ->MODER &= ~(3 << (pos * 2));
            GPIOx ->MODER |= (mode << (pos * 2));
            if((GPIOx ->MODER == 1)||(GPIOx ->MODER == 2))          //加入复用
            {
                GPIOx ->OTYPER &= ~(1 << pos);
                GPIOx ->OTYPER |= (otype << pos);
                GPIOx ->OSPEEDR &= ~(3 << (pos * 2));
                GPIOx ->OSPEEDR |= (ospeed << (pos * 2));
            }
            GPIOx ->PUPDR &= ~(3 << (pos * 2));
            GPIOx ->PUPDR |= (pupd << (pos * 2));
        }
    }
}
/*将时钟系统设置函数 Sys_Clock_Set()和 Stm32_Clock_Init()从前述工程中复制过来*/
```

sys.h:

```
# ifndef _SYS_H_
# define _SYS_H_
# include "typedef.h"
void GPIO_Set(GPIO_TypeDef * GPIOx,uint16_t pin,uint8_t mode,uint8_t otype,uint8_t ospeed,
uint8_t pupd);
    uint8_tSys_Clock_Set(uint32_t plln,uint32_t pllm,uint32_t pllp,uint32_t pllq);
    void Stm32_Clock_Init(uint32_t plln,uint32_t pllm,uint32_t pllp,uint32_t pllq);
# endif
```

延时模块包括 delay. c、delay. h。

delay. c：

```
# include "typedef.h"
void delay(void)
{
    uint32_t i, j;
    for(i = 0; i < 2000; i++)            //速度快了,为了更好观察效果,将延时加长
        for(j = 0; j < 5000; j++);
}
```

delay. h：

```
# ifndef _DELAY_H_
# define _DELAY_H_
    void delay(void);
# endif
```

寄存器声明头文件 stm32f407. h：

```
# ifndef _STM32F407_H_
# define _STM32F407_H_
    # define RCC_CR          ( * (vu32 * )0x40023800)
    # define RCC_PLLCFGR     ( * (vu32 * )0x40023804)
    # define RCC_CFGR        ( * (vu32 * )0x40023808)
    # define RCC_CIR         ( * (vu32 * )0x4002380C)
    # define RCC_AHB1ENR     ( * (vu32 * )0x40023830)
    # define RCC_APB1ENR     ( * (vu32 * )0x40023840)
    # define PWR_CR          ( * (vu32 * )0x40007000)

    # define GPIOF_ODR       0x40021414
    # define FLASH_ACR       ( * (vu32 * )0x40023c00)
    # define BA(addr,n)      ( * (vu32 * )((addr&0xf0000000) + 0x2000000 + ((addr&0xfffff) ≪ 5) + (n ≪ 2)))
    # define PFout(n)   BA(GPIOF_ODR, n)
    # define GPIOF      ((GPIO_TypeDef * )0x40021400)
# endif
```

类型定义头文件 typedef. h：

```
# ifndef _TYPEDEF_H_
# define _TYPEDEF_H_
    # define uint8_t unsigned char
    # define uint16_t unsigned short
    # define uint32_t unsignedint

    # define vu32 volatile uint32_t

    typedef struct
```

```
    {
        volatile uint32_t MODER;              //模式设置寄存器
        volatile uint32_t OTYPER;             //输出电路驱动类型寄存器
        volatile uint32_t OSPEEDR;            //输出速度寄存器
        volatile uint32_t PUPDR;              //上下拉电阻设置寄存器
        volatile uint32_t IDR;
        volatile uint32_t ODR;
        volatile uint32_t BSRR;
        volatile uint32_t LCKR;
        volatile uint32_t AFR[2];
    }GPIO_TypeDef;
#endif
```

对工程进行编译链接,并将链接结果创建的 hex 文件下载到开发板上,即可看到两颗 LED 灯轮流点亮,实现任务目标。

思考与练习

1. 填空题

(1) 存储器中的 RAM 表示_____,ROM 表示_____。

(2) 小端格式的特点是_____。

(3) 已知 GPIOF_MODER 的地址是 0x4002 1400,位数为 32 位,则可使用宏定义
_____使得符号 GPIOF_MODER 可以代表地址为 0x4002 1400 的存储单元。

(4) STM32F407 有两个位段,分别是_____和_____。

(5) GPIOE 的 bit8 在别名区中的地址是_____。

2. 编程题

使用本模块设计的 GPIO 口设置函数进行相应模块的控制端口的设置,重新实现任务 3-2 的功能。

模块 **5**

机械按键的识别——初步认识 GPIO 口的输入功能

教学目标

◆ 能力目标

1. 掌握使用 STM32 识别机械按键的状态。
2. 掌握应用反转法识别 4×4 矩阵按键。

◆ 知识目标

1. 了解机械按键的特点。
2. 了解机械按键的状态识别原理。
3. 熟悉 4×4 矩阵按键的识别方法。
4. 了解 GPIO 口作输入时上下拉电阻的使用方法。

◆ 项目任务

1. 通过实施任务掌握机械按键的识别。
2. 通过实施任务掌握 4×4 机械按键矩阵的按键识别。

【任务 5-1】 识别机械按键的按下与弹起。

【实现目标】

使用按键 WAKE_UP 控制蜂鸣器,KEY0 控制 LED0,KEY1 控制 LED1,KEY2 同时控制 LED0 和 LED1,控制效果都是按一次,各自状态反转一次。

【实现电路】

实现电路包括 LED 模块电路、按键模块电路和蜂鸣器模块电路,具体如图 5-1 所示。需要注意的是,KEY0、KEY1 和 KEY2 的按键识别都是低电平有效,而 WAKE_UP 则是高电平有效,并且外部都没有上下拉电阻,所以需要在 STM32F4 内部设置上下拉电阻。

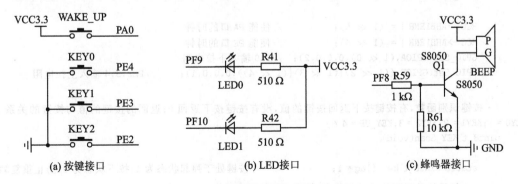

图 5-1 按键与 STM32 连接原理图

【源程序】

在此只给出部分核心源程序,其余部分请参考本书配套资料中的例程 5-1。

main. c:

```c
# include "delay.h"
# include "sys.h"
# include "led.h"
# include "key.h"
# include "beep.h"

/*主函数*/
int main(void)
{
    uint8_t key_value = 0;                              //保存变量的值
    Stm32_Clock_Init(336,8,2,7);                        //系统时钟初始化
    LED_Init();                                         //LED灯初始化
    BEEP_Init();                                        //蜂鸣器的初始化
    KEY_Init();                                         //按键初始化
    while(1)
    {
        key_value = KEY_Scan();                         //获得按键值
        switch(key_value)                               //判断按键值,并做相应的动作
        {
            case 1: LED0 = ~LED0; break;                //KEY0按下
            case 2: LED1 = ~LED1; break;                //KEY1按下
            case 3: LED0 = ~LED0; LED1 = ~LED1; break;  //KEY2按下
            case 4: BEEP = ~BEEP; break;                //WAKE_UP按下
        }
    }
}
```

/*按键识别模块包含两个函数,一是按键初始化函数,二是按键识别函数*/

key. c:

```c
# include "sys.h"
# include "key.h"
# include "delay.h"

/*按键模块初始化实际上是对与按键相连接的GPIO口的初始化*/
void KEY_Init(void)
{
    RCC->AHB1ENR |= (1 << 0);       //使能PA口的时钟
    RCC->AHB1ENR |= (1 << 4);       //使能PE口的时钟
    GPIO_Set(GPIOA,(1 << 0),0,0,0,2);   //PA0输入下拉电阻
    GPIO_Set(GPIOE,((1 << 2)|(1 << 3)|(1 << 4)),0,0,0,1);   //PE2,3,4输入上拉电阻
}

/*按键识别函数,有按键按下返回按键的值,没有按键按下返回0;返回的按键的值与按键的关系为:
KEY0 = 1;KEY1 = 2;KEY2 = 3;KEY_UP = 4 */
    uint8_t KEY_Scan(void)
    {
        static uint8_t key_flag = 1;        //按键处于弹起状态为1,按下状态为0,防止重复触发

        /*如果按键刚刚处于弹起状态,但现在有按下*/
        if(((WAKE_UP == 1)||(KEY0 == 0)||(KEY1 == 0)||(KEY2 == 0))&&(key_flag == 1))
        {
```

```
        Delay_ms(10);                           //延时 10 ms,消除抖动
        if((WAKE_UP == 1)||(KEY0 == 0)||(KEY1 == 0)||(KEY2 == 0))   //确实有按键按下
        {
            key_flag = 0;                       //间隔 10 ms 消除抖动后还按下,说明是真的按下
            if(KEY0 == 0) return 1;             //如果是 KEY0 按下,则返回 1
            if(KEY1 == 0) return 2;             //如果是 KEY1 按下,则返回 2
            if(KEY2 == 0) return 3;             //如果是 KEY2 按下,则返回 3
            if(WAKE_UP == 1) return 4;          //如果是 WAKE_UP 按下,则返回 2
        }
    }
    /* 对按键弹起进行判断,如果满足刚才是按下,现在是弹出,说明弹起了 */
    if(((WAKE_UP == 0)&&(KEY0 == 1)&&(KEY1 == 1)&&(KEY2 == 1))&&(key_flag == 0))
    {
        Delay_ms(10);           //消除弹起抖动
        if((WAKE_UP == 0)&&(KEY0 == 1)&&(KEY1 == 1)&&(KEY2 == 1))//确实是弹起了
            key_flag = 1;   //弹起了,将状态改变为 1,防止下次重复触发
    }
    return 0;                   //没有按键按下返回 0
}
```

key. h：

```
#ifndef _KEY_H_
#define _KEY_H_
    #define KEY0 PEin(4)
    #define KEY1 PEin(3)
    #define KEY2 PEin(2)
    #define WAKE_UP PAin(0)
    void KEY_Init(void);
    unsigned char KEY_Scan(void);
#endif
```

将以上源程序编译下载到开发板,按下按键,可以看到对应的功能实现。在以上程序中,涉及 4 个新的知识点:

① 机械按键的识别;

② GPIO 口的输入功能;

③ 上拉电阻和下拉电阻的配置;

④ 关于 STM32 的全部电路模块寄存器的封装。

项目 5.1 机械按键的识别

5.1.1 机械按键状态的特点及其识别

先来看一下机械按键按下的特点。

假设按键电路如图 5 - 2(a)所示,按键一端接地,一端接芯片的 PE2 引脚和一个上拉电阻。当这种电路中的按键按下时,PE2 端电信号变化过程如图 5 - 2(b)所示。由图 5 - 2(b)可知,按键没有按下时,PE2 端通过上拉电阻与高电平相连,此时 PE2 端为高电平;当按键按下时,按键所在电路电平先抖动然后趋于稳定,稳定时为低电平,弹起时也会有抖动然后才稳定。

不同机械键盘这两个抖动持续时间不同,一般在 5~20 ms 之间,而按下后电平稳定时间一般在 600 ms 左右。

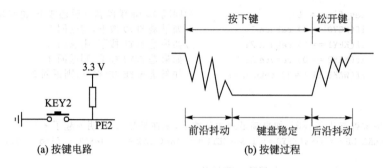

图 5-2　按键电路及其按键状态变化过程

对于机械按键状态的识别,主要把握以下两点:

① 消除按下和弹起时的抖动,防止误判。这种误判有两种:

➤ 按键在弹起状态,但遇到扰动,此时误判为按下;

➤ 按键在按下状态,但遇到扰动,此时误判为弹起。

消除这两种误判的方法都是在识别按键状态变化时加一个延时,过了这个延时再判断。一般这个延时为 10 ms,对于一些特殊情况,可能需要 20 ms。

对于第一种情况,判断的思路为:

```
if(按键按下)
{
    Delay(10ms);          //消除抖动
    if(按键按下)          //过了抖动后再判断
    {
        按键是真的按下,执行相应的动作;
    }
}
```

对于第二种情况,判断的思路为:

```
if(按键弹起)
{
    Delay(10ms);
    if(按键弹起)
    {
        按键是真的弹起了,执行相应的动作;
    }
}
```

② 重复判断。所谓重复判断指的是本来只是按下一次,结果判断为很多次。出现这种问题的主要原因是没有在按键状态识别中标明按键的状态,而通常的按键判断程序是每隔几毫秒再回来获取按键状态,因此导致一次按下但读到多次返回值,造成重复判断。解决这个问题的方法是在程序中设置一个静态局部变量,用来记录按键的状态。比如按键按下了,状态记录为 0,此时再判断按键是否按下时,如果看到这个状态为 0,则直接跳过,不做重复判断。当按键弹起时,状态记录为 1,此时再次判断是否有按键按下时,看到这个 1,则执行判断。通过将按键的状态和按键所接的 I/O 引脚的电平变化相结合,可以对按键状态进行精确判断。

接下来梳理一下按键识别的流程：

① 设置一个静态局部变量 key_flag 用来标记按下与弹起状态,当有按键按下时其值为 0,
弹起时为 1(当然,反过来也可以,任务 5-1 即为反过来的结果!);

② 通过 key_flag 和按键值一起对按键状态进行判断,以防止重复触发。当 key_flag 为 1
且按键值为 0(即按键刚才处于弹起现在处于按下状态)时,说明一次新的按键过程可能产生,
此时先延时 10 ms 消除按下抖动,然后再判断按键状态,如果仍然为 0,说明按键真的按下了,
此时 key_flag 标志位置 0,同时返回按键值。这样,当键盘扫描函数再次被执行时,如果遇到
key_flag 为 0,此时如果按键值为 0(即按键刚才处于按下状态现在也处于按下状态),说明这
不是一次新的按键按下过程发生,所以不需要对按键按下进行再次判断,从而有效避免了重复
确认,使得一次按下只返回一次状态。

③ 最后采用 key_flag 和按键值一起来判断弹起,在 key_flag 为 0 时,如果遇到按键值为 1
(即按键刚才处于按下现在处于弹起状态),在延时 10 ms 消除弹起抖动后,如果按键值仍然为
1,则认为弹起产生,key_flag 置 1,恢复弹起状态同时返回 0 说明按键弹起了。

基于此,可得按键扫描函数 Key_Scan()的设计流程如下：

```
uint8_t Key_Scan(void)
{     static uint8_t key_flag = 1;   //记录按键的状态,弹起为 1,按下为 0

    /*判断按下*/
    if(有按键按下而且刚刚按键处于弹起状态)
    {
        延时 10 ms;                    //消除按下抖动
        if(按键按下)
        {
            有,将标志 key_flag 置 0;判断键值,并返回键值
        }
    }

    /*判断弹起*/
    if(按键处于弹起状态而且刚刚是按下状态)
    {
        延时 10 ms;                    //消除弹起抖动
        if(按键是弹起)
        {
            key_flag 置 1;             //恢复到弹起状态
        }
    }
    return 0xff;   //没有按键按下,返回 0xff
}
```

在该按键扫描函数中,通过两条 if 语句对整个按键过程进行判断,其中第一条 if 语句用
于判断一次新的按键事件发生,第 2 条 if 语句用于判断按下的结束。有新的按键事件发生时
返回按键值,没有新的按键事件发生时,返回值是 0xff。

关于函数 Key_Scan()的完整内容请参见任务 5-1【源程序】中的同名函数。

5.1.2 GPIO 端口位的数据输入通道及输入数据的读取

由前面的学习可知,STM32 的 I/O 引脚有 4 个功能,分别是输入、输出、复用和模拟信号
输入/输出端,这一小节介绍它的输入功能,任务 5-1 中按键模块的初始化就涉及将相关的引

脚功能配置为输入。

图 5-3 的灰框通道为 STM32 的 GPIO 口的端口位的数据输入通道框图。

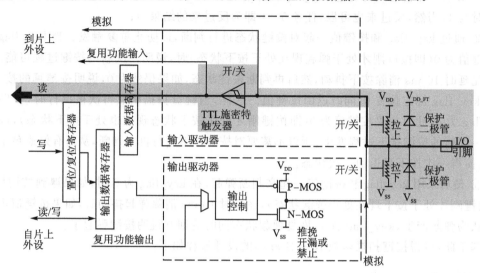

图 5-3　GPIO 口的端口位的数据输入通道框图

由图 5-3 可知,GPIO 口的数据输入通道由一对保护二极管、受控制的上下拉电阻、一个施密特触发器和输入数据寄存器 IDR 构成。此时,端口的输入数据被保存于输入数据寄存器 IDR 中,处理器读取该寄存器某位值即可得到对应引脚的外部状态。

举例说明,假设 I/O 引脚为 PE2,当此引脚为输入时,PE2 的状态就被置于 GPIOE →IDR 的 bit2 中,要读取 PE2 的状态,实际上就是读取 GPIOE →IDR 的 bit2 的值。如果 GPIOE →IDR 的 bit2 为 0,说明 PE2 的状态是低电平;如果 bit2 为 1,说明 PE2 是高电平。读取 PE2 的状态可以采用下面的语句实现:

```
uint16_t temp = 0;
temp = GPIOE ->IDR &(1 ≪ 2);
```

读取的结果中,若 temp 为 0,则 PE2 为低电平,否则为高电平。

注意,由于 STM32 的一组 I/O 口有 16 个引脚,因此每组 I/O 口的输入数据寄存器有 16 位。

5.1.3　GPIO 端口位的输入配置及上下拉电阻使能

与前面任务介绍的在使用 I/O 口的推挽输出功能时不需要设置上拉电阻或下拉电阻有效不同,在将某个引脚配置为输入时,一定要根据该引脚外接电路的情况配置上拉电阻有效或者配置下拉电阻有效。下面我们来讨论何时采用上拉电阻和下拉电阻。

先来了解什么是上拉电阻和下拉电阻。以图 5-4 为例,在图 5-4(a)中,R1 一端接高电平,一端接信号(I/O)引脚,此时的 R1 即为上拉电阻;在图 5-4(b)中,R2 一端接地,另一端接信号(I/O)引脚,此时的 R2 即为下拉电阻。

STM32 的每个 I/O 引脚内部都有一对上下拉电阻,这两个电阻都被一个开关控制着(这个开关是闭合还是打开由上下拉电阻配置寄存器来配置)。在图 5-5 中,虚线左边是处理器

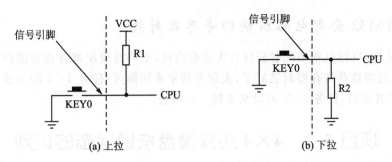

图 5-4 上拉电阻和下拉电阻

外部电路,虚线右边是处理器内部的上下拉电阻控制电路。当上拉电阻被使能时,K1 闭合,R1 上拉有效;同理,当下拉电阻被使能时,K2 闭合,R2 下拉有效。

那何时应该配置上拉有效,何时应该配置下拉有效呢?我们来分析一下。

首先明确一点,那就是按键 KEY0 按下时,因为 I/O 引脚与地端相连,所以不管上下拉电阻使能还是不使能,CPU 都将读到 0,因此只需要判断上拉或者下拉电阻使能、按键弹起时,I/O 引脚是高电平(刚好与按下相反),那么这种电路就是一种有效的按键判断电路。下面来分类讨论。

① K1 和 K2 都不闭合,即上拉和下拉都不使能,若此时的 KEY0 是弹起的,则 CPU 既没有与高电平连接又没有与低电平连接,此时它读到的将是一个不确定的值,所以这种电路不适合作按键状态判断。

② 只 K1 按下,即上拉使能。按键没有按下时,CPU 与 VCC 相连,读到的将是 VCC,即高电平 1。因为此时弹起状态的 I/O 引脚电平与按下时相反,所以这种电路可以用于识别按键状态。

③ 只 K2 按下,即下拉使能。按键没有按下时,CPU 与地相连,读到的将是 GND,即低电平 0。因为此时弹起状态的 I/O 引脚电平与按下时相同,所以这种电路不能用于识别按键状态。

所以,在判断按键的闭合时,如果按键一端接低电平,而外部电路又没有上拉电阻,此时应该使能对应位的上拉电阻,否则电路区分不出按键的按下与弹起的状态。与之相反,如果电路连接如图 5-6 所示,按键的一端接高电平,且外部没有上拉电阻,则此时应该使能内部下拉。

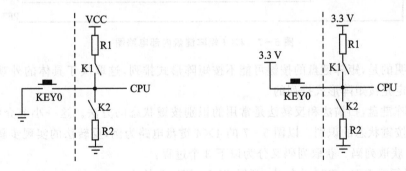

图 5-5　KEY0 接低电平图(虚线右边为芯片内部)　　　图 5-6　KEY0 接高电平图

5.1.4 STM32 全部电路模块的寄存器封装

打开例程 5-1(详见本书配套资料),大家会发现,不再对模块寄存器等进行定义,原因在于 ST 公司已经将这些寄存器封装好了,大家直接拿来用即可(任务 5-1 即为这种情况)。在用寄存器方式开发时,任务 5-1 可以拿来做一个模板。

项目5.2 4×4矩阵键盘按键状态的识别

在实际中,如电脑的键盘、喷码机的键盘等,按键个数比较多,当键盘中按键数量较多时,为了减少I/O口的占用,通常将按键排列成矩阵形式构成矩阵式键盘。所谓矩阵键盘是指按键的电路排列类似于矩阵的键盘而不是按键的排列外表呈矩阵状。矩阵式键盘用 N 条 I/O 线作为行线,N 条 I/O 线作为列线,每条水平线和垂直线在交叉处不直接连通,而是通过一个按键加以连接,这样键盘上按键的个数可接 N×N 个。图 5-7 给出了一个典型的 4×4 矩阵按键的电路图。由图可知,这个矩阵键盘只需要 8 个 I/O 口,而如果采用一个 I/O 口控制一个按键的接法,则需要 16 个 I/O 口,由此可见采用矩阵键盘可以大大提高 I/O 口的利用率,当然,这会导致代码开销的增加。

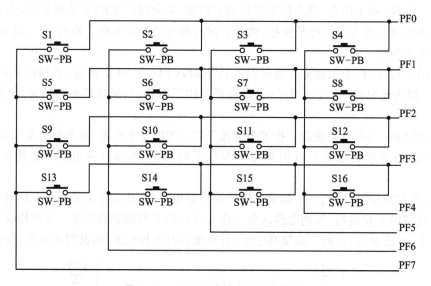

图 5-7 4×4矩阵键盘内部电路图

需要说明的是,矩阵键盘的按键可能不按矩阵形式排列,这取决于具体的外观设计,但其内部电路一定是按矩阵形式排列的。

对于矩阵键盘,扫描法和反转法是常用的识别按键状态的方法。这一小节介绍反转法识别矩阵键盘按键状态的识别。以图 5-7 的 4×4 键盘电路为例,反转法的实现步骤如下:

步骤 1:获取列码。获取列码又分为以下 3 个过程:

① 配置行线 PF3~PF0 为输出,列线 PF7~PF4 为输入。

② 配置行线 PF3~PF0 输出低电平。

③ 读取列线 PF7~PF4 的电平,并将该电平信号保存到某个变量中,比如 column。

如果没有按键按下，由于上拉电阻的作用(注意，此时 PF7～PF4 内部上拉电阻都要使能，否则按键状态识别不了)，此时读到的 PF7～PF4 都是高电平，即 0b1111。当有按键按下时，比如 S1 按下，此时 PF0 和 PF7 连通，PF7 的电平被拉低，如图 5-8 所示，此时读到的 PF7～PF4 的值都是 0b0111。采用同样方法可以得到按下同列的 S5、S9 和 S13，读到的 PF7～PF4 的值都是 0b0111；按下 S2、S6、S10 和 S14 时，读到的 PF7～PF4 的值都是 0b1011；按下 S3、S7、S11 和 S15 时，读到的 PF7～PF4 的值都是 0b1101；按下 S4、S8、S12 和 S16 时，读到的 PF7～PF4 值为 0b1110。从这些分析可以看到，此时由 PF7～PF4 的结果只能区分哪一列的按键被按下，而不能区分出此列中的哪一个按键被按下。

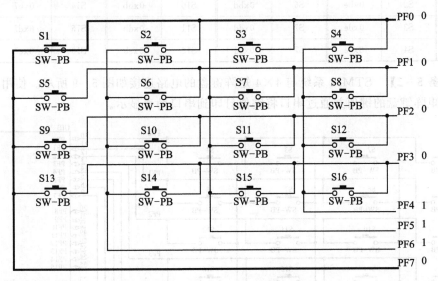

图 5-8　按键 S1 按下时键盘状态

步骤 2：反转，即将行列的功能反转，获取行值，其过程如下：

① 配置行线 PF3～PF0 为输出，列线 PF7～PF4 为输入。

② 配置列线 PF7～PF4 输出低电平。

③ 读取行线 PF3～PF0 的电平，并将该电平信号保存到某个变量中，比如 row。

采用与步骤 1 相同的分析方法可得：当按下 S1、S2、S3 和 S4 时，读取 PF3～PF0，结果为 1110；按下 S5、S6、S7 和 S8 时，PF3～PF0＝0b1101；按下 S9、S10、S11 和 S12 时，PF3～PF0＝0b1011；按下 S13、S14、S15 和 S16 时，PF3～PF0＝0b0111。此时只能区分出按下的按键位于哪一行。

步骤 3：将行信号和列信号合并，比如可以将列值左移 4 位然后与行值相加，即可得到按下按键的编码值。下面举一个例子来说明。

例 1：假设某个瞬间按下的是 S1。

① 经过步骤 1，读取到的 PF7～PF4 的值是 0b0111(列值)。

② 经过步骤 2，也就是将输入信号反转，读取到的 PF3～PF0 的值是 0b1110(行值)。

③ 将列值左移 4 位，得 0b0111 0000。

④ 将行值与上述值相加，得 0b0111 1110，即 S1 的位置码为 0x7E。反过来，如果在程序判断中经过反转法后获得位置码 0x7E，即可以知道按下的是 S1。

通过步骤 1 可以找出按下的按键属于哪一列,步骤 2 可以知道按下的按键属于哪一行,这意味着在矩阵键盘中,各个按键的编码值是唯一的。即将反转法中读到的行值和列值相结合,可唯一确定按下的是哪一个按键。

表 5-1 列出了图 5-7 各按键与码值的关系。

表 5-1　键号和位置码的关系

键　号	位置码	键　号	位置码	键　号	位置码	键　号	位置码
S1	0x7e	S5	0x7d	S9	0x7b	S13	0x77
S2	0xbe	S6	0xbd	S10	0xbb	S14	0xb7
S3	0xde	S7	0xdd	S11	0xdb	S15	0xd7
S4	0xee	S7	0xed	S12	0xeb	S16	0xe7

【任务 5-2】　STM32 系统与 4×4 矩阵键盘的电路连接如图 5-9 所示。使用反转法识别 4×4 矩阵键盘的键值并通过串口将键值打印到串口助手显示。

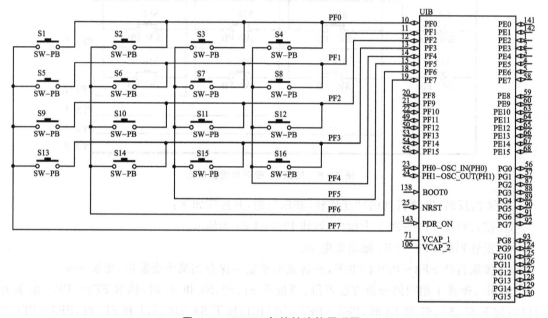

图 5-9　STM32 与按键连接原理图

【实现过程】　下面只给出反转算法,其余部分在讲解串口 USART 再一并给出。

核心算法:

```
uint8_t Reversal(void){
    static uint8_t temp,i,column,row,position;   //column 高 4 位键码,row 低 4 位键码变量
    Reversal_First();                            //首次由低 4 位输出低电平,高 4 位等待读取键码
    temp = (GPIOF ->IDR&0xf0);                   //保存键码的键值
    if(temp! = 0xf0)                             //通键码判断按键是否按下
    {
        delay_ms(10);                            //延时 10 ms 消抖
        temp = (GPIOF ->IDR&0xf0);               //再次读取
        if(temp! = 0xf0)                         //再次判断按键是否被按下
```

```
        {
            column = temp;                    //按键被按下键高 4 位键码保存到 column
            Reversal_Second();                //高 4 位键码找到,反向输出找寻低 4 位键码
            temp = (GPIOF->IDR&0x0f);         //得到低 4 位键码
            row = temp;                       //将低 4 位键码保存到 row
            position = column + row;          //将高低键码合成保存到 position 用于寻找键盘的键值
        }
        while(temp! = 0x0f)                   //判断按键是否弹起
        {
            temp = (GPIOF->IDR&0x0f);         //保存低 4 位的值,用于判断按键是否弹起
            delay_ms(10);                     //延时等待
        }
        for(i = 0;i < 16;i ++)                //循环寻找键值
        if(position == Tab[i])return i;       //找到键值,返回键值
    }
    return 255;                              //没有找到键值,返回 255
}
```

端口配置 1:首先将 PF3~PF0 配置为输出,PF7~PF4 配置为输入,然后再配置 PF3~PF0 输出的函数为 Reversal_First(),代码如下:

```
static void Reversal_First(void)
{
    RCC->AHB1ENR |= 1 << 5;
    GPIO_Set(GPIOF, (1 << 0)|(1 << 1)|(1 << 2)|(1 << 3), 1,0,3,1);
    GPIO_Set(GPIOF, (1 << 4)|(1 << 5)|(1 << 6)|(1 << 7), 0,0,3,1);

    GPIOF->ODR &= ~(0xf << 0);
}
```

端口配置 2:反转时,配置 PF3~PF0 为输入,PF7~PF4 为输出,同时配置 PF7~PF4 输出低电平 0 采用函数 Reversal_Second(),其源码如下:

```
static void Reversal_Second(void)
{
    RCC->AHB1ENR |= 1 << 5;
    GPIO_Set(GPIOF, (1 << 4)|(1 << 5)|(1 << 6)|(1 << 7), 1,0,3,1);
    GPIO_Set(GPIOF, (1 << 0)|(1 << 1)|(1 << 2)|(1 << 3), 0,0,3,1);

    GPIOF->ODR &= ~(0xf << 4);
}
```

【主函数设计】

```
int main(void)
{
    uint16_t key = 0;
    Stm32_Clock_Init(336,8,2,7);//设置时钟,168 MHz
    USART_Init(84,115200);
    while(1)
    {
        key = Reversal();
        if(key ! = 255)
        {
            printf(" % d\r\n",key);
```

```
            }
        }
    }
```

按键的键码放在一个数组中,具体如下:

```
uint8_t
Tab[16] = {0x7e,0xbe,0xde,0xee,0x7d,0xbd,0xdd,0xed,0x7b,0xbb,0xdb,0xeb,0x77,0xb7,0xd7,0xe7};
```

关于任务 5-2 的全部内容,可以参见本书配套资料中的例程 5-2。

思考与练习

1. 填空题

(1) GPIO 口的 I/O 引脚一般有输入、输出、_____和作模拟信号输入/输出通道的功能。

(2) 对机械按键进行识别时,需要注意的两个问题是:

① _____;

② _____。

(3) 要配置 PF8 引脚的内部上拉电阻有效,可以使用语句_____实现。

2. 思考题

(1) 对于图 5-7 给出的 4X4 按键矩阵及连接方法,写出按键 S5 的码值,并给出推导过程。

(2) 配置某个 I/O 引脚作输入时,在配置方面需要注意哪些事项?

模块 **6**

基于 STM32CubeMX 的 GPIO 口的输入/输出功能设计

教学目标

◆ 能力目标

1. 能应用 STM32CubeMX 对 GPIO 口的输入功能进行配置。
2. 能应用 STM32CubeMX 对 GPIO 口的输出功能进行配置。

◆ 知识目标

1. 熟悉 STM32CubeMX 的配置流程。
2. 了解 STM32CubeMX 生成的 MDK 工程的结构。
3. 了解 STM32CubeMX 生成的文件夹的结构。

◆ 项目任务

通过任务实施掌握应用 STM32CubeMX 对 STM32 的 GPIO 口的输入/输出进行配置。

项目 6.1 STM32CubeMX 应用基础

6.1.1 认识 STM32CubeMX

由前面的学习中可知,每一个 STM32 模块在使用时都要先进行初始化。而如果一个项目涉及的模块比较多,每一个模块都要编写程序初始化,这个工作量非常大而且容易出错。那有没有一种工具,通过简单设置即可对这些模块进行初始化呢? 有,这个工具就是 STM32CubeMX。

STM32CubeMX 是意法半导体公司推出的 STM32 芯片图形化配置工具,该工具允许用户使用图形化向导生成 C 初始化代码并自动创建工程。STM32CubeMX 集成了 MCU 查找功能,方便用户进行芯片选型,提供的 MCU 几乎覆盖了 STM32 全系列芯片,并支持多种开发环境,比如 MDK、IAR for ARM、EWARM 等,并且该工具还能进行第三方软件系统的配置,例如 FreeRTOS、FAT32、LwIP 等。STM32CubeMX 以 HAL 库和 LL 库为基础(默认是 HAL 库),可以配置 MCU 引脚初始化,生成程序框架,不用自己搭建工程,故应用它可以节省开发时间,提高开发效率。从这一节开始,我们来学习 STM32CubeMX 在 GPIO 口、串口、中断、定时器配置方面的使用,并学习其背后的 HAL 库的相关函数。

在安装好 STM32CubeMX 后,双击打开,弹出如图 6-1 所示的启动界面。

由 STM32CubeMX 的启动界面可知,其由 5 部分组成,分别是:

① 菜单栏。用于管理一些常用菜单,比如新建工程、加载工程等。

② 社交链接。社交链接从左到右分别为 ST 官网的关于产品寿命的说明、facebook(脸书)、youtube、twitter(推特)、ST 社区以及官网信息。

③ 已存在工程。已经存在工程中有两个工具栏,分别是 Recent Opened Projects(最近打开的项目)和 Other Projects(打开其他已存在工程)。

④ 新建工程。新建工程中提供了 3 种新建方法:

➢ Start My project from MCU:从 MCU 开始我的项目,如果用户使用的不是 ST 官方的开发板,则采用这种方法开始。

➢ Start My project from STBoard:从 ST 公司的开发板开始我的项目。如果用户使用的是 ST 官方的开发板,则可以从这一选项开始项目。

➢ Start My project from Cross Sele:进入 MCU/BOARD 选择器,选择 MCU 型号和 ST 开发板型号。

图 6 - 1　STM32CubeMX 的启动界面

⑤ 软件管理。对安装的软件进行管理,包含两个选项:

➢ CHECK FOR UPDATE:检查软件更新;

➢ INSTALL/REMOVE:安装或移除软件。

6.1.2　基于 STM32CubeMX 的开发步骤

一般来说,基于 STM32CubeMX 的开发需要经过以下步骤:

① 选择目标芯片。用于确定所使用的芯片型号。

② 配置引脚功能。用于配置系统中所使用引脚的功能。

③ 配置外设。用于配置外设的初始化参数。

④ 配置时钟。用于配置系统时钟和外设时钟的工作频率。

⑤ 配置工程。用于确定工程名称、工程路径以及所使用的集成开发环境。

⑥ 程序编写。用于用户程序的编写。

以上 6 步中,前 5 步在 STM32CubeMX 中完成,第⑥步在 CubeMX 输出的开发环境中完成。另外,由于 GPIO 也是 STM32 的一个外设,所以第②步实际上可以归并到第③步。

需要特别说明的是,CubeMX 建立的工程必须在英文路径下!!!

【任务 6-1】 使用 STM32CubeMX 新建工程实现 DS0 间隔 1 s 闪烁。

【实现过程】

1. 选择目标芯片

双击桌面上的 STM32CubeMX 快捷图标,启动 STM32CubeMX,进入启动界面(如图 6-1 所示)。因为使用的不是官方的开发板,所以使用选择 MCU 的方式来新建工程。单击新建工程中的 ACCESS TO MCU SELECTOR,进入 MCU 选择界面,如图 6-2 所示。

图 6-2 STM32CubeMX 的芯片型号选择界面

由图 6-2 可知,STM32CubeMX 的芯片型号选择界面由 4 部分构成,分别是:

① MCU/板选择/交叉选择切换页。因为从选择 MCU 进入工程选项进入该页面,所以默认是 MCU/MPU SELECTOR 选项。

② MCU 筛选器。可以在 MCU 筛选器中输入 MCU 型号进行选择。

③ 芯片文档。实际上是关于芯片的描述,当在筛选器中选择好 MCU 后,会在该界面弹出关于该 MCU 的描述。

④ 芯片/开发板列表框。这里列出的是 MCU 的型号和 MCU 的一些基本信息。

因为所使用的开发板的单片机型号为 STM32F407ZGT6,所以在筛选器中输入该型号,可以看到芯片/开发板列表框中会列出单片机的基本信息,主要有芯片封装、芯片内部 Flash

和芯片内部 RAM 的大小以及常用的工作频率等,具体如图 6-3 所示。需要说明的是,在筛选器中输入单片机型号时可以只输入关键字部分,比如 STM32F407ZGT6,只需要输入407ZG 即可。

单击芯片列表框中的芯片信息列表,会在芯片文档部分弹出关于芯片的介绍。至此,完成芯片目标的选择。接下来,双击芯片列表,进入芯片设置界面。

2. 设置引脚功能

芯片设置界面如图 6-4 所示,一共包含 3 部分,具体为:

① 导航栏。用于切换 STM32CubeMX 软件的操作过程,比如单击 Home 回到启动界面,单击 STM32F407ZGTx 可以回到目标芯片选择界面。

② 功能栏。功能栏一共有 4 个功能标签页,对应 STM32CubeMX 的 4 个配置流程。其中,Pinout & Configuration 用于引脚、外设和中间件的配置;Clock Configuration 用于系统时钟设置;Project Manager 用于对工程存储路径、开发环境等的设置;Tools 用于系统功耗估算,如果用户的应用与低功耗相关,则需要对该项进行设置。一般情况下,只用到前面 3 个功能标签。

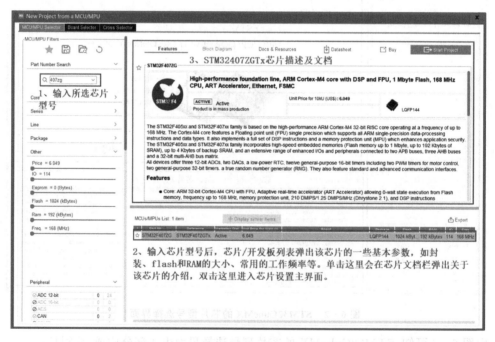

图 6-3 芯片选型界面

③ 生成代码栏。当用户完成 STM32CubeMX 软件的所有配置之后,单击该按钮即可生成工程的初始化代码和工程框架。

下面先来应用第一个功能标签 Pinout & Configuration 对引脚功能进行配置。该标签页分为两栏,左边栏为类别栏,用于外设及中间件设置;右边为芯片引脚图栏,用于分配引脚,这些引脚具有不同的颜色,对应着不同的功能,其中,黄色表示这些引脚是电源引脚,卡其色表示这些引脚是复位引脚 NRST 或启动模式选择引脚 BOOT,灰色表示这些引脚是 GPIO 引脚且这些引脚处于复位状态;芯片下方提供了放大、缩小、旋转等功能按钮,便于用户对芯片引脚进

图 6 - 4　芯片设置主界面

行放大、缩小、旋转等功能操作；放大、缩小等功能按钮右边为引脚搜索框，可以用于快速定位要配置的引脚。具体如图 6 - 5 所示。

在引脚搜索框中输入要配置的引脚 PF9，此时对应的引脚将会闪烁，提醒此引脚即为选中的引脚，如图 6 - 6(a)所示。单击该引脚，弹出 PF9 具有的引脚功能，如图 6 - 6(b)所示，可以看到，一个 I/O 引脚具有的功能还是比较多的。根据任务内容，选择 GPIO_Output，选择完后可以看到 PF9 变为绿色，且旁边显示其功能 GPIO_Output(输出)，如图 6 - 6(c)所示。

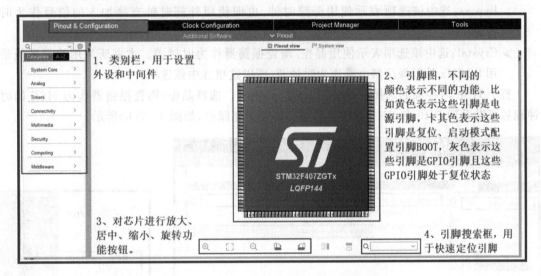

图 6 - 5　Pinout & Configuration 功能栏界面

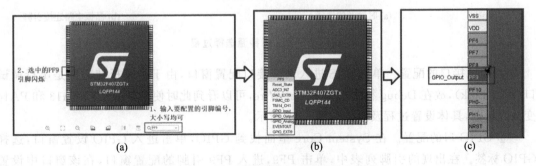

图 6 - 6　PF9 引脚作输出配置过程示意图

3. 配置外设

外设配置主要在 Pinout & Configuration 中进行，在类别栏中，根据外设的功能分为 7 大

类(见图 6 - 5):

① System Core:用于配置 GPIO、时钟源、中断系统以及系统相关的外设;

② Analog:用于配置模/数和数/模转换外设;

③ Timers:用于配置定时器和实时时钟外设;

④ Connetivity:用于配置 I2C、SPI 和 UART 等用于对外连接的外设;

⑤ Multimedia:用于配置 I2S 等音频数据传输外设;

⑥ Computing:用于配置 CRC 校验外设;

⑦ Middleware:用于配置 RTOS 和 GUI 等中间件。

了解了外设分类后,接下来进行外设的配置。

① 时钟源的使能配置。单击 System Core,打开其下拉列表,找到 RCC,单击 RCC 打开时钟模式的配置窗口。因为本项目中没有用到实时时钟,不需对 LSE 进行配置,所以只需设置 HSE 的时钟源。单击打开 HSE 选择框,可以看到 HSE 的时钟源有 3 种模式:

> Disable:选中该选项表示使用内部时钟作为时钟源;

> Bypass:选中该选项表示使用旁路时钟,也即使用外部时钟直接加入的信号作为时钟源;

> Crystal:选中该选项表示使用晶振/陶瓷振荡器作为时钟源。本书所采用的开发板采用 8 MHz 晶振振荡器电路作为时钟源,所以这里选中该选项。

整个 HSE 时钟源的选择过程如图 6 - 7(a)所示。选择晶振/陶瓷振荡器作为 HSE 的时钟源后可以看到 PH0 和 PH1 这两个晶振引脚变为亮绿色,如图 6 - 7(b)所示。

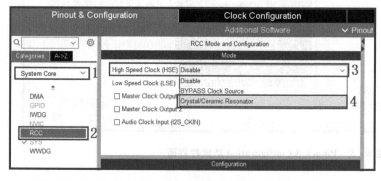

(a) 时钟源的选择

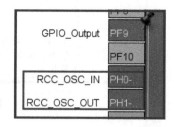

(b) 晶振电路连接引脚

图 6 - 7　HSE 时钟源选择过程

② 调试接口的配置。单击 SYS 进入调试接口配置窗口,由于开发板使用的是串行调试口(ST - Link),故在 Debug 栏中选择 Serial Wire,可以看到此时使用到的引脚 PA13 和 PA14 变成亮绿色,具体设置过程及结果如图 6 - 8 所示。

③ GPIO 口的配置。在 System Core 里面找到 GPIO,单击进入 GPIO 设置窗口,选择 GPIO 标签。在出现的引脚列表中,单击 PF9,进入 PF9 引脚的配置窗口,在该窗口中设置 PF9 开始输出高电平,关闭 LED0,电路驱动使用推挽电路,这样既可输出高电平也可输出低电平,用于控制 LED 的亮灭,输出速度、上下拉电阻和引脚名称采用默认,不用配置,整个过程如图 6 - 9 所示。

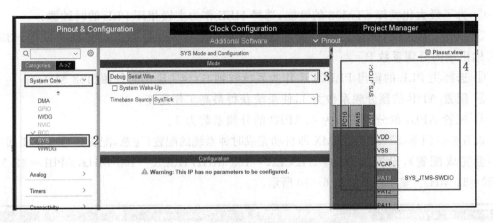

图 6 - 8　调试接口配置过程及结果

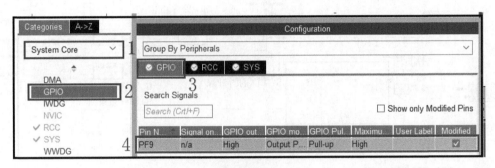

(a) GPIO设置窗口

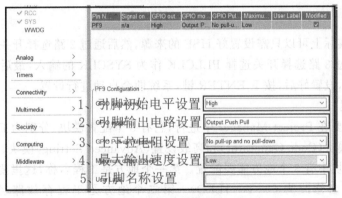

(b) GPIO引脚设置窗口

图 6 - 9　GPIO 引脚功能的配置

4. 设置系统时钟

外设配置完成后,接下来是时钟配置。单击功能标签栏中的 Clock Configuration 进入系统时钟设置窗口。STM32CubeMX 以时钟树的方式完整地展示 STM32 的时钟系统,方便用户快速地对应用系统所需要的时钟进行设置,具体配置步骤如下:

① 开发板使用的晶振频率为 8 MHz,因此将 HSE 的输入时钟源由默认的 25 MHz 改为 8 MHz;

② 为了最大化发挥 STM32 的性能，选择 HSE 作为主锁相环 PLL 的时钟源；

③ 根据实际情况，配置主 PLL 输入端的分频系数 M＝8，主 PLL 的倍频系数 N＝336，主 PLL 输出端的分频系数 P＝2；

④ 选择主 PLL 的输出 PLLCLK 作为系统时钟 SYSCLK 的时钟源（168 MHz）；

⑤ 配置 AHB 的预分频系数为 1，使系统获得最高工作速度；

⑥ 配置 APB1 的分频系数为 4，APB2 的分频系数为 2。

设置好后回车，STM32CubeMX 即自动完成时钟系统的配置（注意，配置好后一定要回车，否则不会完成配置），设置结果为：SYSCLK＝168 MHz，HCLK＝168 MHz，APB1＝42 MHz，APB2＝84 MHz。整个过程如图 6－10 所示。

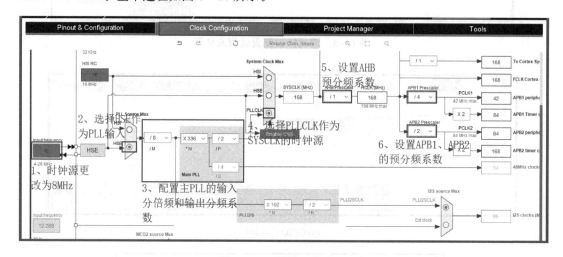

图 6－10　时钟设置过程

特别说明：实际上可以只需设置好 HSE 的来源，然后通过 2 路选择开关选择 HSE 作为主 PLL 的输入，通过 3 路选择开关选择 PLLCLK 作为 SYSCLK 的输入，最后在 HCLK 处输入需要的系统主频，设置好后，按下 ENTER 键，系统即会自动进行设置。

5. 工程配置

工程配置主要在 Project Manager 中进行，它有 3 个配置模块，分别为工程管理模块（Project）、代码生成模块（Code Generator）和高级设置（Advanced Setting）模块。

工程管理模块中有 3 个地方需要配置。第一个地方是工程名称，这里要控制的是 LED0，所以直接将工程名修改为 6－1－1LED0。第二个地方是工程存放路径，将工程保存在 E:\Stm32Test_V2 中（再次强调，路径不能有中文，STM32CubeMX 对中文支持还有待提高）。完成工程名称和工程路径设置后，STM32CubeMX 会自动在 E:\Stm32Test_V2 文件夹中新建一个名为 6－1－1LED0 的文件夹。第三个地方是选择集成开发环境，由于笔者使用的开发环境是 MDK5.26，在这里选择 V5。工程管理中的堆栈设置、MCU 型号和其他模块选择默认配置。工程配置的 3 个模块和工程管理配置过程如图 6－11 所示。

工程配置的第二模块为代码生成模块，单击工程管理窗口中的 Code Generator 进入代码生成模块设置界面。该界面分为 4 部分，第一部分为库函数的设置，有 3 个选项，第 1 个选项是复制所有的库文件到用户工程中，第 2 个选项是复制必要的库文件到用户工程中，第 3 个选项是不进行库文件的复制，而是从库中直接引用相关的文件。为了缩短编译时间，我们选择第

图 6 - 11　工程管理的 3 个模块和配置过程

2 个选项。第二部分为生成文件的设置,有 4 个选项,第 1 个选项是指每个外设将采用独立的.c 和.h 文件,第 2 个选项是指在重新生成时备份以前生成的文件,第 3 个选项是指重新生成时保留用户代码,第 4 个选项是指重新生成时删除以前生成的文件,在这里勾选第 1、3、4 个选项。第三部分用于对没有使用的引脚和断言函数进行设置,有 2 个选项,第 1 项勾选时表示所有没有使用的引脚配置为模拟功能,可以用于优化系统功耗,第 2 项为断言功能设置,勾选的话可以增强程序的健壮性但代码量会增加。这部分由用户根据自己情况设置,在本项目中不勾选这两项。第四部分为模板设置,采用默认。整个过程如图 6 - 12 所示。

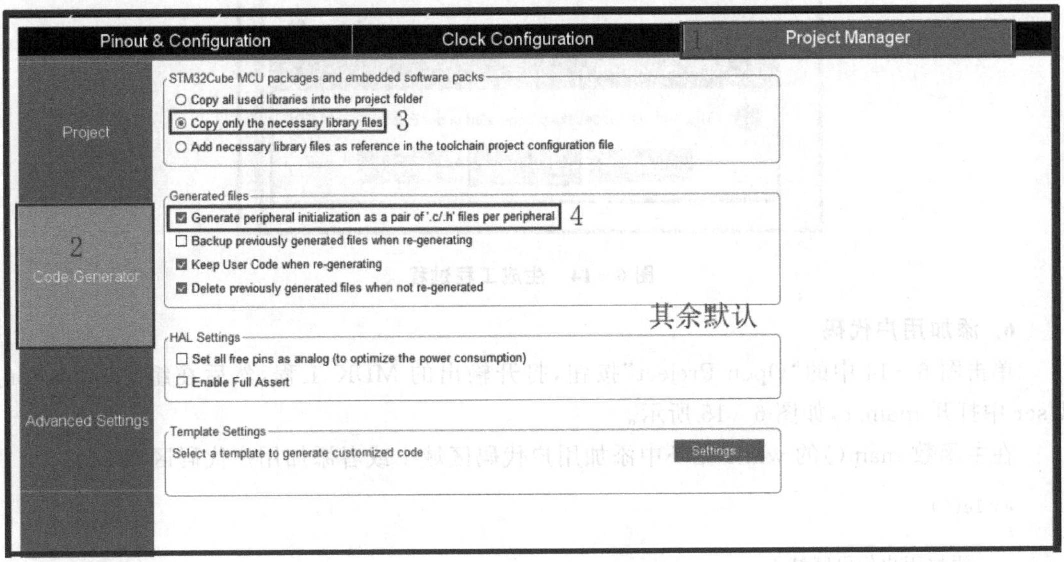

图 6 - 12　代码生成选项的设置

工程配置中的第 3 个模块为高级设置模块,在这里可以对生成的代码所使用的库函数进行设置,有 2 个,一个是 HAL 库,一个是 LL 库,默认是 HAL 库,如图 6 - 13 所示。在这里,全部采用默认值(即采用 HAL 库)。

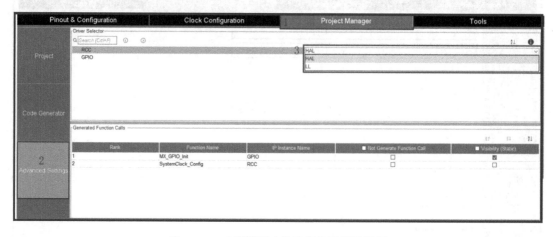

图 6 - 13 工程配置中的高级设置模块设置

完成所有的配置后,就可以生成工程了。单击“GENERATE CODE”按钮,即可生成基于 MDK - ARM 集成开发环境的工程。正确生成工程后将弹出一个对话框,如图 6 - 14 所示,单击第 1 项“Open Folder”按钮则打开工程所在文件夹,单击第 2 项“Open Project”按钮即可打开生成的工程,单击第 3 项“Close”按钮则会关闭对话框。单击第 2 项打开工程。

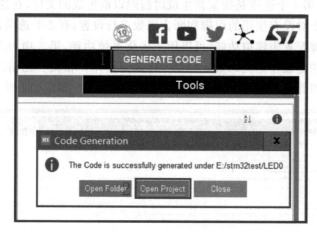

图 6 - 14 生成工程过程

6. 添加用户代码

单击图 6 - 14 中的“Open Preject”按钮,打开输出的 MDK 工程,然后在组 Application/User 中打开 main.c,如图 6 - 15 所示。

在主函数 main()的 while 循环中添加用户代码区域 1 或者添加用户代码区域 2:

```
while(1)
{
    添加用户代码区域 1
    / * USER CODE END WHILE * /
```

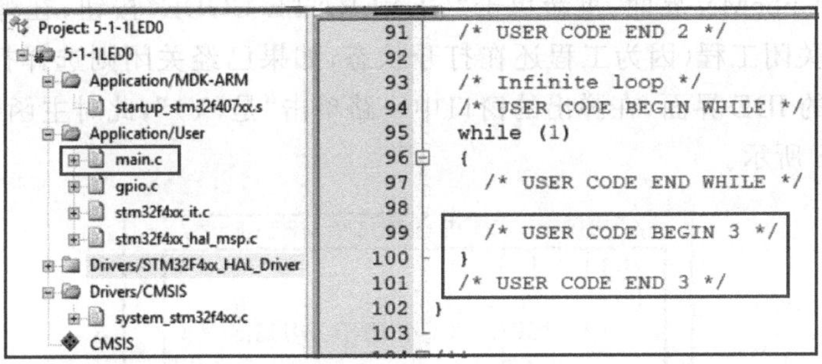

图 6 - 15   STM32CubeMX 生成工程 main. c 位置

```
/ * USER CODE BEGIN 3 * /
添加用户代码区域 2
}
/ * USER CODE END 3 * /
```

在 2 中添加 LED 闪烁代码,如下:

```
HAL_GPIO_WritePin(GPIOF, GPIO_PIN_9, GPIO_PIN_RESET);
HAL_Delay(1000);
HAL_GPIO_WritePin(GPIOF,GPIO_PIN_9, GPIO_PIN_SET);
HAL_Delay(1000);
```

结果如图 6 - 16 所示。

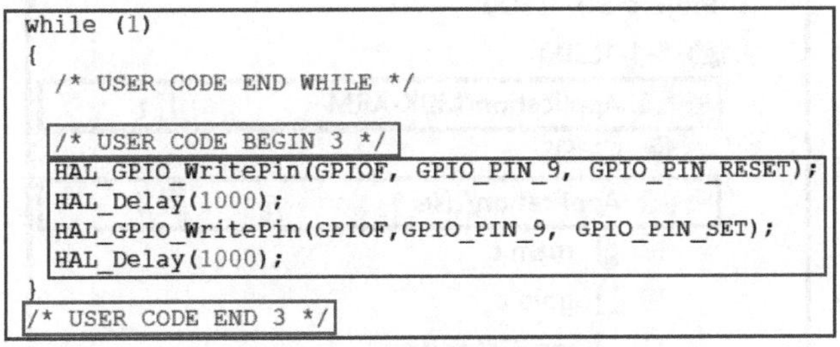

图 6 - 16   添加结果示意图

编译下载后可以看到 LED0 间隔 1 s 闪烁。STM32CubeMX 运行用户在修改配置后重新生成工程,如果用户代码放在指定的用户代码开始(/ * USER CODE BEGIN * /)和用户代码结束(/ * USER CODE END * /)之间,则重新生成工程后用户代码不被覆盖,否则用户代码被覆盖需要重新输入。

比如,将 LED0 闪烁的代码放置于如图 6 - 17 所示的位置。

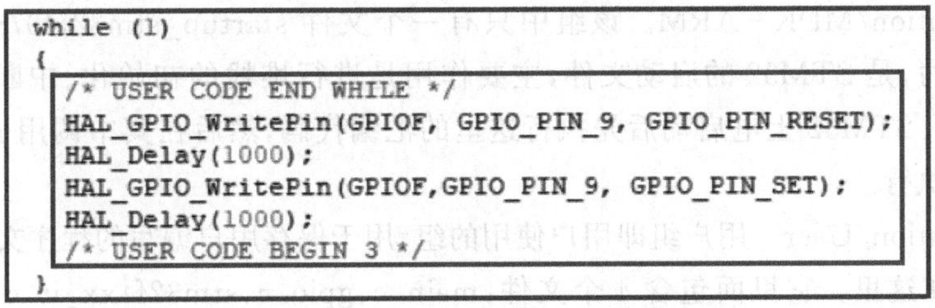

图 6 - 17   代码位置改变示意图

回到 STM32CubeMX 界面,重新单击"GENERATE CODE"按钮,在弹出的询问窗口中选择"Close"按钮关闭工程(因为工程还在打开状态,如果已经关闭则选择打开选项),然后回到 MDK‐ARM 的 IDE 界面,在弹出的窗口中一路单击"是(Y)",此时主函数的 while 循环中的内容如图 6‐18 所示。

```
/* USER CODE BEGIN WHILE */
while (1)
{
    /* USER CODE END WHILE */

    /* USER CODE BEGIN 3 */
}
/* USER CODE END 3 */
```

图 6‐18 while 循环代码示意图

可以看到,刚才输入的用户代码已经被覆盖了。这一点在使用中一定要注意。

6.1.3 STM32CubeMX 生成工程

1. STM32CubeMX 生成 MDK 工程的结构

由任务 6‐1 的 STM32CubeMX 的工程结构可以看到输出工程分为 4 个组,如图 6‐19 所示。

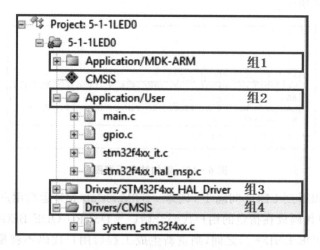

图 6‐19 CubeMX 生成工程分组示意图

下面对这些分组分别进行介绍。

① Application/MDK‐ARM。该组中只有一个文件 startup_stm32f407xx.s,该文件采用汇编语言编写,是 STM32 的启动文件,主要作用是进行堆栈的初始化、中断向量表以及中断函数的定义。STM32 上电启动后先执行这里的汇编代码,然后在其中调用 main()函数后,才跳到主函数执行。

② Application/User。用户组即用户使用的组,用于保存用户编写的程序文件,我们编写的代码主要存储在这里。它里面包含 4 个文件:main.c、gpio.c、stm32f4xx_it.c 和 stm32f4xx_hal_msp.c。其中 main.c 中保存主函数和用户配置的系统时钟配置函数 SystemClock_Config;gpio.c 中保存 GPIO 端口的初始化代码;stm32f4xx_it.c 中保存中断处理相关代码;stm32f4xx_hal_msp.c 主要用于实现 HAL_MspInit 和 HAL_MspDeInit 函数的定义。若不采用 CubeMX 生成工程,则以上 4 个文件的内容由用户实现。

③ Drivers/STM32F4xx_HAL_Driver。里面包含 HAL 库的外设模块的驱动接口函数供用户调用。

④ Drivers/CMSIS。里面只有一个文件 system_stm32f4xx.c,定义配置系统时钟的函数。

2. STM32CubeMX 生成工程的文件结构

打开 STM32CubeMX 生成的工程文件夹,可以看到里面的结构如图 6 - 20 所示。

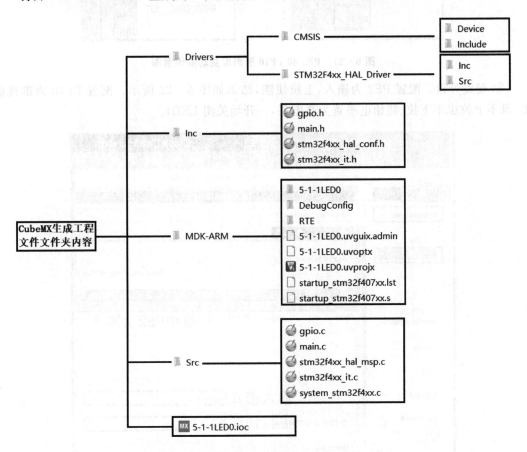

图 6 - 20　STM32CubeMX 的工程文件夹内容

其中.ioc 文件为 STM32CubeMX 工程文件,Drivers 文件夹中的文件为官方文件,MDK - ARM 存放启动文件和 MDK 工程文件,Src 和 Inc 文件夹中的内容分别为用户实现的源文件和头文件。

至此,关于 STM32CubeMX 的基础知识介绍完毕,下面通过任务 6 - 2 来巩固对它的使用及其认识。

【任务 6 - 2】　使用 STM32CubeMX 对 STM32 进行配置,实现按下 KEY2 时 DS1 状态反转。

【实现过程】

① 选择目标芯片。

② 设置引脚功能。将与 KEY2 按键相连的引脚 PE2 配置为输入，与 LED1 相连的引脚配置为输出，具体如图 6-21 所示。

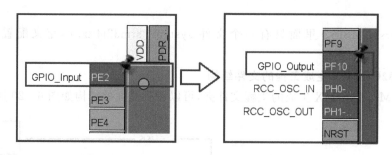

图 6-21　PE2 和 PF10 引脚配置功能示意图

③ 配置外设。配置 PE2 为输入，上拉使能，结果如图 6-22 所示。配置 PF10 为推挽输出、既不上拉也不下拉、初始电平置为高电平，一开始关闭 LED1。

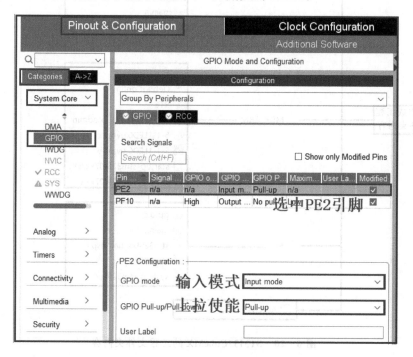

图 6-22　PE2 配置过程示意图

④ 配置调试接口。

⑤ 设置时钟。

⑥ 配置工程。

工程命名为 6-2KEY2，其他配置与任务 6-1 相同。

完成所有的配置后单击"GENERATE CODE"按钮，生成工程。由于要添加用户代码，所以在弹出的对话框中单击"Open Project"打开生成的 MDK 工程。

⑦ 添加用户代码。

在工程文件夹中新建一个名为 HARDWARE 的文件夹,在里面再新建一个名为 KEY 的文件,专门用于保存 KEY 操作相关的文件。使用 MDK 在\KEY 文件夹中新建两个文件 key.c 和 key.h。

key.c:

```c
# include "main.h"
# include "key.h"
uint8_t KEY_Scan(void)
{
    static uint8_t key_flag = 1;        //按键弹起标志位为 1,按下为 0
    if((KEY2 == 0)&&(key_flag == 1))
    {
        /* 按键刚刚处于弹起状态,但现在有按下 */
        HAL_Delay(10);                  //延时 10 ms,消除抖动
        if(KEY2 == 0)                   //确实有按键按下
        {
            key_flag = 0;               //key_flag = 0 防止重复触发导致按下一次但报多次按下
            if(KEY2 == 0)    return 3;
        }
    }
    if((KEY2 == 1)&&(key_flag == 0))    //按键处于弹起状态而且刚才是按下状态
    {
        HAL_Delay(10);                  //消除弹起抖动
        if(KEY2 == 1)
            key_flag = 1;               //确实是弹起了,将标志置 1
    }
    return 0;                           //没有按键按下返回 0
}
```

key.h 中保存函数 KEY_Scan 的声明。

在组 Application/User 中打开 main.c,在其中添加获取键值和执行 LED1 反转的语句,如图 6-23 所示。

```
while (1)
{
    /* USER CODE END WHILE */

    /* USER CODE BEGIN 3 */
    keyvalue = KEY_Scan();
    if(KEY2_PRES == keyvalue)
        HAL_GPIO_TogglePin(GPIOF, GPIO_PIN_10);
}
/* USER CODE END 3 */
}
```

图 6-23 main 文件添加语句及位置示意图

【任务结果】 编译下载后可以看到按下 KEY2 后,LED1 的状态将会反转,任务目标实现。

项目 6.2　HAL 库 GPIO 外设抽象层

在任务 6 - 1 的学习中,将 PF9 引脚设置为低电平用语句"HAL_GPIO_WritePin(GPI-OF, GPIO_PIN_9, GPIO_PIN_RESET);"来实现,延时用语句"HAL_Delay(1000);"来实现。其中,函数 HAL_GPIO_WritePin() 和 HAL_Delay() 都属于 HAL 库中的函数。HAL 的全称为 Hardware Abstraction Layer,翻译为硬件抽象层,即由硬件抽象成的层。实际上,HAL 是一个由对 STM32 的各种功能模块进行操作的函数构成的库,这个库是 ST 公司目前大力推广的库,它可以大大提高研发人员的开发效率。

STM32 的开发方式经历了 3 个时期,一开始是直接采用寄存器来开发,这种开发方式的优点是编译效率高,但是由于 STM32 模块多,寄存器多,所以一个一个寄存器查询,会导致开发效率低下。为了提高开发效率,ST 公司后来对寄存器的功能进行了封装,并推出了一个函数库,开发者通过直接调用函数库中的函数即可实现对硬件层的操作,这个函数库大大加快了开发速度,这种开发方式叫做库函数方式。在库函数的基础上,ST 公司对各种寄存器和功能进行了进一步的封装,这种封装完全屏蔽了底层硬件,由此构成的库叫 HAL 库。因为这种函数库在对硬件抽象的基础上形成,所以叫硬件抽象层。

硬件抽象层向下通过驱动程序与硬件打交道,向上提供统一的接口函数供应用程序和操作系统调用。硬件抽象层是一个编程层,它允许应用程序或操作系统在逻辑层而不是硬件层与硬件设备交互。应用程序或操作系统调用硬件抽象层的程序不用了解硬件的具体设计细节,只需要给出抽象层所需的参数即可,大大降低了嵌入式平台底层工作原理的理解和开发的复杂度,更易于程序的扩展、移植以及排错,但是,编译效率非常低。下面我们来学习 HAL 库中 GPIO 口相关的函数。

6.2.1　HAL 库中 GPIO 相关函数

HAL 的 GPIO 操作相关函数在 stm32f4xx_hal_gpio.c 中定义,一共有 8 个函数,下面分别介绍。

1. 初始化函数 HAL_GPIO_Init( )

该函数用于对 I/O 引脚进行初始化,关于该函数的描述如表 6 - 1 所列。

表 6 - 1　GPIOx 外设的初始化函数 HAL_GPIO_Init( )

函数原型	void HAL_GPIO_Init(GPIO_TypeDef ＊ GPIOx, GPIO_InitTypeDef ＊ GPIO_Init)
功能描述	根据 GPIO_Init 中指定的参数对外设 GPIOx 进行初始化
入口参数 1	GPIOx:用于选择 GPIO 外设,其值为 GPIOA～GPIOG
入口参数 2	GPIO_Init:一个指向 GPIO_InitTypeDef 类型的结构体指针
返回值	无

类型 GPIO_InitTypeDef 的定义位于 stm32f4xx_hal_gpio.h 中,具体如下:

```
typedef struct
{
    uint32_t Pin;            /＊待配置引脚,值为 GPIO_PIN_X,X = 0～15\All\MASK ＊/
```

```
    uint32_t Mode;          /* 配置引脚的功能,值为 GPIO_MODE_OUTPUT_PP 说明是输出推挽 */
    uint32_t Pull;          /* 值有 3 种可能:GPIO_NOPULL \GPIO_PULLUP\GPIO_PULLDOWN */
    uint32_t Speed;         /* 值有 4 种可能:为 GPIO_SPEED_FREQ_LOW 表示速度为 2 MHz */
    uint32_t Alternate;     /* 复用,在 stm32f4xx_hal_gpio_ex.h 中定义 */
}GPIO_InitTypeDef;
```

在 GPIO_InitTypeDef 的定义中注意两点:①参数 Mode 已经将引脚的输出功能和电路驱动方式整合在一起了;②成员 Alternate 的值在 stm32f4xx_hal_gpio_ex.h 中定义,其余成员的值在 stm32f4xx_hal_gpio.h 中定义。

例 1: 配置引脚 PF9 和 PF10 为输出,驱动方式为推挽,既不上拉也不下拉,频率为 50 MHz。

【参考答案】

```
GPIO_Initure.Pin   = GPIO_PIN_9|GPIO_PIN_10;     //PF9,PF10
GPIO_Initure.Mode  = GPIO_MODE_OUTPUT_PP;        //推挽输出
GPIO_Initure.Pull  = GPIO_NOPULL;                //上拉
GPIO_Initure.Speed = GPIO_SPEED_HIGH;            //高速
HAL_GPIO_Init(GPIOF,&GPIO_Initure);              //引脚初始化
```

2. 去初始化函数 HAL_GPIO_DeInit()

去初始化函数 HAL_GPIO_DeInit() 的原型为:

```
void HAL_GPIO_DeInit(GPIO_TypeDef  * GPIOx, uint32_t GPIO_Pin);
```

它用于去掉通用 I/O 口外围寄存器的值,重置为默认值。它有两个入口参数,其中 GPIOx 用于指向要重置默认值的引脚所在的 GPIO 组,GPIO_Pin 用于说明要重置默认值的引脚。

例 2: 配置引脚 A0、A2 设置为上电初始状态。

【参考答案】

```
HAL_GPIO_DeInit(GPIOA, GPIO_PIN_0|GPIO_PIN_2);
```

3. 读函数 HAL_GPIO_ReadPin()

读函数 HAL_GPIO_ReadPin() 通过对 IDR 寄存器的操作来读取选定的输入引脚的数据,关于该函数的描述如表 6-2 所列。

表 6-2 函数 HAL_GPIO_ReadPin() 的描述

函数原型	GPIO_PinState HAL_GPIO_ReadPin(GPIO_TypeDef * GPIOx, uint16_t GPIO_Pin)
功能描述	读取选定的输入引脚的数据
入口参数 1	GPIOx:用于选择 GPIO 外设,其值为 GPIOA~GPIOG
入口参数 2	GPIO_Pin:选定要读的端口位,其值为 GPIO_PIN_0~GPIO_PIN_15
返回值	选定的输入引脚的值(GPIO_PIN_RESET(0)或 GPIO_PIN_SET(1))

例 3: 读取 STM32 的 PE3 的输入电平。

【参考答案】

```
HAL_GPIO_ReadPin(GPIOE, GPIO_PIN_3);
```

4. 写函数 HAL_GPIO_WritePin()

写函数 HAL_GPIO_WritePin() 通过对 BSRR 寄存器的操作来设置或者清除选定引脚的

数据位,关于该函数的描述如表 6－3 所列。

表 6－3　函数 HAL_GPIO_WritePin( )的描述

函数原型	void HAL_GPIO_WritePin(GPIO_TypeDef * GPIOx, uint16_t GPIO_Pin, GPIO_PinState PinState);
功能描述	设置或者清除选定引脚的数据位
入口参数 1	GPIOx:用于选择 GPIO 外设,其值为 GPIOA～GPIOG
入口参数 2	GPIO_Pin:选定要读的端口位,值为 GPIO_PIN_0～GPIO_PIN_15
入口参数 3	PinState:引脚值,有两种可能:GPIO_PIN_RESET(0)或 GPIO_PIN_SET(1)
返回值	无

例 4: 将 STM32 端口 PF8 引脚设置为低电平。
【参考答案】

```
HAL_GPIO_WritePin(GPIOF, GPIO_PIN_8, GPIO_PIN_RESET);
```

5. 位反转函数 HAL_GPIO_TogglePin( )

位反转函数 HAL_GPIO_TogglePin()用于反转选定输出引脚的电平,其函数原型为:

```
void HAL_GPIO_TogglePin(GPIO_TypeDef * GPIOx, uint16_t GPIO_Pin);
```

它有两个入口参数:GPIOx 用于指明待反转电平信号的引脚位于哪组端口,GPIO_Pin 用于选定要反转电平的引脚。

例 5: 将 STM32 的 PF9 引脚的电平反转。
【参考答案】

```
HAL_GPIO_TogglePin(GPIOF, GPIO_PIN_9);
```

6. 锁函数 HAL_GPIO_LockPin( )

锁函数 HAL_GPIO_LockPin()的原型为:

```
HAL_StatusTypeDef HAL_GPIO_LockPin(GPIO_TypeDef * GPIOx, uint16_t GPIO_Pin);
```

它用于锁定指定端口 GPIOx 的指定位 GPIO_Pin 的值。

7. 中断处理函数 HAL_GPIO_EXTI_IRQHandler( )

中断处理函数 HAL_GPIO_EXTI_IRQHandler()用于执行 I/O 引脚输入的外部中断的中断处理函数,其原型为:

```
void HAL_GPIO_EXTI_IRQHandler(uint16_t GPIO_Pin);
```

函数 HAL_GPIO_EXTI_IRQHandler()中首先对中断输入引脚进行判断,然后清除中断标志位,接下来调用外部中断回调函数 HAL_GPIO_EXTI_Callback()。

8. 中断回调函数 HAL_GPIO_EXTI_Callback( )

HAL_GPIO_EXTI_Callback()为外部中断回调函数,是被 HAL 库的外部中断处理函数调用的函数,其定义如下:

```
__weak void HAL_GPIO_EXTI_Callback(uint16_t GPIO_Pin)
{
    /* Prevent unused argument(s) compilation warning */
    UNUSED(GPIO_Pin);
    /* NOTE: This function Should not be modified, when the callback is needed,
       the HAL_GPIO_EXTI_Callback could be implemented in the user file */
}
```

可以看到,该函数只有一条用于防止编译器出现警告的语句"UNUSED(GPIO_Pin);"。另外,该函数使用__weak 修饰,意思是如果文件中存在同名的函数,则去执行同名函数。在外部中断中,使用同名的回调函数来实现中断需要处理的动作。

6.2.2 HAL 库中 GPIO 口寄存器的封装和相关定义

1. HAL 库中 GPIO 口寄存器的封装

STM32 的 GPIO 口的寄存器封装在名为 GPIO_TypeDef 的结构体中,该结构体在头文件 stm32f4xx_hal_gpio.h 中定义,具体如下:

```
typedef struct
{
    __IO uint32_t MODER;        /*! 模式寄存器,偏移地址:0x00 */
    __IO uint32_t OTYPER;       /*! 输出类型寄存器, 偏移地址:0x04 */
    __IO uint32_t OSPEEDR;      /*! 输出速度寄存器, 偏移地址:0x08 */
    __IO uint32_t PUPDR;        /*! 上下拉电阻寄存器,偏移地址:0x0C */
    __IO uint32_t IDR;          /*! 输入数据寄存器, 偏移地址:0x10 */
    __IO uint32_t ODR;          /*! 输出数据寄存器, 偏移地址:0x14 */
    __IO uint32_t BSRR;         /*! GPIO 口置位复位寄存器, 偏移地址:0x18 */
    __IO uint32_t LCKR;         /*! 配置锁寄存器, 偏移地址:0x1C */
    __IO uint32_t AFR[2];       /*! 复位功能寄存器, 偏移地址:0x20~0x24 */
} GPIO_TypeDef;
```

2. GPIO 端口指针定义

GPIO 端口指针的定义位于 stm32f407xx.h 中,以 GPIOF 为例,其定义为:

```
#define GPIOF    ((GPIO_TypeDef *) GPIOF_BASE)
```

其中 GPIOF_BASE 代表 GPIOF 端口的基地址。

因为各组 GPIO 口的指针都已经定义好,所以访问这些端口中的寄存器非常方便。比如,要将 PE5 置为 1,可以采用如下语句实现:

```
GPIOE->ODR | = 1 << 5;
```

3. 通用 I/O 口的时钟使能

在使用 STM32 外设时都要先使能该外设的时钟,而且这些时钟使能都以宏的形式定义。STM32 外设时钟使能的宏,统一以 __HAL_RCC_PPP_CLK_ENABLE() 方式命名,其中的 PPP 为外设名。对于通用 I/O 口,这些宏定义位于文件 stm32f4xx_rcc_ex.h 和 stm32f4xx_hal_rcc.h 中。以 GPIOF 为例,其时钟使能宏在 stm32f4xx_rcc_ex.h 中定义,具体如图 6-24 所示。

其中的宏 __HAL_RCC_GPIOF_CLK_ENABLE() 即用于使能 GPIOF 组端口的时钟。仔细观察该宏的定义可以看到,该宏实际上是通过调用另一个带参数的宏 SET_BIT(RCC ->

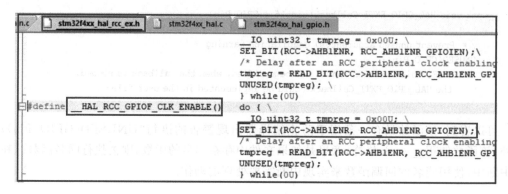

图 6-24　宏 __HAL_RCC_GPIOF_CLK_ENABLE( )的定义

AHB1ENR, RCC_AHB1ENR_GPIOFEN)来实现对 GPIOF 组端口时钟的使能。关于这一点我们不再深入研究,读者可在有一定基础后自行查阅解决。

【任务 6-3】　呼吸灯指的是一种在处理器控制下完成由亮到暗再由暗到亮的逐渐变化的灯光,这种灯光如同人在呼吸一样,顾名呼吸灯。编程实现在 LED0 或 LED1 上实现呼吸灯效果。

【实现过程】　假设目标对象为 LED0(与 PF9 连接),设定 LED 灯的一个脉冲周期为 T(假设为 20 ms),则由暗变亮的实现过程为:

DS0 上的电平变化示意图如图 6-25 所示。一开始在整个 20 ms 周期中,控制 PF9 都输出高电平,此时灯全暗;接下来的 20 ms 周期中,设置存在着低电平时间,假设这个时间为 1 ms,此时因为 LED 获得短时间的导通,所以有一点点亮;在接下来的周期 T 中,增加低电平时间,假设为 2 ms,由于 LED 的导通时间又增加了一点点,所以灯也跟着亮了一点点;在接下来的每个周期 T 中,逐渐增加低电平的时间,这时灯也逐渐变亮,到最后一个周期 T 时全部设置为低电平,此时灯是最亮的。当 LED 灯达到最亮后,将每个周期 T 的低电平时间依次缩短,则灯会逐渐变暗。重复前述步骤,可以得到灯由暗到亮再由亮到暗的周期性变化。

在本任务中,为了实现灯的亮度变化更加柔和,每次低电平(或高电平)的持续时间从正弦函数获取。

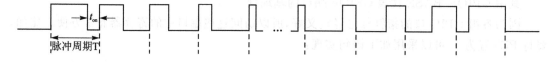

图 6-25　DS0 上的电平变化示意图

【源程序】

用 STM32CubeMX 生成工程,并将主函数修改为:

```
int main(void)
{
    uint16_t Num = 100;                      /* 将 0～3.14 分成 100 份 */
    uint16_t BreathingLampPeriod = 20;       /* 脉冲周期 20 ms,呼吸灯周期 = 脉冲周期×Num */
    uint16_t DelayTime = 0;                  /* 延时时间 */
    float angle = 0.0;                       /* 注意 sin(x)的参数以弧度为单位 */
```

```
HAL_Init();                                    /* 系统时间初始化 */
SystemClock_Config();                          /* 系统时间配置,HCLK = 168 MHz */
LED_Init();                                     /* LED 初始化 */
while (1)
{
    for( angle = 0; angle < = PI; angle + = PI/Num)
    {
        DelayTime = (uint16_t)( sin(angle) * BreathingLampPeriod); /* 计算延时时间 */
        HAL_GPIO_WritePin(GPIOF, GPIO_PIN_9, GPIO_PIN_RESET);       /* 点亮 LED0 */
        HAL_Delay(DelayTime);
        HAL_GPIO_WritePin(GPIOF, GPIO_PIN_9, GPIO_PIN_SET);         /* 关 LED0 */
        HAL_Delay(BreathingLampPeriod – DelayTime);
    }
}
```

在文件适当位置定义 PI,具体如下:

#define PI 3.1415

【实现结果】 程序编译执行后可以看到 LED0 先逐渐变亮然后再逐渐变暗。

【补充说明】 在任务 6-3 中,要注意两点:一是延时时间采用正弦变化方式提取,这样 LED0 的亮暗变化更加平缓,而且呼吸灯周期可调,非常方便。二是呼吸灯的周期与脉冲周期不是同一个概念,呼吸灯周期指的是呼吸灯从亮到暗再由暗到亮的持续时间(任务 6-3 只实现暗到亮,读者可以自己参照该任务实现亮到暗),而脉冲周期则是呼吸灯两次导通时间间隔。

思考与练习

1. 简答题
(1) 列出 STM32CubeMX 的主要特点。
(2) 列出应用 STM32CubeMX 输出工程的主要步骤。

2. 编程题
(1) 使用 STM32CubeMX 实现任务 5-1 的功能。
(2) 使用 STM32CubeMX 实现任务 5-2 的功能。

模块 7

认识 STM32 的中断系统

教学目标

◆ 能力目标

1. 能应用 STM32CubeMX 对外部中断进行配置。
2. 能熟练配置外部中断的中断设置。
3. 能熟练配置 NVIC 的中断设置。

◆ 知识目标

1. 了解嵌入式系统中断的含义及其处理流程。
2. 掌握 STM32 的中断源、中断使能控制、中断优先级设置、中断函数和中断响应过程。
3. 掌握 STM32 的外部中断的实现过程。

◆ 项目任务

1. 通过任务实施掌握应用 STM32CubeMX 对 STM32 的外部中断进行配置。

项目 7.1 外部中断任务的实现及其实现过程

【任务 7-1】 主函数控制 LED1 一直在以 500 ms 为间隔闪烁。中断函数的功能为关闭 LED1,同时 LED0 的状态反转 3 次,每次亮灭持续时间均为 1 s,中断由 KEY2 按下触发。

【电路连接】

按键、LED0 和 LED1 与 STM32 连接示意图如图 7-1 所示。

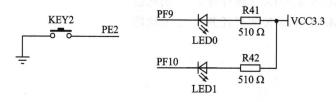

图 7-1 按键、LED0 和 LED1 与 STM32 连接示意图

【实现过程】

（1）选择目标芯片

（2）配置引脚工作模式

要实现任务 7-1 的目标,需要配置 PF9、PF10 为输出,PE2 为外部中断输入引脚,配置过程如图 7-2 所示。

（3）外设设置

① 时钟模块的设置；

② 调试接口的设置；

③ GPIO 引脚功能设置。

PF9 和 PF10 都设置为初始电平为高电平（High）、输出推挽（Output Push Pull）、上下拉电阻不使能、响应速度采用默认。

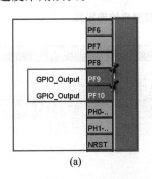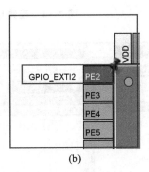

(a)   (b)

图 7 - 2   配置引脚 PF9、PF10 和 PE2 的功能

PE2 配置为外部中断输入端，其配置过程分为三步。

第一步：设置 PE2 的中断功能，主要是设置 PE2 的中断触发方式。使用按键触发中断时其触发方式有 3 种，分别是上升沿触发、下降沿触发和电平触发。上升沿触发指信号电平由低到高跳变时触发中断，下降沿触发指信号电平由高到低跳变时触发中断，电平触发指电平高或低时触发中断，一般使用上升沿或下降沿触发中断。设置 PE2 的中断功能过程如图 7 - 3 所示。在此，设置使用下降沿触发中断，由于按键一端接地，因此内部使能上拉电阻，用户标签 User Label，为方便记忆使用标号 KEY2_EXTI 代表中断线。这样，当生成代码时会生成对应的宏定义。生成位置及名称如图 7 - 4 所示，非常方便移植。

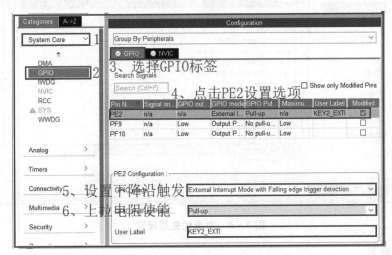

图 7 - 3   PE2 中断功能设置过程

第二步：在 NVIC 中使能对应的外部中断线，设置过程如图 7 - 5 所示。

第三步：配置中断的优先级，其配置过程为，在 System Core 中单击 NVIC 内嵌中断向量设置选项弹出 NVIC 配置窗口，找到 EXTI line2 interrupt 复选框，打开后面的 Preemption

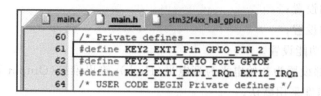

图 7-4　配置用户标签对应的宏定义

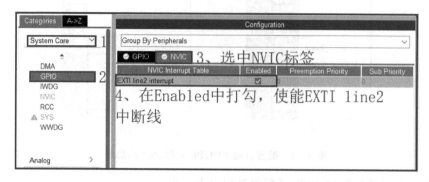

图 7-5　中断线使能设置

Priority 抢占式优先级选项选择优先级为 3。实际上由于本任务只有一个中断，因此可以不进行设置，直接采用默认值即可。整个过程如图 7-6 所示。

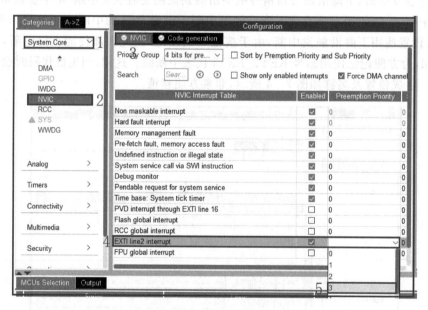

图 7-6　中断优先级配置

（4）工程配置

工程管理中的工程选项配置如图 7-7 所示，这里使用的工程名配置为 EXTI_KEY2。其他配置与任务 6-1 相同。

（5）应用程序的编写

单击"GENERATOR CODE"按钮生成代码，同时打开 MDK - ARM，在主函数的 while

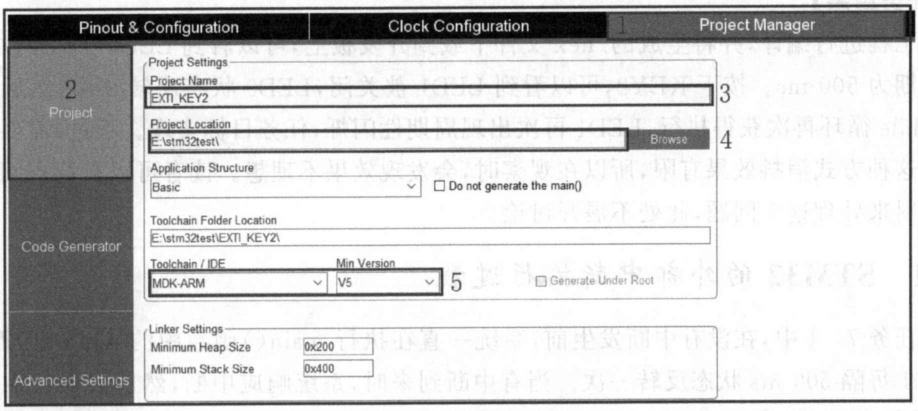

图 7-7 工程选项配置

循环中添加如下代码：

```
while (1)
{
    HAL_GPIO_TogglePin(GPIOF, GPIO_PIN_10);   //PF10 的电平反转
    HAL_Delay(500);                           //延时 500 ms
    /* USER CODE END WHILE */
    /* USER CODE BEGIN 3 */
}
```

由前面分析可知,这两行代码实现的功能是与 PF10 相连的 LED1 间隔 500 ms 闪烁。

在主函数文件的"{"和"/*USER CODE END WHILE*/"中添加中断回调函数代码,具体如下：

```
void HAL_GPIO_EXTI_Callback(uint16_t GPIO_PIN)
{
    uint8_t i = 0;
    HAL_Delay(10);
    if(KEY2 == 0)
    {
        HAL_GPIO_WritePin(GPIOF,GPIO_PIN_10,GPIO_PIN_SET);       //关闭 LED1
        for(i = 0; i < 3; i++)
        {
            HAL_GPIO_WritePin(GPIOF,GPIO_PIN_9, GPIO_PIN_RESET);  //LED0 亮
            HAL_Delay(1000);
            HAL_GPIO_WritePin(GPIOF,GPIO_PIN_9, GPIO_PIN_SET);    //LED0 暗
            HAL_Delay(1000);
        }
    }
}
```

在按下 KEY2 触发中断后,中断回调函数 HAL_GPIO_EXTI_Callback()被执行,在该函数中先延时 10 ms 消抖,然后再判断外部中断触发引脚是不是图 7-3 中设置的 KEY2_EXTI_Pin 引脚(KEY2,用户标签 User Label 处设置),如果是,实现 PF9 的电平反转。至此,任务 7-1 的功能全部实现。

【任务结果】

对工程进行编译,并将生成的.hex 文件下载到开发板上,可以看到 LED0 灭,LED1 闪烁,闪烁周期为 500 ms。按下 KEY2,可以看到 LED1 被关闭,LED0 状态反转 3 次,然后主函数中的 while 循环再次获得执行,LED1 再次出现周期性闪烁,任务目标实现。不过,需要注意的是采用这种方式消抖效果有限,所以在观察时,会发现效果不理想。读者可以自行查阅状态机相关资料来处理这个问题,此处不展开讨论。

7.1.1 STM32 的外部中断执行过程

在任务 7-1 中,在没有中断发生前,系统一直在执行 main()函数中的 while(1)循环,此时 LED1 每隔 500 ms 状态反转一次。当有中断到来时,系统响应中断,然后去执行中断服务函数,执行完后,系统又回到 main 函数继续执行原来的动作。下面我们来详细介绍应用 HAL 库进行开发时 STM32 的中断执行流程:

① 中断发生并获得响应后,系统将会到启动文件 startup_stm32f407xx.s 中找到中断服务函数的入口 EXTI2_IRQHandler。

这些中断服务函数的入口实际上就是中断函数的名字,STM32 中断函数的名字已经在.s 中给出,用户的中断函数名字只能在这里寻找,而不能自己起一个名字。STM32 的外部中断函数的名字如表 7-1 所列。

表 7-1 外部中断线及其对应的外部中断函数的名字

外部中断线	外部中断服务函数的名称
外部中断线 0	EXTI0_IRQHandler
外部中断线 1	EXTI1_IRQHandler
外部中断线 2	EXTI2_IRQHandler
外部中断线 3	EXTI3_IRQHandler
外部中断线 4	EXTI4_IRQHandler
外部中断线 5~9	EXTI9_5_IRQHandler
外部中断线 10~15	EXTI15_10_IRQHandler

由表 7-1 可知,外部中断线 0~4 是每一个中断都享有一个中断函数,而外部中断线 5~15 则是多个外部中断线共享一个函数,所以在使用到函数 EXTI9_5_IRQHandler 和函数 EXTI15_10_IRQHandler 时还需要进一步判断,以识别具体的中断源。对于任务 7-1,外部中断 2 的中断服务函数的名字为 EXTI2_IRQHandler。

② 执行 stm32fxxx_it.c 中的中断函数 EXTI2_IRQHandler()。找到外部中断线 2 的入口地址 EXTI2_IRQHandler(注意,函数名可以作为函数的地址!)后,处理器跳转到 EXTI2_IRQHandler 处执行中断函数。在使用 STM32CubeMX 软件进行初始化配置时,如果使能了某一个外设的中断功能,那么在生成代码时,相对应外设的中断服务函数会添加到 stm32fxxx_it.c 中,所以处理器此时会跳转到这里执行相应的中断函数,如图 7-8 所示。需要注意的是 stm32fxxx_it.c 是 CubeMX 生成工程时产生的存在于 User 组的一个文件。

③ 执行外部中断通用处理函数 HAL_GPIO_EXTI_IRQHandler()。由图 7-8 可知,外

部中断线 2 中断函数的实现实际上由函数 HAL_GPIO_EXTI_IRQHandler()来完成。

HAL_GPIO_EXTI_IRQHandler()是专门用于处理外部中断的一个通用函数,在 HAL 库中的专门用于处理 GPIO 操作的文件 stm32f4xx_hal_gpio.c 中提供。

HAL_GPIO_EXTI_IRQHandler()等名为 HAL_PPP_IRQHandler()的函数是 HAL 为各个外设设计的中断服务函数,其中 PPP 为外设名,比如 USART 模块,HAL 库提供的中断服务函数名为 HAL_USART_IRQHandler();再比如 DMA 模块,HAL 提供的中断服务函数为 HAL_DMA_IRQHandler()。

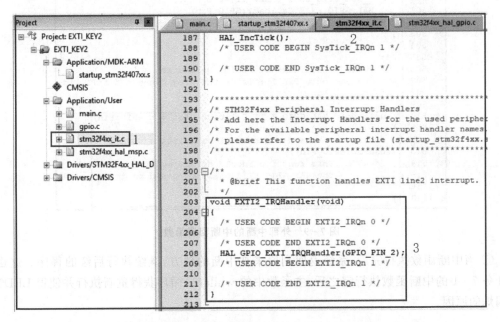

图 7-8　外部中断线 2 的中断服务函数 EXTI2_IRQHandler()的实现

函数 HAL_GPIO_EXTI_IRQHandler()的定义如下:

```
void HAL_GPIO_EXTI_IRQHandler(uint16_t GPIO_Pin)
{
    /* EXTI line interrupt detected */
    if(__HAL_GPIO_EXTI_GET_IT(GPIO_Pin) != RESET) //读取中断标志,看标志位是否已经被置位
    {
        __HAL_GPIO_EXTI_CLEAR_IT(GPIO_Pin);
                            //中断标志被置位,有中断发生,在执行中断任务前清除标志
        HAL_GPIO_EXTI_Callback(GPIO_Pin); //执行中断任务
    }
}
```

可以看到,函数 HAL_GPIO_EXTI_IRQHandler()只有一个入口参数,就是 GPIO 引脚,其取值范围为 0~15。

在函数 HAL_GPIO_EXTI_IRQHandler()中,首先使用 if(__HAL_GPIO_EXTI_GET_IT(GPIO_Pin) != RESET)检查中断标志,若中断标志被置位,则使用函数__HAL_GPIO_EXTI_CLEAR_IT()来清除标志位,清除标志位后再执行回调函数 HAL_GPIO_EXTI_Callback()。

④ 执行回调函数 HAL_GPIO_EXTI_Callback()。中断回调函数 HAL_GPIO_EXTI_

Callback()在文件 stm32f4xx_hal_gpio.c 中定义,如图 7 - 9 所示,但在该文件中定义时用__weak 进行修饰,这意味着如果工程中有同名的函数,则获得执行的将会是同名的函数。

由于文件 stm32f4xx_hal_gpio.c 中的回调函数中实际上没有执行任何任务,因此需要自己定义一个同名的函数。在任务 7 - 1 中,就在 main.c 文件中定义了一个同名的函数。当外部中断 2 发生时就执行这个自定义的函数。

```
  500        __HAL_GPIO_EXTI_CLEAR_IT(GPIO_Pin);
  501        HAL_GPIO_EXTI_Callback(GPIO_Pin);
  502      }
  503    }
  504
  505 /**
  506   * @brief  EXTI line detection callbacks.
  507   * @param  GPIO_Pin Specifies the pins connected EXTI line
  508   * @retval None
  509   */
  510   weak void HAL_GPIO_EXTI_Callback(uint16_t GPIO_Pin)
  511   {
  512     /* Prevent unused argument(s) compilation warning */
  513     UNUSED(GPIO_Pin);
  514     /* NOTE: This function Should not be modified, when the c
  515             the HAL_GPIO_EXTI_Callback could be implemented
  516     */
  517   }
```

图 7 - 9 外部中断的中断回调函数

⑤ 当中断函数执行完后,系统返回到原来被中断的地方,继续执行后续的程序。这也就是任务 7 - 1 的中断函数执行完之后,主函数中的 while(1)循环获得重新执行并使得 LED0 继续闪烁的原因。

7.1.2 使用 STM32CubeMX 配置中断时的注意事项

STM32 是在 ARM 公司内核的基础上进行开发的,所以它的内部包含两大部分,一个是内核,另一个是片内外设,即芯片内的外部设备。中断的执行及响应在内核中处理,但在片上外设中也要进行初步的设置,比如设置外设的中断允许。对于外部中断,在 STM32CubeMX 的片内外部中断外设中除了设置外部中断模块的中断允许外,还要设置中断的触发方式(见图 7 - 3)。设置好片内外设部分后,还需要到内核的 NVIC 中对中断进行相应的设置,这些设置主要包括 NVIC 的中断允许、中断优先级(见图 7 - 5 和图 7 - 6)。

项目 7.2 中断的含义及其作用

在微型计算机和单片机系统中,CPU 与外设之间的数据传送方式主要有 3 种,分别为:

① 程序传送方式。也就是在程序的控制下直接进行数据的输入/输出操作,它又分为无条件传送和程序查询传送两种。无条件传送不查询外设状态,认为外设已经准备就绪,直接与外设传送数据,比如前面项目中直接控制 LED 和蜂鸣器即为这种方法。在执行输入/输出前,程序查询传送要先查询接口中状态寄存器的状态,若外设"忙"则不传送数据,若外设"不忙"则传送数据,因为程序查询传送需要先判断外设的状态,所以也称有条件传送。

② 中断传送方式。当外设做好传送准备后,主动向 CPU 请求中断,CPU 响应中断后暂停正在执行的程序,转去执行中断处理程序,并在该程序中与外设进行数据交换。

③ 直接存储器传输方式(DMA 传送方式)。DMA 方式是一种由专门的硬件电路执行的数据传送方式,它可以让外设接口直接与内存进行高速的数据传送,而不必经过 CPU。这种专门的硬件电路称为 DMA 控制器,简称 DMAC。

在以上 3 种方式中,中断传送方式具有 CPU 不必查询等待、工作效率高、CPU 与外设可以并行工作的优点,所以实时性更好,应用也更广泛。

那什么是中断呢? 在人类世界中断随处可见,比如你正在看电影,突然来了一个电话,此时你暂停电影去接电话,接完后回来继续看电影,这个过程就是中断。在计算机世界中,中断的意思是指 CPU 在处理程序 1 的过程中,突然接收到一个请求,这个请求希望 CPU 马上去执行另一段程序(假设为程序 2),CPU 响应请求后暂时停止运行当前的程序 1,转而去执行程序 2,执行完程序 2 后,再转回来继续执行程序 1 中剩下的部分过程。其具体过程可用图 7-10 所示的示意图来描述。

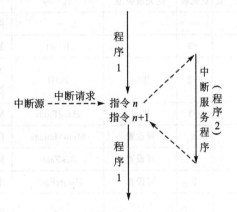

图 7-10 中断过程示意图

中断在各种场合中都会使用到,比如数据采集、警示、任务切换等,所以掌握中断的原理及应用非常重要。

项目 7.3 STM32 的中断管理

由图 7-10 和中断的描述看到,中断过程中涉及到几个基本的概念,第一个是中断源,也就是中断的来源;第二个是中断使能,只有使能了对应的中断,当该中断产生时才能响应中断;第三个是如果有多个中断同时到来,这时系统会先去处理哪个中断呢? 这就涉及中断的优先级问题了;第四个是中断服务程序,它里面放置了中断到来时要执行的动作。下面我们通过 STM32 中断管理来对这几个概念分别进行介绍。

7.3.1 STM32 的中断源

STM32F4 是在 Cortex-M4 内核的基础上设计的,Cortex-M4 内核支持 256 个中断,其中包含 16 个内核中断和 240 个外部中断,并且具有可编程的 256 级中断优先级的设置。STM32 中断控制的核心内嵌中断向量控制器 NVIC(Nested Vectored Interrupt Controller)位于内核 Cortex-M4 中(NVIC 是内核中的模块,要了解它就要看 ARM 的《Cortex-M4 Devices Generic User Guide》而不是 ST 公司的参考手册)。STM32F407 采用 Cortex-M4 内核,但它并没有使用 Cortex-M4 内核的全部东西,包括中断。STM32F407ZGT6 支持的中断仅有 92 个,包括 10 个内核中断和 82 个可屏蔽中断,支持的优先级也仅为 16 级。虽然如此,STM32F407 的中断系统也远比 51 单片机强大,51 单片机只有 5 个中断(2 个外部中断、2 个定时/计数器中断和 1 个串口中断),优先级也只有 2 级。STM32 的中断可以满足绝大部分实际应用。

STM32F407 支持的 92 个中断如表 7-2 所列。其中,前 10 个是内核中断,其他的 82 个是可屏蔽中断。内核中断不能被打断,不能设置优先级(即优先级是凌驾于外部中断之上的)。常见的内核中断有以下几种:复位(reset)、不可屏蔽中断(NMI)、硬错误(Hardfault)等。从优先级 7 开始,后面所有的中断都是可屏蔽中断,这部分是我们必须学习掌握的知识,它包括线中断、定时器中断、I2C、SPI 等所有外设的中断,可以设置优先级。

表 7-2 STM32F4 的中断向量表

位 置	优先级	优先级类型	名 称	说 明	地 址
	—	—	—	保留	0x0000 0000
	—3		Reset	复位	0x0000 0004
	—2	固定	NMI	不可屏蔽中断,RCC 时钟安全系统(CSS)连接到 NMI 向量	0x0000 0008
	—1	固定	HardFault	所有类型的错误	0x0000 000C
	0	可设置	MemManage	存储器管理	0x0000 0010
	1	可设置	BusFault	预取指失败,存储器访问失败	0x0000 0014
	2	可设置	UsageFault	未定义的指令或非法状态	0x0000 0018
	—	—	—	保留	0x0000 001C 0x0000 002B
	3	可设置	SVCall	通过 SWI 指令调用的系统服务	0x0000 002C
	4	可设置	Debug Monitor	调试监控器	0x0000 0030
	—	—	—	保留	0x0000 0034
	5	可设置	PendSV	可挂起的系统服务	0x0000 0038
	6	可设置	SysTick	系统嘀嗒定时器	0x0000 003C
0	7	可设置	WWDG	窗口看门狗中断	0x0000 0040
1	8	可设置	PVD	连接到 EXTI 线的可编程电压检测(PVD)中断	0x0000 0044
2	9	可设置	TAMP_STAMP	连接到 EXTI 线的入侵和时间戳中断	0x0000 0048
3	10	可设置	RTC_WKUP	连接到 EXTI 线的 RTC 唤醒中断	0x0000 004C
4	11	可设置	FLASH	Flash 全局中断	0x0000 0050
5	12	可设置	RCC	RCC 全局中断	0x0000 0054
6	13	可设置	EXTI0	EXTI 线 0 中断	0x0000 0058
7	14	可设置	EXTI1	EXTI 线 1 中断	0x0000 005C
8	15	可设置	EXTI2	EXTI 线 2 中断	0x0000 0060
			⋮		
37	44	可设置	USART1	USART1 全局中断	0x0000 00D4
38	45	可设置	USART2	USART2 全局中断	0x0000 00D8

位 置	优先级	优先级类型	名 称	说 明	地 址
				⋮	
79	86	可设置	CRYP	CRYP 加密全局中断	0x0000 017C
80	87	可设置	HASH_RNG	哈希和随机数发生器全局中断	0x0000 0180
81	88	可设置	FPU	FPU 全局中断	0x0000 0184

7.3.2　STM32 的中断使能/失能控制

外设的中断要想获得处理器的响应,对该中断的使能是必要的条件之一。对于 STM32 的片内外设,每个外设的中断使能都分为两部分,一部分是在外设中使能中断,另一部分是在 NVIC 中使能中断。这里讨论的是 NVIC 中的中断使能。

NVIC 中的中断使能由中断使能寄存器组 ISER[x]来控制。ISER 一共有 8 个,分别是 ISER0~ISER7,每个 32 位。中断使能寄存器 ISER 的每一个位控制一个中断,所以每一个中断使能寄存器可以控制 32 个中断。不过,由于 STM32F4 的可屏蔽中断只有 82 个,因此实际用到的 ISER 只有 3 个(ISER0~ISER2)。其中:

① ISER0 的 bit0~bit31 分别控制中断 0~31 的使能;

② ISER1 的 bit0~bit31 控制中断 32~63 的使能;

③ ISER2 控制中断 64~81 的使能(注意,这里的 0~81 是表 7-2 中的位置排序,这个序号可以认为是中断类型号)。

要使能某个中断必须设置相应的 ISER 位为 1。注意,这里仅仅是在 NVIC 中使能中断,对于某一个片内外设,要使能它的中断,还要配合该外设的相关中断寄存器来设置。

例 1:以外部中断 0(EXTI0,可屏蔽中断中位置序号为 6,其中断使能控制位位于 ISER[0]中)为例,要在 NVIC 中使能它的中断,可采用如下方式使能:

```
ISER[0] |= 1 << 6;
```

例 2:要使能 TIM5 的全局中断,可以采用如下方法实现:先查表得知 TIM5 的中断号为 50,其使能控制位为 ISER[1]中的 bit18,则使能 TIM5 中断的语句为:

```
ISER[1] |= 1 << 18;
```

如果对每一个中断都要查询它的中断使能控制位于哪一个 ISER 中,无疑是非常麻烦的。在实际应用中,对于某一个可屏蔽中断,只要知道它的中断类型号 num,就可以使用如下语句来使能它的中断:

```
NVIC->ISER[num/32] |= 1 << (num%32);    //使能中断位
```

大家可以用例 1 和例 2 的两个中断来验证一下。

如果要在 NVIC 中关闭(失能)某一个中断,在哪里关闭呢? 在中断除能寄存器 ICER 组中关闭! ICER 也有 8 个寄存器,但 STM32 中只用了 ICER0~ICER2。它的作用刚好与 ISER 相反,专门用来清除某个中断的使能,即失能对应的中断。

注意,要想失能某个中断,应该向 ICER 的对应的位写入 1 而不是写入 0,原因在于 NVIC

的这些寄存器都是写 1 有效的,写 0 无效。

7.3.3 STM32 的中断优先级设置

STM32 的每一个可屏蔽中断的优先级都有两种:一种是抢占式优先级,另一种是响应优先级(响应优先级又称子优先级或次优先级)。

关于这两个优先级,它们之间具备如下关系:

① 高抢占优先级的中断可以打断低抢占优先级的中断服务,构成中断嵌套。

② 当 2(n)个相同抢占优先级的中断出现时,它们之间不能构成中断嵌套,但 STM32 首先响应子优先级高的中断。

③ 当 2(n)个相同抢占优先级和相同子优先级的中断出现时,STM32 首先响应中断通道所对应的中断向量地址低的那个中断,也就是中断类型号小的中断。

Cortex - M4 的每一个可屏蔽中断的优先级在中断优先级寄存器(IPR)中设置,每个可屏蔽中断的优先级设置占 8 位。由于 Cortex - M4 的可屏蔽中断有 240 个,因此一共需要 240×8 bit/32 bit=60 个 IPR 寄存器,分别是 IPR0~IPR59。为了方便处理,编程时一般将这 60 个字的 IPR 寄存器改成拥有 240 个元素的字节数组 IP,这样 IP 的每一个元素恰好用于配置每一个可屏蔽中断的优先级。不过,由于 STM32 只用到了 Cortex - M4 的 82 个可屏蔽中断,故数组 IP 也只用了其中的元素 IP[0]~IP[81]。

另外,STM32 也并没有用到 IP 数组元素中的全部 8 位来配置中断优先级,而是只使用了其中的高 4 位。在这高 4 位中,抢占优先级位和响应优先级位分配由 STM32 的优先级组别决定,具体如表 7 - 3 所列。

表 7 - 3 IP[n]中高 4 位优先级的位配置

STM32 优先级组别	高 4 位分配	bit7	bit6	bit5	bit4
0	0:4	响应	响应	响应	响应
1	1:3	抢占	响应	响应	响应
2	2:2	抢占	抢占	响应	响应
3	3:1	抢占	抢占	抢占	响应
4	4:0	抢占	抢占	抢占	抢占

由表 7 - 3 可知,STM32 将中断优先级分为 5 组,即组 0~4。STM32 的组别实际上就是抢占式优先级占的位数。

比如,组别为 0 时,IP[n]的高 4 位中抢占式优先级占 0 位,响应优先级占 4 位,即没有抢占式优先级,此时响应优先级有 $2^4 = 16$ 级,值越小,优先级越高。

再如,当 STM32 的优先级组别为 1 时,IP[n]的高 4 位中的最高 1 位代表抢占式优先级,余 3 位代表子优先级,此时抢占式优先级有 2 级,子优先级有 8 级。

其余组别情况类似,不再赘述。在实际使用中,一般都是设置抢占式优先级占 4 位(此时的优先级有 0~15,一共 16 个级别,满足绝大部分的应用),响应优先级占 0 位,故只需设置抢占式优先级即可。设置时数值越小,优先级越高。

上文提到,STM32 的 IP[n]中的高 4 位中用来分配抢占式优先级和响应优先级的位数,而具体的分配由 STM32 的组别决定,那 STM32 的组别在哪里设置呢? 可以在 AIRCR 寄存器中设置。AIRCR 全称为 Application Interrupt and Reset Control Register,即应用程序中断及复位控制寄存器,参考《ARM Cortex - M3 与 Cortex - M4 权威指南》中附录 Appendix F 中的介绍。

下面对这个寄存器与优先级设置有关的部分做一个简单介绍。

AIRCR 寄存器中使用 bit8~bit10 位来设置 IP 中优先级的分配情况。AIRCR 中 bit8~bit10 的值与 STM32 的优先级组别的关系为:

AIRCR 的 bit8~10 的值=7-STM32 的优先级组别

所以,若要设置 STM32 的优先级组别为 4(IP 的高 4 位都用来设置抢占式优先级),则 AIRCR 的 bit8~bit10 的值应为 3。

另外,在配置 AIRCR 的值时要注意,要先写入密钥,才能设置 AIRCR 的值。它的密钥是 0x05fa。若向 AIRCR 中写入数值,则先向它的高 16 位写入这个密钥,才能"打开"AIRCR,并向其中写入数值。通常,都是先将关于 AIRCR 的值的设置写成一个函数,然后通过这个函数来设置它的值。这个函数的参考函数为:

```
void MY_NVIC_PriorityGroupConfig(uint8_t stm32group)
{
    uint32_t temp;
    temp = SCB->AIRCR;   //读取先前的设置
    temp& = 0X0000F8FF;  //清空先前分组
    temp| = (0X05FA << 16)|((7 - stm32group) << 8);  //写入密钥和优先级分组
    SCB->AIRCR = temp;   //设置分组
}
```

7.3.4　STM32 的中断函数

在响应一个特定中断时,处理器会执行一个函数,该函数一般称为中断处理函数或者中断服务函数。STM32 不像 C51 单片机可以通过 interrupt 关键字修饰函数来说明该函数为中断服务函数。STM32 的中断函数没有关键字,它的中断函数的入口地址都位于启动文件.s 中。

STM32 把它的中断函数的入口地址集中起来存放到存储器的某一区域,这个区域叫中断向量表。STM32 的中断函数的入口地址如图 7 - 11 所示。这些入口地址用汇编语言中的伪操作 DCD 来分配存储单元。由于函数名字代表的是函数的入口地址,因此中断向量表中的 Reset_Handler、EXTI0_IRQHandler 等即为各中断函数的名字,如 EXTI0_IRQHandler 为外部中断 0 的中断函数的名字,TIM2_IRQHandler 为 TIM2 的全局中断函数的名字。

STM32 的启动文件给出了 STM32 的中断函数名,但没有给出函数的具体实现,函数的实现由程序员来完成。

STM32CubeMX 输出的工程中,中断函数的实现在 stm32f1xx_it.c 中,关于这点后面会介绍。

7.3.5　中断函数的响应过程

在各种单片机(包括 STM32)中,中断函数的响应过程如图 7 - 12 所示。

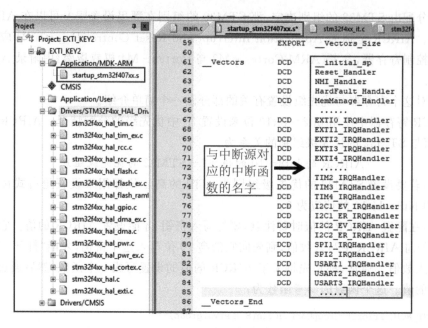

图 7 - 11　STM32 的中断函数名

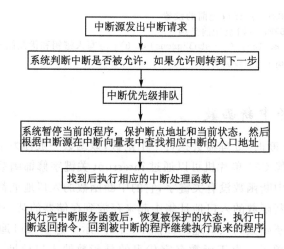

图 7 - 12　中断函数的响应过程

项目 7.4　STM32 的外部中断管理

7.4.1　外部中断的中断源

STM32F407 支持的外部中断一共有 23 个,如图 7 - 13 所示。可见,STM32 的外部中断可以分为两类:一类为 GPIO 引脚信号触发,一类为 RTC、以太网唤醒事件等触发。对于 GPIO 引脚信号触发的外部中断,中断源多达 112 个,但中断通道只有 16 个,这就需要多个中断源共享一个中断通道。在 STM32 中,位序相同的引脚共享一个中断线,如 PA0～PG0 共享中断线 EXTI0(外部中断 0),PA1~PG1 共享中断线 EXTI1(外部中断 1),其余类推。需要注意的是只有当对应的 GPIO 引脚与外部中断线连接后,GPIO 引脚才具备外部中断的功能。

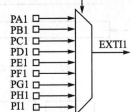

SYSCFG_EXTICR1 寄存器中的EXTI1[3:0]位

另外7根EXTI线连接方式如下:
● EXTI线16连接到PVD输出
● EXTI线17连接到RTC闹钟事件
● EXTI线18连接到USB OTG FS唤醒事件
● EXTI线19连接到以太网唤醒事件
● EXTI线20连接到USB OTG HS(在FS中配置)唤醒事件
● EXTI线21连接到RTC入侵和时间戳事件
● EXTI线22连接到RTC唤醒事件

图 7 - 13　STM32F407 的外部中断

7.4.2　外部中断模块中外部中断的设置

图 7 - 14 为外部中断控制器框图,下面围绕该图来详细介绍 STM32 的外部中断请求流程。该图中,由于中断信号从右边的输入线进入,从左边输出到 NVIC 控制器模块,因此我们从右向左开始介绍。

1. 输入线

这里是外部中断请求信号的输入端,GPIO 引脚只有跟这里相连才能成为中断信号输入引脚。此时首先要做的是将 GPIO 引脚配置为输入,然后设置外部中断配置寄存器 SYSCFG →EXTICR 组,以确定哪根输入线与哪个 I/O 引脚相连。该寄存器组有 4 个寄存器,以外部中断配置寄存器 0(SYSCFG →EXTICR0)为例,该寄存器中各位的位定义如图 7 - 15 所示。

由图 7 - 15 可知,SYSCFG →EXTICR0 只有低 16 位有效,而且低 16 位的每 4 个位配置一个 I/O 引脚,所以一个 EXTICR 寄存器只能配置 4 根输入线,故要配置全部 16 根 EXTI 需要 4 个 EXTICR 寄存器。在图 7 - 15 中,SYSCFG_EXTICR0 的每 4 个配置位配置的 I/O 引脚与外部中断输入线的关系为:

$EXTIx[3:0] = 0b0000$,选择 PA[x]引脚为 EXTIx 外部中断的源输入;

$EXTIx[3:0] = 0b0001$,选择 PB[x]引脚为 EXTIx 外部中断的源输入;

⋮

$EXTIx[3:0] = 0b1000$,选择 PI[x]引脚为 EXTIx 外部中断的源输入;

比如,要设置 PB3 为外部中断源输入引脚,其设置步骤为:

① 由引脚序号 x=3 确定要连接的中断输入线为 EXTI3,需要配置的位为 bit(3×4+3):(3×4);

② 由 PB 确定需要配置的位的结果为 0001，即最后需要设置 SYSCFG ->EXTICR[0] 的第 15～12 位为 0001。

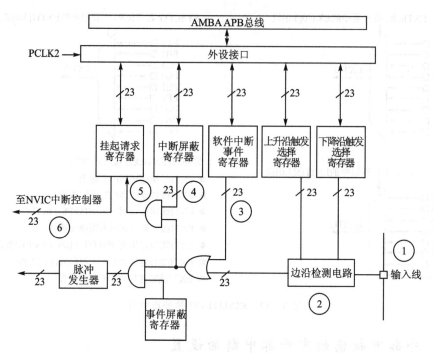

图 7-14　外部中断控制器框图

31	30	29	28	27	26	25	24	23	22	21	20	19	18	17	16
Reserved															
15	14	13	12	11	10	9	8	7	6	5	4	3	2	1	0
EXTI3[3:0]				EXTI2[3:0]				EXTI1[3:0]				EXTI0[3:0]			
rw	rw	rw	rw	rw	rw	rw	rw	rw	rw	rw	rw	rw	rw	rw	rw

图 7-15　外部中断配置寄存器 0(SYSCFG ->EXTICR0) 的位定义

2. 边沿检测电路

边沿检测电路用于设置外部中断触发方式。外部中断的触发方式有上升沿触发和下降沿触发，其控制方式分别由上升沿触发选择寄存器(EXTI ->RTSR＝rising trigger selection register)和下降沿触发选择寄存器(EXTI ->FTSR＝falling trigger selection register)控制，图 7-16 给出了上升沿触发选择寄存器的位定义。

31	30	29	28	27	26	25	24	23	22	21	20	19	18	17	16
Reserved									TR22	TR21	TR20	TR19	TR18	TR17	TR16
									rw	rw	rw	rw	rw	rw	rw
15	14	13	12	11	10	9	8	7	6	5	4	3	2	1	0
TR15	TR14	TR13	TR12	TR11	TR10	TR9	TR8	TR7	TR6	TR5	TR4	TR3	TR2	TR1	TR0
rw	rw	rw	rw	rw	rw	rw	rw	rw	rw	rw	rw	rw	rw	rw	rw

图 7-16　上升沿触发选择寄存器

由图 7-16 可知，上升沿触发选择寄存器一共使用 23 位，每一位控制一种外部中断的触发方式。某位置 0 则禁止对应输入线上升沿触发,置 1 则允许输入线上升沿触发。下降沿触发选择寄存器与此类似,不再介绍。

3. 软件中断事件寄存器

软件中断事件寄存器提供软件中断配置功能,用于仿真外部中断,这里不做介绍。

4. 外部中断屏蔽设置

外部中断的屏蔽通过中断屏蔽寄存器(EXTI→IMR = interrupt mask register)来设置,该屏蔽寄存器的位定义和上升沿触发寄存器类似,也只使用低 23 位,也是一位控制一个外部中断的屏蔽。EXTI→IMR 的某位置 0 则屏蔽寄存器输出端的与门被封锁,对应的外部中断被屏蔽,置 1 则与门开放,中断信号可进入到挂起中断寄存器中。

需要注意的是,外部中断的中断屏蔽寄存器与 NVIC 中的中断使能寄存器作用类似,在使能外部中断时两个都要打开。

5. 外部中断挂起寄存器(EXTI→PR)

与前述的触发寄存器和屏蔽寄存器类似,PR 寄存器只使用了低 23 位,这些位的每一位用于标识对应中断的发生。该寄存器中某位置"1",说明对应的外部中断有中断请求。要清除挂起中断寄存器的对应位,可以向此位中写入"1"清除它,也可以通过改变边沿检测的极性清除。

在 HAL 库中,外部中断挂起寄存器由函数__HAL_GPIO_EXTI_CLEAR_IT()来设置清除。

6. 进入 NVIC 的中断通道

中断请求信号经外部中断挂起寄存器后被送到由 NVIC 所分配的中断通道,最后由 NVIC 进行处理。

【任务 7-2】 使用寄存器方式实现以下功能:每按下一次 KEY2,LED0 的状态反转一次,要求使用中断方式实现。

下面给出部分关键源程序,其余部分可参考本书配套资料中的例程 7-2。

主函数 mian.c:

```
# include "sys.h"
# include "led.h"
# include "exti.h"
int main(void)
{
    Stm32_Clock_Init(336,8,2,7);      //系统时钟初始化
    LED_Init();                        //LED 灯初始化
    EXTIx_Init();                      //中断初始化
    while(1);
}
```

LED 模块包括 led.c 和 led.h。

led.c:

```
# include "stm32f407.h"
# include "led.h"
# include "sys.h"
void LED_Init(void)
{
```

```
    RCC ->AHB1ENR | = 1 << 5;          //使能 GPIOF 的时钟
    GPIO_Set(GPIOF,(1 << 9)|(1 << 10),1,0,1,1);
    LED0 = 1;
    LED1 = 1;
}
```

led. h：

```
# ifndef _LED_H_
# define _LED_H_
    # include "stm32f407. h"
    #define LED0PFout(9)
    #define LED1PFout(10)
    void LED_Init(void);
# endif
```

中断的设置包括 exti. c、STM32 的优先级设置、外部中断的设置、中断的优先级与 NVIC 的中断使能设置。

exti. c：

```
# include "delay. h"
# include "sys. h"
# include "led. h"
# include "key. h"
voidEXTIx_Init(void)    //外部中断初始化函数
{
    KEY_Init();
    EXTI_Config('E',2,1);
    //参数 1 只能是"A～I",必须大写,参数 2 为外部中断下标,参数 3(0 = 上升沿触发,1 = 下降沿触发)
    MY_NVIC_Init(2,2,8,2);//抢占 2,子优先级 2,8 为 EXTI2 的中断号,组 2
}
/ * 外部中断 2 服务程序 *
void EXTI2_IRQHandler(void)
{
    Delay_ms(10);                     //消抖
    if(KEY2 == 0)
    {
        EXTI ->PR = 1 << 2;          //清除 LINE2 上的中断标志位
        LED0 = ~LED0;
    }

}
```

STM32 的优先级设置：

```
/ * 将 STM32 的优先级组别转换为内核的优先级组别 * /
void MY_NVIC_PriorityGroupConfig(uint8_t stm32group)
{
uint32_t temp;
temp = SCB ->AIRCR;                           //读取之前的设置
temp& = 0X0000F8FF;                           //清空之前的分组
temp| = (0X05FA << 16)|((7 - stm32group) << 8);  //写入密钥和优先级分组
SCB ->AIRCR = temp;                           //设置分组
}
```

外部中断的设置：

```
/*设置外部中断 EXTIx 的中断输入线、中断是采用上升沿触发还是下降沿触发(0=上,1=下)、中断允许*/
void EXTI_Config(uint8_t GPIO_ch,uint8_t extix,uint8_t trigger)
{
    uint8_t EXTOFFSET = (extix%4)*4;
    RCC->APB2ENR| = 1 << 14;                                    //使能 SYSCFG 时钟
    SYSCFG->EXTICR[extix/4]&= ~(0x000F << EXTOFFSET);           //清除原来的设置
    SYSCFG->EXTICR[extix/4]| = (GPIO_ch-'A') << EXTOFFSET;      //EXTI.BITx 映射到 GPIOx.BITx

    EXTI->IMR| = 1 << extix;                //开启 line BITx 上的中断(如果要禁止中断,则反操作即可)
    if(trigger == 0) EXTI->RTSR| = 1 << extix;                  //line BITx 上事件上升沿触发
    else EXTI->FTSR| = 1 << extix;                              //line BITx 上事件下降沿触发
}
```

中断的优先级、NVIC 的中断使能设置：

```
/*中断的初始化,设置中断的抢占式优先级、子优先级,使能中断*/
void MY_NVIC_Init(uint8_t PreemptionPriority,uint8_t SubPriority,uint8_t Channel,uint8_t Group)
{
    uint32_t temp;
    MY_NVIC_PriorityGroupConfig(Group);                        //设置分组
    temp = PreemptionPriority << (4-Group);
    temp| = SubPriority&(0x0f >> Group);
    temp&= 0xf;                                                 //取低 4 位
    NVIC->ISER[Channel/32]| = 1 << (Channel%32);               //使能中断位
    NVIC->IP[Channel]| = temp << 4;                            //设置响应优先级和抢断优先级
}
```

【任务结果】 将上述程序编译下载到开发板,按下按键 KEY2,可以看到 LED0 的状态出现反转,任务目标实现。

思考与练习

1. 填空题

(1) STM32F407 支持 92 个中断,包括 10 个_____和 82 个_____中断。

(2) TIM2 的全局中断的中断号为_____,UART5 的全局中断的中断号为_____。

(3) 要使能 TIM5 的溢出中断,可使用语句_____实现。

(4) HAL 库统一规定处理各个外设的中断服务函数名为_____。

(5) HAL 中需要执行的中断操作以_____的形式提供给用户。

2. 编程题

(1) 试写出 STM32 外部中断的初始化流程。

(2) 使用外部中断实现任务 5-1。

模块 8

STM32 串口及其应用

教学目标

◆ 能力目标

1. 能应用 STM32CubeMX 对 STM32 串口进行正确配置。
2. 能应用 HAL 库的函数实现 STM32 串口的应用开发。

◆ 知识目标

1. 了解串口通信基础知识。
2. 掌握 STM32 的串口外设工作原理。
3. 掌握 HAL 库的串口外设模块的设计方法。

◆ 项目任务

1. 使用 STM32CubeMX 软件配置串口并添加相应代码实现从 PC 端通过串口发送字符到开发板,开发板收到字符后将字符原样发回到 PC 端(使用查询方式)。
2. 使用 USART1 接收从串口助手发出的字符串,若字符串长度小于 25,则原样将字符串发回到串口助手;若字符串长度超过 25,则将数据溢出字符串"Data Overflow"发回到串口助手,要求接收采用中断方式实现。
3. 自定义数据帧,用于控制 LED0 和 LED1 的亮灭。

项目 8.1 双机通信的实现过程

【任务 8-1】 使用 CubeMX 软件配置串口并添加相应代码实现从计算机端通过串口发送字符到开发板,开发板收到字符后将字符原样发回到 PC 端(使用查询方式)。

【具体配置】 串口通信使用 STM32 的串口 1-USART1。USART1 的工作参数设置为:工作于异步方式;串口通信波特率为 115 200 bps;字长为 8 位;不使能校验;停止位为 1位;既可发送也可接收;过采样率为 16。

【实现过程】

首先,在 STM32CubeMX 中选择目标芯片。

其次,在 STM32CubeMX 中设置外设,具体有:

(1) 设置时钟系统包含两个步骤:一是使能外部晶体振荡器作为 HSE 的输入信号源;二是配置系统主频为 168 MHz。

(2) 设置串口模块。串口模块的设置包括:

① 在 STM32CubeMX 的类别中选择通信类,在通信类中选择所使用的目标模块 USART1(串口 1)。

② 设置 USART1 工作于异步方式。

③ 设置串口 1 的相关参数和它的功能,主要有:

➢ 波特率。波特率指的是通信时 1 秒钟发送或接收的比特位的个数,单位为 bps。比如,发送端的波特率为 9 600 bps,意思是指发送端每秒钟发送 9 600 比特的数据。波特率用于同步通信双方的动作,如果通信双方的波特率不一致,比如发送端 1 秒发送 10 000 位的数据,但接收端 1 秒只设置为接收 1 000 位的数据,则这时每秒钟会出现 9 000 位数据的丢失,此时接收到的数据将会是极度不完整的数据。本任务中,设置通信双方的波特率都为 115 200 bps。

➢ 数据的长度。数据的长度指收发的每一个数据的长度,有 8 位和 9 位两种选择。由于本任务中发送的是字符,字符的长度为 8 位,因此这里选择字符长度为 8 位(实际上,STM32CubeMX 中默认的数据长度也是 8 位,这里采用默认设置即可)。

➢ 奇偶校验位。奇偶校验位用于对接收到的数据进行校验,以判断接收到的数据是否出错。本任务中不对接收到的数据进行校验,所以这里采用默认设置不校验。

➢ 停止位。停止位用于通知发送端一个数据发送完毕。本任务中采用默认设置。

➢ 串口的功能。由于本任务要求 STM32 的串口接收到从计算机端发送过来的数据后再转发回去,因此本任务的串口 1(USART1)的功能要配置为既可发送也可接收。

➢ 过采样率。采用默认设置。

USART1 的整个设置过程和结果如图 8-1 所示。

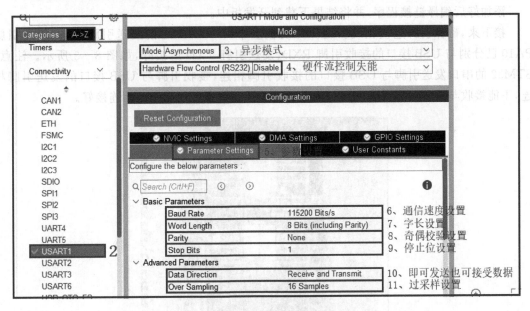

图 8-1　STM32CubeMX 软件的串口设置

然后在 STM32CubeMX 中配置工程,工程管理中将工程名配置为 USART1_TxandRx。

配置好后首先生成代码并打开 MDK 工程,然后在生成工程应用程序中的主函数中添加缓冲区的定义,并在 while 循环中添加以下语句:

```
if(HAL_UART_Receive(&huart1, RxBuffer, 5, 100) == HAL_OK )       //如果接收到数据
{
```

```
HAL_UART_Transmit(&huart1, RxBuffer, 5, 100);              //将数据发送出去
HAL_UART_Transmit(&huart1, (uint8_t *)"\r\n", 2, 100);      //换行
}
```

以上语句的意思是如果开发板的串口接收到从 PC 端发来的 5 个字符,则原样发回到 PC 端中并换行。添加后的结果如图 8-2 所示。

```
int main(void)
{
    uint8_t RxBuffer[10];    //定义接收缓冲区
    HAL_Init();
    SystemClock_Config();
    MX_GPIO_Init();
    MX_USART1_UART_Init();

    while (1)
    {
        if( HAL_UART_Receive(&huart1, RxBuffer, 5, 100) == HAL_OK )
        {
            HAL_UART_Transmit(&huart1, RxBuffer, 5, 100);
            HAL_UART_Transmit(&huart1, (uint8_t *)"\r\n", 2, 100);
        }
    }
}
```

图 8-2　主函数代码示意图

添加好后编译链接程序,并将结果下载到开发板中。

接下来,确保引脚连接正确。确保开发板上串口 USART1 的发送引脚 PA9、接收引脚 PA10 已分别与 USB 接口的接收引脚 RXD、发送引脚 TXD 连接好,如图 8-3 所示。注意, STM32 的串口发送引脚与 USB 接口的接收引脚相连,接收引脚与 USB 接口的发送引脚相连,不能接收与接收引脚或者发送与发送引脚相连。图中已经用短路帽连接好。

图 8-3　串口 USART1 的收发引脚连接图

最后,在计算机端打开串口助手进行测试。

测试具体又分为两步:

① 设置串口助手,注意串口助手参数的设置与图 8-1 相同,尤其是波特率的设置一定要一样,否则会出现乱码。设置过程和结果如图 8-4 所示。

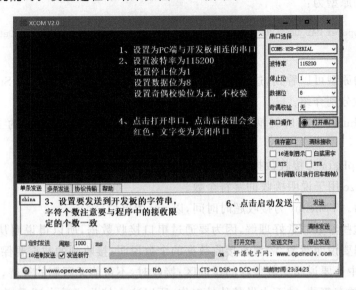

图 8-4 串口助手设置

② 测试。在串口助手的发送端口输入字符串"china",然后单击串口助手的"发送"按钮,可以看到"china"被发送到开发板后又被 STM32 发送回来,如图 8-5 所示。

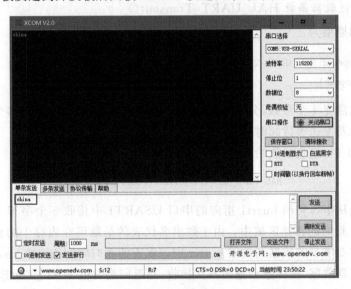

图 8-5 测试结果

8.1.1 轮询方式数据发送和接收函数

在任务 8-1 中,串口数据的接收通过接收函数 HAL_UART_Receive 来实现,数据的发送通过函数 HAL_UART_Transmit 来实现。下面我们来对这两个函数进行介绍。

（1）串口接收数据函数 HAL_UART_Receive()

这个函数的原型为：

```
HAL_StatusTypeDef HAL_UART_Receive(UART_HandleTypeDef * huart, uint8_t * pData, uint16_t Size,
uint32_t Timeout)
```

由该函数的原型可以看到，这个函数有 4 个参数，分别为 huart、pData、Size、Timeout。下面对这 4 个参数分别介绍：

① huart。huart 为串口句柄，用于说明数据从哪个串口进来、串口的工作参数设置等信息。

② pData。pData 为接收数据缓冲区的首地址。

③ Size。Size 用于说明接收的字符个数。

④ Timeout。Timeout 为接收超时时间，以 ms 为单位。

该函数的这些参数非常好理解，因为要通过串口接收数据，所以得说明从哪个串口接收；接收多少个数据要说明清楚，需要有接收数据的个数说明；接收到的数据要保存到哪里要说明清楚，所以参数中还要说明参数保存的缓冲区；接收时，不可能无限制的等待，如果一段时间接收不到数据，则放弃等待，转而去做其他的工作，所以这个接收函数中还需要一个接收等待时间限制参数。

函数 HAL_UART_Receive() 的返回值为接收状态，如果接收成功，返回值为 HAL_OK。

（2）串口发送数据函数 HAL_UART_Transmit()

这个函数的原型为：

```
HAL_StatusTypeDef HAL_UART_Transmit(UART_HandleTypeDef * huart, uint8_t * pData, uint16_t
Size, uint32_t Timeout)
```

发送函数也需要 4 个参数，分别用于说明从哪个串口发送数据、发送多少个数据、这些数据来源于哪里以及发送等待超时时间。

在任务 8-1 中，接收函数的使用方式为：

```
HAL_UART_Receive(&huart1,buffer,5,100);
```

它的作用是从串口句柄 huart1 指向的串口 USART1 中接收 5 个字符，接收到的字符保存到地址 buffer 指向的存储区域中。由于数组名代表的是数组在内存中的首地址，因此这里的作用就是接收 5 字节的数据到数组 buffer 中。设置的超时时间为 100 ms，若在设置的超时时间内没有接收到数据，则函数会退出本次接收，并返回超时值 HAL_TIMEOUT。

在任务 8-1 中，发送函数的使用方式为：

```
HAL_UART_Transmit(&huart1,buffer,5,100);
```

它的作用是从串口句柄 huart1 指向的串口 USART1 中将 5 个字符发送出去，这 5 个字符位于首地址为 buffer 的 5 个连续的存储单元中，超时时间为 100 ms。

因为函数 HAL_UART_Receive() 和 HAL_UART_Transmit() 一般用于轮询方式收发场合，所以这两个函数称为轮询方式收发函数。

8.1.2 串口句柄

在任务 8-1 中，串口的收发函数中通过一个标识符 huart1 来指明使用的串口是哪个。这个标识符是配置完 STM32CubeMX 后由其生成程序代码时自动生成。若配置时使用的串口是 USART1，则生成代码时这个标识符是 huart1；若配置时使用的串口是 USART2，则生成代码时这个标识符是 huart2，其余情况类推。

huart1 中的 h 是"handle"的简写，这个英文单词的意思是"把手、手柄"。在 HAL 库的串口操作中，在 uart1 的前面加 h，意思是可以通过 huart1 来操作 USART1，有点类似于在玩游戏时拿着手柄就可以对游戏人物进行各种控制的意思。

打开任务 8-1 输出的工程可以看到输出代码中 huart1 的定义为：

```
UART_HandleTypeDef huart1;
```

这个定义中隐含着 HAL 库对外设模块的设计方法。

HAL 库对外设模块的设计方法有两种：一种是共享型外设，如通用 I/O 口 GPIO、时钟系统 RCC 等，这类外设使用形如 PPP_InitTyepDef 的数据类型来描述其属性（注：PPP 为外设名称，如 GPIO），比如使用 GPIO_InitTypeDef 来描述 GPIO 引脚的属性，这些属性有引脚编号、工作模式、内部电路驱动类型等。另一种是特定外设，如定时器 TIM、串口 USART 等，这类外设功能较多，以 USART 为例，它具有同步、异步、多处理器通信等功能，每一类功能都需要单独初始化数据类型。为了统一这些同一外设的不同功能的初始化数据类型，HAL 库在结构上将每个此类外设抽象成一个名为 PPP_HandleTypeDef 的句柄类型结构体。在操作某个 PPP 外设时，使用该结构体去定义某一个变量，然后通过操作该变量来完成对该外设的操作。由于这个变量可以对相应的外设进行各种操作，好比拿住扫把把手可以对扫把进行任意操作一般，所以将这种结构体称为句柄类型，用它定义的变量称为句柄。

对于串口，这个句柄类型为 UART_HandleTypeDef，用它定义的变量 huart1 称为串口句柄变量。打开这个串口句柄类型，可以看到它的定义如下：

```
typedef struct __UART_HandleTypeDef
{
(1)    USART_TypeDef        * Instance;              //串口寄存器的基地址定义,4 个 USART + 2 个 UART
(2)    UART_InitTypeDef  Init;                       //串口初始化数据类型
(3)    uint8_t             * pTxBuffPtr;             //发送缓冲区指针
(4)    uint16_t            TxXferSize;               //串口待发送数据个数
(5)    __IO uint16_t       TxXferCount;              //发送数据计数器
(6)    uint8_t             * pRxBuffPtr;             //接收缓冲区指针
(7)    uint16_t            RxXferSize;               //串口待接收数据个数
(8)    __IO uint16_t       RxXferCount;              //接收数据计数器
(9)    DMA_HandleTypeDef   * hdmatx;                 //发送的 DMA 通道的句柄定义
(10)   DMA_HandleTypeDef   * hdmarx;                 //接收的 DMA 通道的句柄定义
(11)   HAL_LockTypeDef  Lock;                        //保护锁类型定义
(12)   __IO HAL_UART_StateTypeDef    gState;         //串口的全局状态信息和发送状态信息
(13)   __IO HAL_UART_StateTypeDef    RxState;        //接收状态信息
(14)   __IO uint32_t       ErrorCode;                //串口错误代码
```

```
}UART_HandleTypeDef;
```

其中,第(1)行用于定义串口对象,因为 STM32F4 的串口有 6 个,分别是 USART1～US-ART3、UART4 ～ UART5 和 USART6,所以该参数的值只能是 USART1 ～ USART3、UART4～UART5 和 USART6。

比如,如果操作的是串口 1,则 Instance 的赋值方式为:

```
huart1.Instance = USART1;
```

第(2)行用于初始化串口参数,比如波特率、字符格式等。其中初始化类型结构体 UART_InitTypeDef 的定义如下:

```
typedef struct
{
    uint32_t BaudRate;          //设置串口通信的波特率
    uint32_t WordLength;        //设置一帧数据中数据位的位数,有 8 位和 9 位可选择
    uint32_t StopBits;          //设置停止位的位数,有 2 种可能
    uint32_t Parity;            //设置奇偶校验的方式,有偶校验、奇校验和不用校验 3 种选择
    uint32_t Mode;              //设置发送或者接收的使能,有只发、只收、可发可收 3 种可能
    uint32_t HwFlowCtl;         //设置硬件流控制的使能,有 4 种可能
    uint32_t OverSampling;      //设置采样频率和信号传输频率的比例,有 8 和 16 两种选择
} UART_InitTypeDef;
```

图 8-1 即用于配置这些初始化成员的值。

第(3)～(8)行用于设置串口传输时的 I/O 缓冲区定义。

第(9)、(10)行用于定义串口发送和接收的 DMA 通道句柄。

第(11)～(14)行用于描述串口的工作状态。

8.1.3 轮询收发函数中超时时间的设置

在轮询方式收发函数的入口参数中都有一个超时时间。这个超时时间不能随便设置,否则如果发送的数据比较多,而超时时间又比较短,会导致数据还没有发送完成就超时退出了。那这个超时时间应该如何计算呢?以通信使用的波特率为 115 200 bps 为例来说明。

波特率为 115 200 bps 时,每发送 1 位,所用的时间是 8.68 μs。若要发送一个长度为 10 的字符串,则需要使用时间至少为 $10 \times 8 \times 8.68 \ \mu s$ 约等于 694 μs,由于还要加上各种处理的时间,因此实际时间会比这个时间大,但不会超过 2 倍,所以设置超时时间为 2 ms 即可,当然,设置大一点(比如 10 ms)也是可以的。

8.1.4 串口的初始化

在任务 8-1 输出的 MDK 工程的主函数中,我们可以看到在 I/O 口初始化之后是一条串口初始化语句,如图 8-6 所示。

在工程窗口的 USER 组中打开 usart 文件,可以看到 usart 的初始化函数 MX_USART1_UART_Init() 的定义,如图 8-7 所示。在该函数中,主要做3方面

```
66    int main(void)
67  □ {
68        uint8_t buffer[10] = {0};
69        HAL_Init();
70        SystemClock_Config();
71
72        MX_GPIO_Init();
73        MX_USART1_UART_Init();
74
75        while (1)
76  □     {
77            /* USER CODE END WHILE */
```

图 8-6 串口初始化语句位置示意图

工作：

① 使用 USART1 来初始化串口句柄的对象 Instance。

② 使用在 STM32CubeMX 中设置的波特率、字长、停止位、串口工作模式等来初始化串口句柄的参数 init。

③ 调用 HAL 库中函数 HAL_UART_Init()来对句柄对象 USART1 的寄存器、引脚复用、时钟使能等信息进行配置并使能串口。

```
void MX_USART1_UART_Init(void)
{

  huart1.Instance = USART1;
  huart1.Init.BaudRate = 115200;
  huart1.Init.WordLength = UART_WORDLENGTH_8B;
  huart1.Init.StopBits = UART_STOPBITS_1;
  huart1.Init.Parity = UART_PARITY_NONE;
  huart1.Init.Mode = UART_MODE_TX_RX;
  huart1.Init.HwFlowCtl = UART_HWCONTROL_NONE;
  huart1.Init.OverSampling = UART_OVERSAMPLING_16;
  if (HAL_UART_Init(&huart1) != HAL_OK)
  {
    Error_Handler();
  }

}
```

图 8－7　MX_USART1_UART_Init()函数内容示意图

打开函数 HAL_UART_Init()，结果如图 8－8 所示。

```
HAL_StatusTypeDef HAL_UART_Init(UART_HandleTypeDef *huart)
{
  if (huart == NULL)
  {
    return HAL_ERROR;
  }

  if (huart->gState == HAL_UART_STATE_RESET)
  {
    huart->Lock = HAL_UNLOCKED;

    HAL_UART_MspInit(huart);
  }

  huart->gState = HAL_UART_STATE_BUSY;

  __HAL_UART_DISABLE(huart);

  UART_SetConfig(huart);

  CLEAR_BIT(huart->Instance->CR2, (USART_CR2_LINEN | USART_CR2_CLKEN));
  CLEAR_BIT(huart->Instance->CR3, (USART_CR3_SCEN | USART_CR3_HDSEL | USART_CR3_IREN));

  /* Enable the peripheral */
  __HAL_UART_ENABLE(huart);

  /* Initialize the UART state */
  huart->ErrorCode = HAL_UART_ERROR_NONE;
  huart->gState = HAL_UART_STATE_READY;
  huart->RxState = HAL_UART_STATE_READY;

  return HAL_OK;
}
```

1. 入口参数：串口句柄

2. 使能串口时钟，使能串口用到的I/O引脚所在端口的时钟，复用对应的I/O引脚为串口收发数据引脚

3. 失能串口，然后配置串口的寄存器

4. 配置完串口的寄存器后使能串口

图 8－8　函数 HAL_UART_Init()内容示意图

对于 STM32 串口的使用需要注意两点：

① 串口数据接收和发送需要通过 I/O 引脚来收发。在默认情况下，处理器的 I/O 引脚只作为单纯的数据输入/输出引脚，如果要作为串口（或其他片内外设）的发送和接收引脚，则要

将对应的 I/O 引脚连接到串口外设的发送和接收端,这时 I/O 引脚才能成为串口的数据收发引脚。而要将 I/O 引脚连接到串口的收发端,这时就需要设置 I/O 引脚的模式为"复用",且复用到的功能为串口功能。使用 STM32CubeMX 进行工程配置时,USART1 的收发端默认为 PA9 和 PA10,所以要将 PA9 和 PA10 复用为串口功能。

② 串口的相关寄存器的设置。对于 STM32 的所有片内外设的使用本质上都是通过配置其底层的寄存器来实现,所以所有的关于串口的设置最终都要转变为对串口寄存器的设置。

那这些 I/O 引脚和串口的设置(包括这两个模块的功能)是在哪里呢? 在函数 HAL_UART_Init 中设置。其中:

① 函数 HAL_UART_MspInit()用于使能 USART1 的时钟和 PA 端口的时钟,配置 PA 端口中的 PA9、PA10 作为串口收发引脚,如图 8 - 9 所示(注意,对于 USART1,STM32CubeMX 默认的输入/输出引脚是 PA9 和 PA10)。

② 函数 UART_SetConfig()用于配置 USART1 的寄存器。需要注意的是,配置时,要先失能串口,再调用函数 UART_SetConfig 对 USART1 的寄存器配置,配置完成后再使能串口。

```
49    void HAL_UART_MspInit(UART_HandleTypeDef* uartHandle)
50    {
51
52        GPIO_InitTypeDef GPIO_InitStruct = {0};
53        if(uartHandle->Instance==USART1)
54        {
55        /* USER CODE BEGIN USART1_MspInit 0 */
56
57        /* USER CODE END USART1_MspInit 0 */
58          /* USART1 clock enable */
59          __HAL_RCC_USART1_CLK_ENABLE();        1. 使能USART1的时钟
60
61          __HAL_RCC_GPIOA_CLK_ENABLE();         2. 使能PA端口的时钟
62        /**USART1 GPIO Configuration
63        PA9      ------> USART1_TX
64        PA10     ------> USART1_RX
65        */
66        GPIO_InitStruct.Pin = GPIO_PIN_9|GPIO_PIN_10;    3.设置PA9和PA10为复
67        GPIO_InitStruct.Mode = GPIO_MODE_AF_PP;          用推挽、不使能上拉、
68        GPIO_InitStruct.Pull = GPIO_NOPULL;              复用为AF7(USART1)功能
69        GPIO_InitStruct.Speed = GPIO_SPEED_FREQ_VERY_HIGH;
70        GPIO_InitStruct.Alternate = GPIO_AF7_USART1;
71        HAL_GPIO_Init(GPIOA, &GPIO_InitStruct);
72
73        /* USER CODE BEGIN USART1_MspInit 1 */
74
75        /* USER CODE END USART1_MspInit 1 */
76        }
77    }
```

图 8 - 9　函数 HAL_USART_MspInit()的实现示意图

在 HAL 库中,使用 MSP 函数对 MCU 的共享外设的硬件底层进行初始化。MSP 全称为 MCU Specific Package,指单片机的具体方案。

串口的初始化过程隐藏着 HAL 库对复杂外设初始化的核心思想,即抽象和承载。

以串口为例,每一款单片机(无论是 51 单片机还是 STM32),它们的串口在使用时都要设置波特率、字长、停止位等信息,这些信息与具体的单片机无关,是所有串口共同的、本质的属性,在 HAL 库中,将这些属性抽取出来统一放到一个结构体中,比如 UART_InitTypeDef,这叫做抽象。

配置好每一个外设与硬件无关的参数后,要将这些参数设置到某一个具体的外设中,使得这个外设按设定好的参数工作。比如,在任务 8 - 1 中,设置好串口参数后,用这些参数对 US-

ART1 的寄存器进行设置。这种将抽象的串口在具体的 MCU 上实现,完成时钟、引脚和中断等底层硬件的初始化叫承载。

项目 8.2 串口通信基础知识

8.2.1 处理器和外设的数据传输方式

在嵌入式系统中,CPU 与外界的信息传输有两种通信方式:并行通信和串行通信。并行意指并排行走,在通信领域指的是数据的各位在多根数据线上同时发送或接收,并行通信双方连接图和数据传输如图 8-10 所示。串行意指一个一个行走,在通信领域指的是数据的各位在同一根数据线上依次逐位发送或接收,串行通信双方连接图和数据传输如图 8-11 所示。由图 8-10 和图 8-11 可知,并行通信一次即将数据的各位同时传出去,速度比较快,但需要的物理连线比较多,在长距离传输时成本相对较高。串行通信一次传输一位数据,速度相对较慢,但只需少量物理连线即可完成通信,在长距离通信中有利于节省成本,比较适合远距离传输。

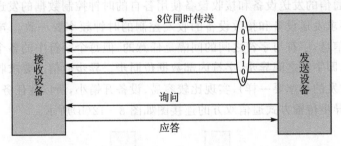

图 8-10 并行通信中通信双方的连线示意图

图 8-11 串行通信中通信双方的连线示意图

8.2.2 串行通信协议和串口通信作用

串行通信的接口称为串口,它是一种接口标准。串口规定了接口的电气标准,但没有规定接口插件电缆以及使用的协议。协议是一种通信双方的约定,通信双方必须采用相同的约定进行通信,否则就会出现对牛弹琴的情况。STM32 中的 I2C 模块、USART(UART)模块和 SPI 外设都属于串口外设,它们通信时采用的约定就是不同的。

不管是在实际项目应用中,还是在开发过程中,串口通信都起着很重要的作用。在项目应用中经常使用 UART 串口进行通信,根据通信的距离及稳定性,还选择添加 RS232、RS485 等对 UART 数据进行转换。而在开发过程中,常常用它来打印调试信息,以对程序的设计进行判断,所以熟练掌握使用串口进行通信非常重要。

8.2.3 串行通信的分类及特点

1. 按时钟控制方式分类

在串行通信过程中,数据是一个一个按位进行发送和接收的。每位数据的发送和接收都受时钟的控制。按照串行通信的时钟控制方式可分为同步通信和异步通信两类。

(1) 同步通信

所谓同步通信是指在约定的通信速率下,发送端和接收端的时钟信号在频率和相位上始终保持一致(同步)的通信方式。同步方式以帧为单位传输数据,发送方除了发送数据,还要传输同步时钟信号,信息传输的双方用同一个时钟信号确定传输过程中每一位的位置。同步方式通信双方一般使用如图 8-12(a)的连接图进行连接。同步通信的优点是数据传输速率较高,缺点是要求发送时钟和接收时钟保持严格同步,所以其发送器和接收器比较复杂,成本也较高,一般只用于传送速率要求较高的场合。

(2) 异步通信

异步通信指通信的发送设备和接收设备使用各自的时钟控制数据的发送和接收。为使双方的收发协调,要求发送设备和接收设备的收发控制的时钟频率要一致。异步通信也是一帧一帧地传输数据信息,字符与字符之间的间隔是任意的,但每个字符中的各个数据位则是以固定的时间传送的,即字符之间异步,字符内部数据位同步。异步通信不要求收发双方时钟的严格一致(但控制收发的频率要一样),实现比较容易,设备开销小,所以在任务 8-1 中采用异步方式进行通信。异步传输方式通信双方的连接图如图 8-12(b)所示。

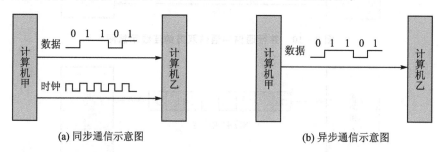

(a) 同步通信示意图   (b) 异步通信示意图

图 8-12 同步通信和异步通信设备连接图

2. 按数据传输方向分类

根据串行通信中数据传输的方向可以将串行通信分为单工通信、半双工通信和全双工通信。

(1) 单工通信

单工通信是指数据传输仅能沿一个方向,不能实现反向传输。

(2) 半双工通信

半双工通信是指数据传输可以沿两个方向,但不能同时进行。

(3) 全双工通信

全双工通信是指数据可以在两个方向同时进行传输。

8.2.4　异步通信的帧格式

在本模块中学习的是串口的异步通信,这种方式是嵌入式设备中最常用的方式。异步通信的一帧信息只包含一个字符,所以异步通信的帧又称为字符帧。异步通信的字符帧格式如图 8-13 所示。

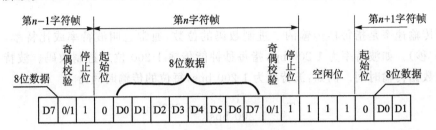

图 8-13　异步通信帧格式

由图 8-13 可知,异步通信的一帧数据由起始位、数据位、奇偶校验位和停止位组成。

① 起始位:位于字符帧的开始,只占一位,为逻辑 0 低电平,用于向接收设备表示发送端开始发送一帧信息。

② 数据位:紧跟起始位之后,可取 8/9 位,发送时,低位在前,高位在后。

③ 奇偶校验位:位于数据位之后,仅占一位,用来表征串行通信中采用奇校验还是偶校验,由用户编程决定。奇偶校验(Parity Check)是一种检验代码传输正确性的方法。根据被传输的一组二进制代码的数位中"1"的个数是奇数还是偶数进行校验。采用奇数的称为奇校验,反之,称为偶校验。例如,如果一组给定数据位中"1"的个数是奇数,若采用偶校验,则校验位就置为 1,从而使得总的"1"的个数是偶数;若采用奇校验,则校验位置 0,使得总的"1"的个数是奇数。

④ 停止位:位于字符帧的最后,为逻辑 1 高电平。通常可取 1 位、1.5 位或 2 位,用于向接收端表示一帧字符信息已经发送完,为发送下一帧做准备。

注意,这里说的停止位的位数指停止信号的存在时间。如停止位为 1.5,指停止位时间上的宽度是 1 位信号位时间宽度的 1.5 倍。假设异步通信的波特率为 1 000 bps,那么一位的宽度为 1 ms,1.5 个停止位就是 1.5 ms。

例如,假设采用异步通信方式进行数据传输时,某瞬间传送的 8 位数据是 43H(0100 0101B),检验方式采用奇校验,停止位为 1.5 位,则信号线上的电平信号(假设 1 代表高电平,0 代表低电平)波形如图 8-14 所示。

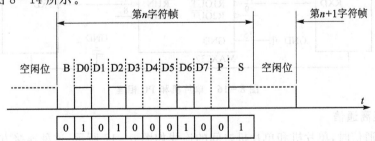

B:起始位(begin);D7~D0:数据位,先发 D0,再发 D1,……,最后发 D7;P:奇偶校验位;S:停止位(stop)

图 8-14　一帧数据的信号电平

在 STM32CubeMX 中设置时,停止位只有 1 位和 2 位这两种情况,没有 1.5 位。对比图 8-1可以看到,在图 8-1 中设置串口的工作参数实际上就是设置串口通信的数据帧格式。

8.2.5 串行通信的传输速率

在异步通信中,发送方只发送数据帧,不传输时钟,发送方和接收方必须约定相同的传输速率。

所谓传输速率是指每秒传输的二进制数码的位数,通常也叫波特率或比特率,其单位为 bps(比特/秒)。如波特率为 1 200 bps 指每秒钟能传输 1 200 位二进制数码。波特率的倒数即为每位数据传输时间。例如:波特率为 1 200 bps,每位的传输时间为

$$T_d = \frac{1}{1\ 200\ \text{bps}} = 0.833\ \text{ms}$$

波特率越高,数据传输的速度越快。

注意,波特率和字符的传输速率不同,若采用图 8-13 的数据帧格式,并且数据帧连续传送(无空闲位),则实际的字符传输速率为 1 200/11=109.09 个/秒。

8.2.6 串行通信常用的电路连接

串行通信中通信双方的连线有 3 种情况。

1. 两个单片机的串口直接相连

其连线如图 8-15 所示,这种连线为短距离连线。

在这种连线中一定要注意,一颗芯片的串口发送端一定要与另一颗芯片的串口接收端相连,不能发送端连发送端,后述两种连线亦如此。

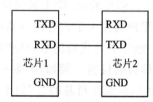

图 8-15 两个单片机的串口线路连接图

2. 单片机与 PC 相连

单片机串口和 PC 串口的连线如图 8-16 所示。在这种连线中,由于两者的信号电平不同,因此需要用 MAX232 进行转换。

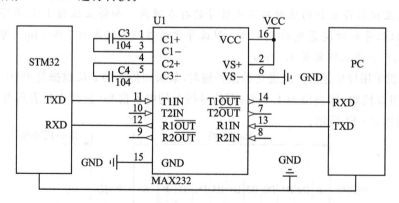

图 8-16 单片机和 PC 相连

3. 较长距离通信

较长距离通信时,单片机和单片机之间的连线如图 8-17 所示,这种连接方式采用 RS485总线,一般用于较远距离通信。RS485 接口的最大传输距离可达 3 000 m,最高传输速率为

10 Mbps,且抗干扰性好。

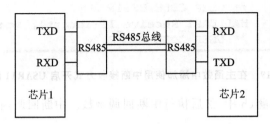

图 8-17　较远距离通信

项目8.3　中断方式接收和发送函数

【任务8-2】　使用 USART1 接收从串口助手发出的字符串,若字符串长度小于10,则原样将字符串发回到串口助手,若字符串长度超过10,则将数据溢出告警字符串"Data Overflow!"发回到串口助手,要求接收采用中断方式实现。

【实现过程】

首先,选择目标芯片。

其次,设置外设:①设置时钟模块;②设置串口模块。这里分为两步,一是设置串口参数和工作模式,二是开启 USART1 的中断。参数设置与任务8-1相同,中断设置如图8-18所示。由于本任务只有一个中断,所以中断优先级直接采用默认设置即可。

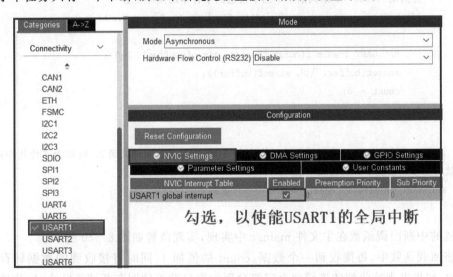

图 8-18　STM32CubeMX 软件的串口中断设置示意图

然后,配置工程。工程管理中将工程名配置为 USART1_Int。

最后,应用程序的编写。单击"GENERATOR CODE"按钮生成代码,同时打开 MDK-ARM,在主函数中添加使用中断接收方式开启 USART1 的语句(注意添加位置),具体如图8-19所示。

该语句用于使能串口的接收中断,并通过触发的串口接收中断从 huart1 的对象串口中接

```
94    /* USER CODE BEGIN 2 */
95    HAL_UART_Receive_IT(&huart1, &ch, 1);
96    /* USER CODE END 2 */
```

图 8 - 19   在主函数中添加使用中断接收方式开启 USART1 的语句

收 1 个字符并保存到变量 ch 中,然后执行中断回调函数。中断回调函数如下:

```
void HAL_UART_RxCpltCallback(UART_HandleTypeDef * huart)
{
    /* 如果接收的字符超过 10 个,则向 PC 端的串口助手发送警告信息 */
    if(count > 12)    //用 > 12 进行判断原因在于串口助手会自动添加断帧符"\r\n"
    {
        HAL_UART_Transmit(huart, WarningStr, sizeof(WarningStr), 100);
        memset(buffer, '\0', sizeof(buffer));    //用'\0'初始化 buffer 缓冲区
        count = 0;
    }
    else
    {
        buffer[count ++] = ch; //将接收到的 ch 值赋给字符数组的元素 buffer[count]
        /* 串口助手自动在字符串的后面加"\r\n" --- 换行,且下一行从行首开始,所以需要
           分别用'\r'和'\n'来判断串口助手发送的字符串的结尾位置 */
        if((buffer[count - 1] == '\n')&&(buffer[count - 2] == '\r'))
        {
            HAL_UART_Transmit(huart, buffer, sizeof(buffer), 100);
            memset(buffer, '\0', sizeof(buffer));
            count = 0;
        }
    }
    /* HAL 库在调用串口中断函数时会将中断失能,然后才调用回调函数,所以为了使用中断方式接
收字符,就需要重新使能串口的接收中断 */
    HAL_UART_Receive_IT(huart, &ch, 1);    //重新使能中断
}
```

上述的中断回调函数在主文件 main.c 中实现,实现位置如图 8 - 20 所示。

在该回调函数中,每接收到一个数据,count 的值加 1,同时将接收到的数据转存到数组 buffer 中,如果发现接收到的连续两个字符分别为串口助手的回车断帧符"\r\n",说明当前接收字符串结束,并将该字符串的内容发送回串口助手。若发现接收到的字符串长度超过 10,则显示告警信息。

注意:在中断回到函数中前,用 if(count > 12)判断接收的字符是否超过 10 个,而不是用 if(count > 10),其原因在于串口助手会自动在其发送的字符串后面添加 2 个字节的断帧符,所以若要接收 10 个输入字符,则 STM32 的串口接收到的字符实际应该是 12 个。

另外,在 main.c 文件的前面部分添加如下变量和数组的定义:

```
151    /* USER CODE BEGIN 4 */
152    void HAL_UART_RxCpltCallback(UART_HandleTypeDef *huart)
153    {
154        /*如果接收的字符超过10个，则向PC端的串口助手发送警告信息.*/
155        if(count > 12)
156        {
157          HAL_UART_Transmit(huart, WarningStr, sizeof(WarningStr), 100);
158          memset(buffer, '\0', sizeof(buffer));    //用'\0'初始化buffer缓冲区
159          count = 0;
160        }
161        else
162        {
163          buffer[count++] = ch; //将接收到的ch赋给字符数组的元素buffer[count]
164
165          /*串口助手自动在字符串的后面加"\r\n"---换行，且下一行从行首开始，所以需要
166          分别与'\r'和'\n'来判断串口助手发过来的字符串的结尾位置*/
167          if((buffer[count-1] == '\n')&&(buffer[count-2] == '\r'))
168          {
169            HAL_UART_Transmit(huart, buffer, sizeof(buffer), 100);
170            memset(buffer, '\0', sizeof(buffer));
171            count = 0;
172          }
173        }
174
175        /*HAL库中在调用串口中断函数时会将中断失能，然后才调用回调函数，所以为了能够
176        使用中断方式接收字符，就需要重新使能串口的接收中断。*/
177        HAL_UART_Receive_IT(huart, &ch, 1);    //重新使能中断
178    }
179    /* USER CODE END 4 */
```

图 8 - 20   中断回调函数

```
uint8_t ch = 0;
uint8_t buffer[13] = {0};
uint8_t count = 0;
uint8_t WarningStr[20] = "Data Overflow! \r\n";
```

注意，由于以上变量和数组在 main 函数和回调函数中都可能用到，因此设置这些变量和数组为全局变量和数组。

最后，STM32 每接收完一次字符数组并将该字符数组发送出去后，使用 memset 函数来对 buffer 缓冲区用'\0'进行初始化。在任务 8 - 2 中，包含函数 memset 的语句为：

```
memset(buffer, '\0', sizeof(buffer));
```

该语句将缓冲区 buffer 中 sizeof(buffer)个数据初始化为'\0'。在使用 memset 函数时需要将头文件"string. h"包含到工程中。

最终的主函数 main 及其定义部分的内容如图 8 - 21 所示。

添加好后编译链接程序，并将结果下载到开发板中，在串口助手中输入字符串"1234567890"并发送给 STM32 串口，STM32 串口再将该字符串重新发回到串口助手，可以看到相应的返回信息，示意图如图 8 - 22 所示。

如果发送的字符串超过 10 个字符，比如发送"hello world!"，此时会从 STM32 返回警告信息，具体如图 8 - 23 所示。

在任务 8 - 1 中，使用轮询方式接收计算机端发送的数据，但是这种方式需要一直在循环语句中查询是否有数据发送过来，效率非常低。为了提高处理器的执行效率，在任务 8 - 2 中，使用中断方式接收计算机端发送的数据，当计算机端有数据发送过来时，会触发 STM32 的串口中断，并执行中断回调函数。在这种方式中，不用反复查询串口是否接收到数据，因此效率

```
22   #include "main.h"
23   #include "usart.h"
24   #include "gpio.h"
25
26   #include "string.h"            1.将头文件string.h包含进文件
27
28   uint8_t ch = 0;                2.定义相关变
29   uint8_t buffer[13] = {0};
30   uint8_t count = 0;                量和数组
31   uint8_t WarningStr[20] = "Data Overflow!\r\n";
32
33   void SystemClock_Config(void);
34
35   int main(void)
36 □{
37     HAL_Init();
38     SystemClock_Config();
39     MX_GPIO_Init();
40     MX_USART1_UART_Init();         3.开启中断方式接
41     HAL_UART_Receive_IT(&huart1, &ch, 1);
42     while (1)                         收数据
43 □   {
44 -   }
45   }
```

图 8 - 21   主函数及变量、数组定义示意图

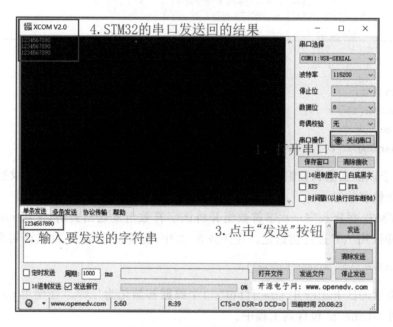

图 8 - 22   正常收发示意图

非常高,实时性更好。

　　HAL 库的中断接收函数和中断发送函数分别为 HAL_UART_Receive_IT()和 HAL_UART_Transmit_IT()。下面对常用的中断方式接收函数 HAL_UART_Receive_IT 进行重点介绍。

　　HAL_UART_Receive_IT()函数的原型如下:

HAL_StatusTypeDef HAL_UART_Receive_IT(UART_HandleTypeDef * huart, uint8_t * pData, uint16_t Size)

　　它的 3 个参数分别为串口句柄、接收到的数据存储的目标地址和接收多少个字节的数据。

　　打开函数 HAL_UART_Receive_IT(),可以看到它的定义如图 8 - 24 所示。可以看到,

图 8 - 23　发送的字符串超过 10 个字符的结果示意图

函数 HAL_UART_Receive_IT()并没有实际进行数据接收,而只是对串口句柄 huart 的接收信息进行初始化和使能相关中断,这些使能中断的最后一个即为使能串口接收中断。

```
1246  HAL_StatusTypeDef HAL_UART_Receive_IT(UART_HandleTypeDef *huart, uint8_t *pData, uint16_t Size)
1247  {
1248    if (huart->RxState == HAL_UART_STATE_READY)        1.如果pData为空或者待接收的字节数
1249    {                                                     为0,则返回错误状态
1250      if ((pData == NULL) || (Size == 0U))
1251      {
1252        return HAL_ERROR;
1253      }
1254
1255      __HAL_LOCK(huart);
1256
1257      huart->pRxBuffPtr = pData;                         2.初始化huart的接收信息
1258      huart->RxXferSize = Size;
1259      huart->RxXferCount = Size;
1260
1261      huart->ErrorCode = HAL_UART_ERROR_NONE;
1262      huart->RxState = HAL_UART_STATE_BUSY_RX;
1263
1264      __HAL_UNLOCK(huart);
1265
1266      __HAL_UART_ENABLE_IT(huart, UART_IT_PE);
1267
1268      __HAL_UART_ENABLE_IT(huart, UART_IT_ERR);
1269
1270      __HAL_UART_ENABLE_IT(huart, UART_IT_RXNE);         3.开启接收中断
1271
1272      return HAL_OK;
1273    }
1274    else
1275    {
1276      return HAL_BUSY;
1277    }
1278  }
```

图 8 - 24　函数 HAL_UART_Receive_IT()内容示意图

由于函数 HAL_UART_Receive_IT()本质上使能串口的中断,因此与设置系统时钟一起放置于 main 函数的系统初始化代码中,而不是放在 while 循环中反复查询、执行。

为了便于对比,图 8 - 25 给出了轮询方式接收函数的定义。

由轮询方式接收函数的定义可以看到,函数 HAL_UART_Receive()确实在接收数据并保存到参数 pData 指向的存储单元中。这点与中断方式接收函数完全不同,读者千万不要被函数名迷惑了。

```
1074    HAL_StatusTypeDef HAL_UART_Receive(UART_HandleTypeDef *huart, uint8_t *pData, uint16_t Size, uint32_t Timeout)
1075    {
1076      uint16_t *tmp;
1077      uint32_t tickstart = 0U;
1078
1079      if (huart->RxState == HAL_UART_STATE_READY)
1080      {
1081        if ((pData == NULL) || (Size == 0U))
1082        {
1083          return  HAL_ERROR;
1084        }
1085
1086        __HAL_LOCK(huart);
1087
1088        huart->ErrorCode = HAL_UART_ERROR_NONE;
1089        huart->RxState = HAL_UART_STATE_BUSY_RX;
1090
1091        tickstart = HAL_GetTick();
1092
1093        huart->RxXferSize = Size;
1094        huart->RxXferCount = Size;
1095
1096        __HAL_UNLOCK(huart);
1097
1098        while (huart->RxXferCount > 0U)
1099        {
1100          huart->RxXferCount--;
1101          if (huart->Init.WordLength == UART_WORDLENGTH_9B)
1102          {
1103            if (UART_WaitOnFlagUntilTimeout(huart, UART_FLAG_RXNE, RESET, tickstart, Timeout) != HAL_OK)
1104            {
1105              return HAL_TIMEOUT;
1106            }
1107            tmp = (uint16_t *) pData;
1108            if (huart->Init.Parity == UART_PARITY_NONE)
1109            {
1110              *tmp = (uint16_t)(huart->Instance->DR & (uint16_t)0x01FF);
1111              pData += 2U;
1112            }
1113            else
1114            {
1115              *tmp = (uint16_t)(huart->Instance->DR & (uint16_t)0x00FF);
1116              pData += 1U;
1117            }
1118
1119          }
1120          else
1121          {
1122            if (UART_WaitOnFlagUntilTimeout(huart, UART_FLAG_RXNE, RESET, tickstart, Timeout) != HAL_OK)
1123            {
1124              return HAL_TIMEOUT;
1125            }
1126            if (huart->Init.Parity == UART_PARITY_NONE)
1127            {
1128              *pData++ = (uint8_t)(huart->Instance->DR & (uint8_t)0x00FF);
1129            }
1130            else
1131            {
1132              *pData++ = (uint8_t)(huart->Instance->DR & (uint8_t)0x007F);
1133            }
1134
1135          }
1136        }
1137
1138        huart->RxState = HAL_UART_STATE_READY;
1139
1140        return HAL_OK;
1141      }
1142      else
1143      {
1144        return HAL_BUSY;
1145      }
1146    }
```

1. 如果接收缓冲区为空或者接收的字符数为0，则返回错误状态

2. 如果字长为9位，则到数据接收寄存器读取9位数据到pData指向的存储单元中

3. 如果字长为8位，则到数据寄存器读取8位数据到pData指向的存储单元中

图 8-25　轮询方式接收函数 HAL_UART_Receive( )定义示意图

那中断方式是如何接收数据的呢？下面来介绍中断方式接收数据的步骤。

首先，使能接收中断。

其次，接收到数据后触发接收数据中断，此时程序按以下步骤执行：

① 到中断向量表中找到 USART1 的中断入口，如图 8-26 所示。

② 执行中断函数 USART1_IRQHandler( )，在该中断函数中调用 HAL 库的 USART1 中断函数，如图 8-27 所示。注意，该函数需要用户自己实现，如果用户使用 STM32CubeMX

生成工程，则工程会自动在输出文件 stm32f4xx_it.c 中生成该函数。

③ 执行 HAL 库的中断函数 HAL_UART_IRQHandler()。在该函数中先判断是否存在接收错误，若不存在，则执行函数 UART_Receive_IT()，如图 8－28 所示。

④ 执行接收完成中断函数 UART_Receive_IT()，如图 8－29 所示。

```
main.c    startup_stm32f407xx.s

        DCD     I2C2_EV_IRQHandler
        DCD     I2C2_ER_IRQHandler
        DCD     SPI1_IRQHandler
        DCD     SPI2_IRQHandler
        DCD     USART1_IRQHandler
        DCD     USART2_IRQHandler
        DCD     USART3_IRQHandler
        DCD     EXTI15_10_IRQHandler
```

图 8－26　USART1 中断函数入口

```
void USART1_IRQHandler(void)
{
  /* USER CODE BEGIN USART1_IRQn 0 */

  /* USER CODE END USART1_IRQn 0 */
  HAL_UART_IRQHandler(&huart1);
  /* USER CODE BEGIN USART1_IRQn 1 */

  /* USER CODE END USART1_IRQn 1 */
}
```

图 8－27　USART 中断函数的内容

```
void HAL_UART_IRQHandler(UART_HandleTypeDef *huart)
{
    ......
  if (errorflags == RESET)
  {
    /* UART in mode Receiver ---------------------------------------------------*/
    if (((isrflags & USART_SR_RXNE) != RESET) && ((cr1its & USART_CR1_RXNEIE) != RESET))
    {
      UART_Receive_IT(huart);
      return;
    }
  }
    ......
}
```

图 8－28　函数 HAL_UART_IRQHandler()定义示意图

由图 8－29 可知，在该函数中首先判断字长是 8 位还是 9 位，若是 8 位，则根据是否使能奇偶校验使用如下语句读取数据（见图 8－29 中的①）：

```
if (huart->Init.Parity == UART_PARITY_NONE)   /* 如果没有使能奇偶校验，数据位为 8 位 */
{
    *huart->pRxBuffPtr++ = (uint8_t)(huart->Instance->DR & (uint8_t)0x00FF);
}
else   /* 如果使能奇偶校验，数据位为 7 位 */
```

```
2984   static HAL_StatusTypeDef UART_Receive_IT(UART_HandleTypeDef *huart)
2985   {
2986     uint16_t *tmp;
2987
2988     if (huart->RxState == HAL_UART_STATE_BUSY_RX)
2989     {
2990       if (huart->Init.WordLength == UART_WORDLENGTH_9B)
2991       {
2992         tmp = (uint16_t *) huart->pRxBuffPtr;
2993         if (huart->Init.Parity == UART_PARITY_NONE)
2994         {
2995           *tmp = (uint16_t)(huart->Instance->DR & (uint16_t)0x01FF);
2996           huart->pRxBuffPtr += 2U;
2997         }
2998         else
2999         {
3000           *tmp = (uint16_t)(huart->Instance->DR & (uint16_t)0x00FF);
3001           huart->pRxBuffPtr += 1U;
3002         }
3003       }
3004       else
3005       {
3006         if (huart->Init.Parity == UART_PARITY_NONE)
3007         {
3008           *huart->pRxBuffPtr++ = (uint8_t)(huart->Instance->DR & (uint8_t)0x00FF);
3009         }
3010         else
3011         {
3012           *huart->pRxBuffPtr++ = (uint8_t)(huart->Instance->DR & (uint8_t)0x007F);
3013         }
3014       }
3015
3016       if (--huart->RxXferCount == 0U)
3017       {
3018         __HAL_UART_DISABLE_IT(huart, UART_IT_RXNE);
3019
3020         __HAL_UART_DISABLE_IT(huart, UART_IT_PE);
3021
3022         __HAL_UART_DISABLE_IT(huart, UART_IT_ERR);
3023
3024         huart->RxState = HAL_UART_STATE_READY;
3025
3026 #if (USE_HAL_UART_REGISTER_CALLBACKS == 1)
3027         huart->RxCpltCallback(huart);
3028 #else
3029         HAL_UART_RxCpltCallback(huart);
3030 #endif
3031         return HAL_OK;
3032       }
3033       return HAL_OK;
3034     }
3035     else
3036     {
3037       return HAL_BUSY;
3038     }
3039   }
```

① ② ③

图 8-29 函数 UART_Receive_IT( )定义示意图

```
{
    *huart->pRxBuffPtr++= (uint8_t)(huart->Instance->DR & (uint8_t)0x007F);
}
```

在上述程序段中,程序首先将接收到的数据保存到句柄 huart 的接收区缓冲指针 pRx-
BuffPtr 指向的存储单元中,然后指针 pRxBuffPtr 的值加 1,指向下一个存储单元。所以,在中断方式接收中,数据的接收在中断函数中完成。

读取一个数据后,huart 的接收计数变量 RxXferCount 的值减 1,并判断是否减到 0,若减到 0,说明数据已经接收完成,关闭串口中断,如图 8-29 中的②所示,接着执行接收完成中断回调函数 HAL_UART_RxCpltCallback(),如图 8-29 中的③所示。

⑤ 执行回调函数 HAL_UART_RxCpltCallback()。由于在步骤④中执行函数 UART_Receive_IT() 时已经关闭了串口的接收中断,因此若要继续采用中断方式接收数据,则需要在回调函数中再次调用函数 HAL_UART_Receive_IT() 使能串口中断。

项目 8.4　STM32 的串口底层设置相关知识

在项目 8.1 和项目 8.3 中,通过两个任务学习了 HAL 库中串口收发数据的应用,这些应用本质上都要通过配置或者操作串口的寄存器来实现。本项目来学习 STM32 的串口底层的相关知识。

8.4.1　STM32 的串口结构

STM32F407ZGT6 的串口一共有 6 个,其中 4 个为 USART,2 个为 UART。USART 的全称是通用同步异步收发器,意思是这种串口既可工作于同步方式也可以工作于异步方式;UART 的全称是异步收发器,意即这种串口只能工作于异步方式。

下面以 USART1 为例来介绍 STM32 的串口结构。USART1 的内部结构框图如图 8-30 所示,由图可见,USART1 有 6 个功能引脚,分别是:

① TX:发送引脚,为串口的数据输出引脚。

② RX:接收引脚,为串口的数据输入引脚。

③ SW_RX:数据接收引脚,属于内部引脚。

④ nRTS:请求发送引脚,n 表示低电平有效。如果使能 RTS 流控制,当 USART 接收器准备好接收新数据时就会将 nRTS 变成低电平;当接收寄存器已满时,nRTS 将被设置为高电平。该引脚只适用于硬件流控制。

⑤ nCTS:清除发送引脚,n 表示低电平有效。如果使能 CTS 流控制,发送器在发送下一帧数据之前会检测 nCTS 引脚,若为低电平,则表示可以发送数据,若为高电平,则在发送完当前数据帧之后停止发送。该引脚只适用于硬件流控制。

⑥ SCLK:发送器时钟输出引脚,该引脚用于同步模式以输出或输入同步时钟。

图 8-30 从上至下,STM32 的串口主要由 3 部分组成,分别是数据的接收与发送部分、收发设置与控制部分及波特率设置部分。

1. 数据的接收与发送

串口的数据接收与发送部分如图 8-31 中方框所示。

（1）数据发送

在发送数据时,首先数据先被发送到发送数据寄存器(TDR),再被并行送入发送移位寄存器,然后从 TX 引脚一比特一比特送出去。具体的发送过程如图 8-32(a)所示。

（2）数据接收

在接收数据时,首先数据从 RX 引脚进入数据移位寄存器,然后再被并行送入接收数据寄

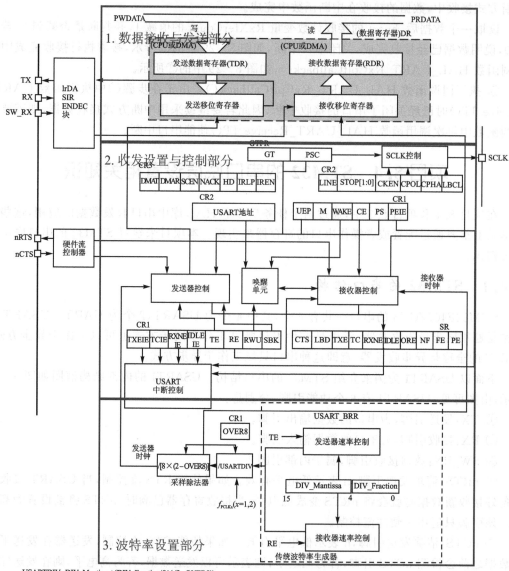

图 8 - 30　USART1 的内部框图

存器(RDR)供 CPU 或 DMA 模块读取。具体的发送过程如图 8 - 32(b)所示。

　　需要注意的是,STM32 的数据寄存器有两个,分别为发送数据寄存器 TDR 和接收数据寄存器 RDR,但两者共用一个地址,某个瞬间处理器到底使用的是哪个数据寄存器由读写控制指令给出。若为读操作,则访问的是接收数据寄存器;若为写操作,则访问的是发送数据寄存器。

　　DR 寄存器只有[8:0]位为有效位,具体又分为两种情况:

　　① 若数据位被设置为 8 位且使能了奇偶校验,则 bit7 位为校验位,其余 7 位为数据位,如果不使能奇偶校验,则[7:0]位都为数据位。

　　② 若数据位被设置为 9 位且使能了奇偶校验,则 bit8 位为校验位,其余 8 位为数据位,如

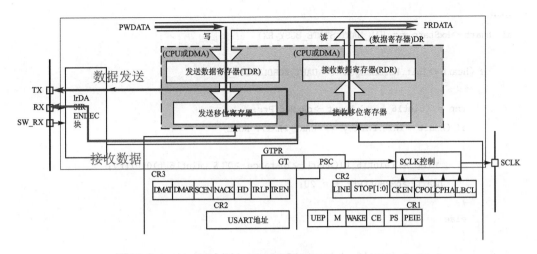

图 8 - 31 数据存储转移部分

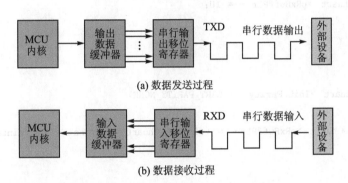

(a) 数据发送过程

(b) 数据接收过程

图 8 - 32 串口数据的发送和接收过程

果不使能奇偶校验,则[8:0]位都为数据位。

正是由于 DR 寄存器的低 9 位有效位分为两种情况,因此在图 8 - 29 的函数 UART_Receive_IT()中数据的接收需要分两种情况来接收:

① 若要将某个字符发送出去,则只需将该字符写入数据寄存器即可。比如,使用 US-ART1 发送字符'a',则只需采用如下语句:

USARTx ->DR = 'a';

② 若要接收数据,则在等待数据接收完之后,直接从数据寄存器里面将数据读出即可。例如,在数据接收完成之后,可以采用如下语句:

temp = USART1 ->DR&0xff;//数据位为 8 位,不使能奇偶校验

或

temp = USART1 ->DR&0x7f;//数据位为 8 位,使能奇偶校验

将数据寄存器中的数据读出。注意,上面列举的示例是数据位设置为 8 位有效的情况,若设置为 9 位有效,则上面的接收语句需要做相应修改。HAL 库里面的函数 UART_Receive_IT()中的如下程序段即用于针对上述两种情况下对接收到的数据进行读取:

```
......
if (huart ->RxState == HAL_UART_STATE_BUSY_RX)
{
    if (huart ->Init.WordLength == UART_WORDLENGTH_9B)
    {
        tmp = (uint16_t *) huart ->pRxBuffPtr;
        if (huart ->Init.Parity == UART_PARITY_NONE)
        {
            * tmp = (uint16_t)(huart ->Instance ->DR & (uint16_t)0x01FF);
            huart ->pRxBuffPtr += 2U;
        }
        else
        {
            * tmp = (uint16_t)(huart ->Instance ->DR & (uint16_t)0x00FF);
            huart ->pRxBuffPtr += 1U;
        }
    }
    else
    {
        if (huart ->Init.Parity == UART_PARITY_NONE)
        {
            * huart ->pRxBuffPtr ++= (uint8_t)(huart ->Instance ->DR & (uint8_t)0x00FF);
        }
        else
        {
            * huart ->pRxBuffPtr ++= (uint8_t)(huart ->Instance ->DR & (uint8_t)0x007F);
        }
    }
}
......
```

2. 数据收发的设置与控制

串口的接收和发送是需要使能来启用的,而且数据发送完成或者接收完成之后要在串口的某些部分置标志位,以供处理器读取判断是否收发完成。除此之外,串口数据发送以帧为单位,一帧数据可以有多种构成方式。这些控制信息就在收发控制部分给出。STM32 的收发设置与控制部分如图 8 - 33 中的方框所示。

由图 8 - 33 可知,收发控制部分主要由 5 个寄存器组成,分别是 CR1、CR2、CR3、SR 和 GTPR,CR3 和 GTPR 由于使用较少,所以不作介绍,读者可以自己查手册了解。下面对其余 3 个寄存器的作用进行简单描述。

(1) 控制寄存器 1 --- CR1

图 8 - 34 为控制寄存器 CR1 的各位的位定义。可见,CR1 的高 18 位未使用,低 14 位用于串口的功能设置。下面介绍一些常用的位。

① UE 为串口使能位,该位置 1 使能串口;

② M 为字长选择位,当该位为 0 时,设置串口为 8 个字长外加 n 个停止位,停止位的个数(n)由

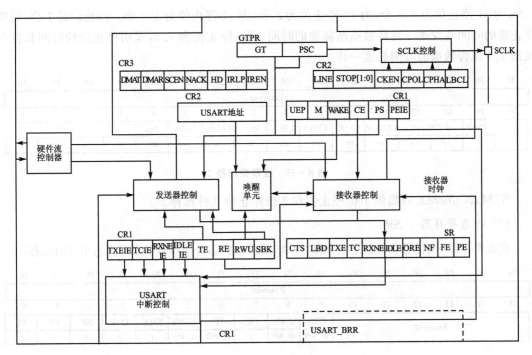

图 8-33　收发控制部分

31	30	29	28	27	26	25	24	23	22	21	20	19	18	17	16
Reserved															
15	14	13	12	11	10	9	8	7	6	5	4	3	2	1	0
OVER8	Reserved	UE	M	WAKE	PCE	PS	PEIE	TXIE	TCIE	RXNEIE	IDLEIE	TE	RE	RWU	SBK
rw	Res.	rw	rw	rw	rw	rw	rw	rw	rw	rw	rw	rw	rw	rw	rw

图 8-34　控制寄存器 1

USART_CR2 的[13:12]位设置决定,默认为 0;

③ PCE 为校验使能位,若设置为 0,则禁止校验,否则使能校验;

④ PS 为校验位选择,若设置为 0,则为偶校验,否则为奇校验;

⑤ TXIE 为发送缓冲区空中断使能位,设置该位为 1,当 USART_SR 中的 TXE 位为 1 时,将产生串口中断;

⑥ TCIE 为发送完成中断使能位,设置该位为 1,当 USART_SR 中的 TC 位为 1 时,将产生串口中断;

⑦ RXNEIE 为接收缓冲区非空中断使能,设置该位为 1,当 USART_SR 中的 ORE 或者 RXNE 位为 1 时,将产生串口中断;

⑧ TE 为发送使能位,设置为 1,将开启串口的发送功能(RE 为接收使能位,用法同 TE);

⑨ OVER8 为过采样位,为 0 采用 16 倍过采样,为 1 采用 8 倍过采样。

(2) 控制寄存器 2---CR2

控制寄存器 CR1 中的 M 位段给出了数据帧中数据位是多少位,但没有说明停止位有多少位。停止位的数量在哪里设置呢?答案是在 CR2 中。图 8-35 为控制寄存器 CR2 的各位的位定义。图中,控制寄存器 CR2 的位 12~13 即用于设置停止位的位数,为 00 停止位为

1 个,为 01 停止位为 0.5 个,为 10 停止位为 2 个,为 11 停止位为 1.5 个。停止位是 1 位,说明停止位的时间与发送一比特数据所需要的时间一样;停止位为 1.5,说明停止位的时间长度与发送 1.5 比特数据的时间长度一样。

31	30	29	28	27	26	25	24	23	22	21	20	19	18	17	16
Reserved															

15	14	13	12	11	10	9	8	7	6	5	4	3	2	1	0
Res.	LINEN	STOP[1:0]		CLKEN	CPOL	CPHA	LBCL	Res.	LBDIE	LBDL	Res.	ADD[3:0]			
	rw	rw	rw	rw	rw	rw	rw	rw	rw	rw	rw	rw	rw	rw	rw

图 8-35 控制寄存器 2

STM32CubeMX 只提供 1 位停止位和 2 位停止位 2 种选择。

(3)状态寄存器--SR

状态寄存器 SR 的各位的位定义如图 8-36 所示。状态寄存器用于跟踪标志串口的状态。

31	30	29	28	27	26	25	24	23	22	21	20	19	18	17	16
Reserved															

15	14	13	12	11	10	9	8	7	6	5	4	3	2	1	0
Reserved						CTS	LBD	TXE	TC	RXNE	IDLE	ORE	NF	FE	PE
						rc_w0	rc_w0	r	rc_w0	rc_w0	r	r	r	r	r

图 8-36 状态寄存器

下面介绍一些常用位的作用:

① RXNE(读数据寄存器非空)位被置 1 时,提示已经接收到数据,并且可以读出来,这时要尽快读取 USART_DR,可以将该位清 0,也可以向该位写 0,直接清除。

② TC(发送完成)位被置位时,表示 USART_DR 内的数据已经发送完成。若设置了此位的中断,则会产生中断,可以直接向该位写 0 进行清 0;若用 TC 位判断数据发送是否完成,则在发送数据之前先对该位清 0,否则有可能造成第 1 个发送的字符被覆盖而不能发送出去。

③ TXE 位被置 1,表示发送数据寄存器已经为空,可以将数据写入数据寄存器了。这里要注意,发送数据寄存器为空只能说明 DR 寄存器的数据已经转移到了移位寄存器,而不能说明数据已经发送完成,数据发送完成用 TC 位来标识。

下面通过 2 个例子来说明 STM32 串口寄存器的使用。

例 1:使用 USART1 发送字符'a',只发送不接收,试写出对应的程序段。

```
USART1 ->CR1 & = ~(1 << 15);            //配置过采样,采用 16 倍过采样
//配置数据帧结构,采用默认值,1 位起始位,8 位数据位,n 位停止位
//在 CR2 中配置停止位,采用默认值,1 个停止位
USART1 ->CR1 | = 1 << 3;                //发送使能
USART1 ->CR1 | = 1 << 13;               //使能串口
USART1 ->DR = 'a';                      //将数据装入 DR 中
```

例 2:写出使用串口 USART1 发送数据的完整函数。

```
void PutChar(uint8_t ch)
{
    USART1 ->SR & = ~ (1 << 6);         //先清除 TC 位,否则有可能出现第一个字符被覆盖的错误
```

```
USART1 ->DR = ch;                    //将字符装入数据寄存器,启动发送
while((USART1 ->SR&(1 << 6)) == 0); //等待发送结束
}
```

3. 波特率设置

波特率设置用于控制数据的收发速率。在串口通信中收发双方的波特率一定要一样,如果不同,如一方 1 秒发送 4 800 比特,而另一方 1 秒只能接收 2 400 比特,这时就会出现通信错误。

所以,在串口通信中设置通信双方的波特率相等非常重要,STM32 的波特率设置部分框图如图 8-37 中的方框所示。

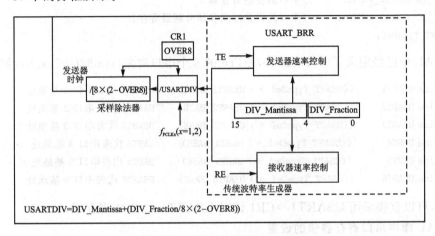

图 8-37 波特率控制部分示意图

由图 8-37 可知,波特率控制部分由波特率配置寄存器 USART_BRR 和采样除法器等构成。波特率(在数值上与发送器时钟频率相等)的计算公式为:

$$波特率 = 发送器时钟频率 = f_{pclkx(x=1,2)}/USARTDIV/[8\times(2-OVER8)] \quad (8-1)$$

式中,OVER8 在寄存器 CR1 中配置,USARTDIV 为 f_{pclkx} 的分频值,由下式给出:

$$USARTDIV = DIV\_Mantissa+(DIV\_Fraction/(8\times(2-OVER8))) \quad (8-2)$$

由式(8-1)可知,要配置特定的波特率实际上就是配置 USART_BRR 的值,USART_BRR 寄存器的位定义如图 8-38 所示。

31	30	29	28	27	26	25	24	23	22	21	20	19	18	17	16
Reserved															
15	14	13	12	11	10	9	8	7	6	5	4	3	2	1	0
DIV_Mantissa[11:0]												DIV_Fraction[3:0]			
rw	rw	rw	rw	rw	rw	rw	rw	rw	rw	rw	rw	rw	rw	rw	rw

图 8-38 波特率寄存器

由图 8-38 可知,USART_BRR 分为两部分,分别是低 4 位的小数部分和高 12 位的整数部分。由于 STM32 采用了小数波特率,因此 STM32 的串口波特率设置范围很宽,而且误差很小。注意,如果 USART 被禁止接收(TE=0)和禁止发送(RE=0),则波特率计数器会停止计数。

4. HAL 库中串口寄存器的封装

HAL 库中串口的寄存器封装在类型为 USART_TypeDef(stm32f407xx.h)的结构体中,

具体如下:

```
typedef struct
{
    __IO uint32_t SR;        //串口的状态寄存器
    __IO uint32_t DR;        //串口的数据寄存器
    __IO uint32_t BRR;       //串口的波特率寄存器
    __IO uint32_t CR1;       //串口的控制寄存器 1
    __IO uint32_t CR2;       //串口的控制寄存器 2
    __IO uint32_t CR3;       //串口的控制寄存器 3
    __IO uint32_t GTPR;      //串口的保护时间和预分频器寄存器
} USART_TypeDef;
```

在 HAL 中已经定义了 STM32F407ZGT6 的 6 个串口对象(stm32f407xx.h),如下:

```
# define USART1      ((USART_TypeDef * ) USART1_BASE)   //USART1 代表串口 1 基地址
# define USART2      ((USART_TypeDef * ) USART2_BASE)   //USART2 代表串口 2 基地址
# define USART3      ((USART_TypeDef * ) USART3_BASE)   //USART3 代表串口 3 基地址
# define UART4       ((USART_TypeDef * ) UART4_BASE)    //UART4 代表串口 4 基地址
# define UART5       ((USART_TypeDef * ) UART5_BASE)    //UART5 代表串口 5 基地址
# define USART6      ((USART_TypeDef * ) USART6_BASE)   //USART6 代表串口 6 基地址
```

所以,可以直接采用 USART1 ->CR1 访问 USART1 的 CR1 寄存器。

5. HAL 库中串口寄存器值的设置

HAL 库中串口寄存器值的设置通过在串口初始化函数 HAL_UART_Init()中调用函数 UART_SetConfig()来进行,打开 UART_SetConfig(),可以看到该函数的定义如图 8 - 39 所示。

```
3061   static void UART_SetConfig(UART_HandleTypeDef *huart)
3062   {
3063       uint32_t tmpreg;
3064       uint32_t pclk;
3065
3066 ①    MODIFY_REG(huart->Instance->CR2, USART_CR2_STOP, huart->Init.StopBits);
3067
3068 ②    tmpreg = (uint32_t)huart->Init.WordLength | huart->Init.Parity | huart->Init.Mode | huart->Init.OverSampling;
3069       MODIFY_REG(huart->Instance->CR1,
3070               (uint32_t)(USART_CR1_M | USART_CR1_PCE | USART_CR1_PS | USART_CR1_TE | USART_CR1_RE | USART_CR1_OVER8),
3071               tmpreg);
3072
3073 ③    MODIFY_REG(huart->Instance->CR3, (USART_CR3_RTSE | USART_CR3_CTSE), huart->Init.HwFlowCtl);
3074       ......
3075
3076 ④    pclk = HAL_RCC_GetPCLK2Freq();
3077       huart->Instance->BRR = UART_BRR_SAMPLING16(pclk, huart->Init.BaudRate);
3078       ......
3079   }
```

图 8 - 39 UART_SetConfig( )函数定义示意图

其中,①处用于在寄存器 CR2 中设置停止位的位数,②处用于在寄存器 CR1 中设置串口的收发及使能位、奇偶校验等信息,③处用于在寄存器 CR3 中设置硬件流控制等信息,④处用于设置 BRR 寄存器以配置通信用的波特率。

8.4.2 串口的发送与接收引脚

1. GPIO 口的引脚复用功能通道

在前面的任务中曾经讲解过 STM32 的通用 I/O 口有输入、输出、复用和作 AD/DA 时作模拟信号的输入/输出引脚的作用,输入/输出已经学习过了,这一节来介绍它的复用功能。STM32 的 GPIO 口作复用时,其端口位的数据传输通道如图 8 - 40 所示。

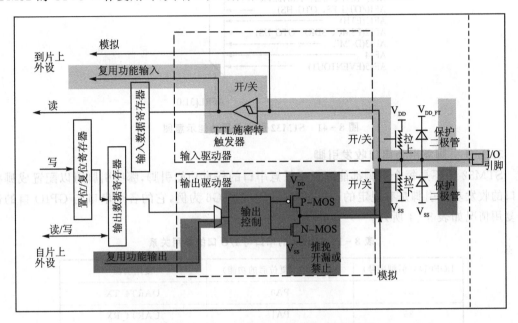

图 8 - 40　GPIO 口作复用时的数据传输通道

由图 8 - 40 可知,复用有两种情况,一种是用作输出,一种是用作输入。作输出时数据传输通道如图中深色区域所示,作输入时如图中浅色区域所示。对于串口来说,某个引脚若作为发送数据引脚,应该将这个引脚配置成复用输出引脚;若作输入数据引脚,应该将这个引脚配置成复用输入引脚。

2. GPIO 引脚复用为串口引脚

STM32 的每一个 I/O 引脚都具有多个功能,图 8 - 41 给出了 GPIO 引脚功能示意图。其中 AF0 是默认功能,此时 I/O 引脚用作通用的 I/O 引脚。其他功能,如 AF1、AF2 等都首先要将 I/O 引脚配置为复用,再通过复用寄存器 AFR 设置为对应的 AF1、AF2 功能,这些功能才能够生效。

复用功能寄存器 AFR 可以理解为一个多路选择开关,设置为对应的 AFx 功能,此时引脚与对应模块的引脚相连(这点与前面学习的外部中断类似),只有设置好 EXTICR 寄存器,片内的外部中断模块的中断线才能够与 I/O 引脚连接在一起,此时的 I/O 引脚才能成为中断信号输入引脚。

从图 8 - 41 可以看到,复用为 AF1 功能时,I/O 引脚与定时器 1/定时器 2 的引脚相连,成为定时器 1/定时器 2 的信号输入/输出引脚。复用为 AF7 功能时,I/O 引脚与 USART1/2/3 模块的收发引脚相连,成为串口 USART1/2/3 的功能引脚。

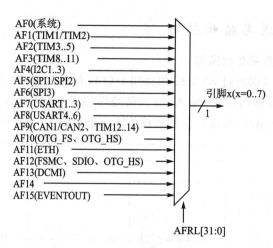

图 8 - 41   STM32 引脚复用功能示意图

3. I/O 引脚复用为串口收发引脚

STM32 中不是每个引脚都能配置成任意串口的任意功能引脚,哪些引脚可以配置成哪些串口的收发功能引脚是有规定的。以 STM32F407ZTG6 为例,它的各个串口与 GPIO 口的部分复用情况如表 8 - 1 所列。

表 8 - 1   STM32 的串口与 I/O 口的复用关系

LQFP144(引脚序号)	引脚名称(复位后的功能)	复用功能
34	PA0	UART4_TX
35	PA1	UART4_RX
36	PA2	USART2_TX
37	PA3	USART2_RX
69	PB10	USART3_TX
70	PB11	USART3_RX
77	PD8	USART3_TX
78	PD9	USART3_RX
96	PC6	USART6_TX
97	PC7	USART6_RX
101	PA9	USART1_TX
102	PA10	USART1_RX
111	PC10	UART4_TX/USART3_TX
112	PC11	UART4_RX/USART3_RX
113	PC12	UART5_TX
116	PD2	UART5_RX

由表 8 - 1 可知,串口 5(UART5_RX)的接收引脚只能由 PD2 复用得到,而串口 2(US-ART2_TX)的发送引脚则可以由 PD5 和 PA2 复用得到,这意味着串口的发送引脚可以由多

个引脚复用而来，这点在 PCB 布线中非常有用。

下面来讨论一个问题，如果在使用 USART1 进行串口通信时，要设置两个引脚，一个为发送引脚一个为接收引脚，该如何做呢？下面介绍解决这个问题的步骤：

① 选择可以复用为目标串口的收发引脚的 I/O 口。通过查询 STM32 的引脚功能得知 USART1 的 TX 可使用 PA9 或 PB6，RX 可使用 PA10 或 PB7 复用得到。假设现在采用 PA9 作 TX，PA10 作 RX。

② 配置相应 I/O 引脚的功能为复用功能，目标引脚确定后，在 GPIOA →MODER 寄存器中配置 PA9 和 PA10 为复用功能。

③ 配置复用功能寄存器，将 PA9 和 PA10 复用为 AF7 功能。在配置 STM32CubeMX 的引脚功能时已知，STM32 的通用 I/O 端口的每个引脚通常可以复用为多个功能，PA9 和 PA10 也不例外，所以要将 PA9 和 PA10 复用为 USART1 功能（AF7）。

复用为 AF7 功能需要在 AFR 寄存器中配置。AFR 寄存器有两个，其中 AFRL 用于配置引脚 0～7 的复用功能，AFRH 用于配置引脚 8～15 的复用功能。PA9 和 PA10 在 AFRH 中配置，PA9 的目标配置位为 bit4～bit7 位，PA10 的目标配置位为 bit8～bit11。

配置时，相应的位段被配置为 0000 时，为 AF0 功能；为 0001 时，为 AF1 功能，其余类推。因此，要配置 PA9 和 PA10 都为 AF7 功能，应该配置 AFRH 寄存器的 bit[7:4] 位和 bit[11:8] 都为 0111（AF7）。

整个复用功能的配置可用函数 GPIO_AF_Set() 完成，具体代码如下：

```
void GPIO_AF_Set(GPIO_TypeDef * GPIOx,uint8_t BITx,uint8_t AFx)
{
    if(BITx < 8)                                          //待配置的引脚为第 0～7 引脚
    {
        GPIOx ->AFRL & = ～(0xf << (4 * BITx));           //清除对应位
        GPIOx ->AFRL | = (AFx << (4 * BITx));             //设置对应位
    }else                                                 //待配置的引脚为第 8～15 引脚
    {
        GPIOx ->AFRH & = ～(0xf << (4 * (BITx - 8)));     //清除对应位
        GPIOx ->AFRH | = (AFx << (4 * (BITx - 8)));       //设置对应位
    }
}
```

在 HAL 库中，定义 GPIO 寄存器的相关数据结构时，将 AFRL 和 AFRH 整合成了拥有两个元素的数组 AFR，其中 AFR[0] 对应 AFRL，AFR[1] 对应 AFRH。考虑到 BITx/8 可以用 BITx >> 3 代替，BITx%8 可以用 BITx&0x07 代替，故将函数 GPIO_AF_Set() 改写为：

```
void GPIO_AF_Set(GPIO_TypeDef * GPIOx,uint8_t BITx,uint8_t AFx)
{
    GPIOx ->AFR[BITx >> 3]& = ～(0X0F << ((BITx&0X07) * 4));
    GPIOx ->AFR[BITx >> 3]| = (u32)AFx << ((BITx&0X07) * 4);
}
```

4. 串口收发引脚在 STM32CubeMX 中的设置

了解哪些引脚可以复用为 STM32 的串口引脚后，接下来就可以通过复用功能寄存器来设置这些引脚作为对应的串口引脚了。不过，在 STM32CubeMX 中，选中对应的串口并选择好串口的工作方式后，它会自动选择对应的 TX/RX 引脚。如图 8-42 所示，若选择使用 US-ART2 来进行数据的收发并选中后，默认的发送和接收引脚分别为 PA2 和 PA3。在输出代码时，STM32CubeMX 会自动调用 HAL 库的函数来完成对 PA2 和 PA3 的复用。

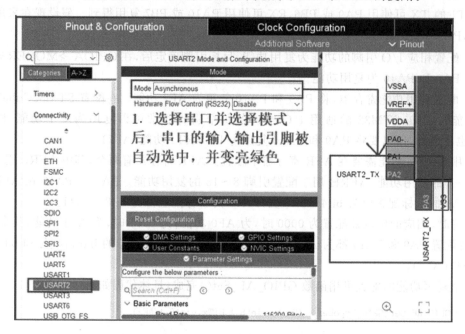

图 8-42 串口输入/输出引脚选中示意图

8.4.3 串口的寄存器方式初始化

在使用串口通信时，最重要的工作是对串口进行正确的初始化，这些初始化主要包括：波特率、I/O 引脚复用、串口中断的配置、串口接收和发送的使能、串口的使能。其他的设置，比如帧的数据位长度、奇偶校验、停止位通常采用默认设置即可。

下面给出应用寄存器方式的串口 USART1 初始化的参考代码（配置 USART1 为只发送不接收数据），如下所示：

```
void USART_Init(uint32_t fpclkx, uint32_t baudrate)
{
    float usartdiv = 0;
    uint16_t mantissa = 0;                  //装入波特率寄存器的整数部分
    uint16_t fraction = 0;                  //装入波特率寄存器的小数部分
    usartdiv = (float)(fpclkx * 1000000)/(baudrate * 16);   //得到 USARTDIV@OVER8 = 0
    mantissa = usartdiv;                    //将 usartdiv 的整数部分赋值给 mantissa
    fraction = (usartdiv - mantissa) * 16;  //得到小数部分@OVER8 = 0
    mantissa << = 4;
    mantissa + = fraction;

    RCC->AHB1ENR| = 1 << 0;                 //使能 PORTA 口时钟
    RCC->APB2ENR| = 1 << 4;                 //使能串口 1 时钟
```

```
GPIO_Set(GPIOA,(0X03 ≪ 9),2,0,2,1);          //PA9,PA10,复用功能,上拉输出
GPIO_AF_Set(GPIOA,9,7);                       //将 PA9 复用为 AF7 功能
GPIO_AF_Set(GPIOA,10,7);                      //将 PA10 复用为 AF7 功能
USART1 ->BRR = mantissa;                      //设置波特率寄存器

USART1 ->CR1& = ~(1 ≪ 15);                    //设置 OVER8 = 0
USART1 ->CR1| = 1 ≪ 3;                        //串口发送使能
USART1 ->CR1| = 1 ≪ 13;                       //串口使能
}
```

熟悉寄存器方式的串口初始化非常有用,有时某些原因导致 STM32CubeMX 对串口的初始化出现问题时,由于背后所用的 HAL 库的高度抽象性,排查错误比较困难,这时可以在输出的工程中的串口初始化部分直接使用寄存器方式进行初始化。

项目 8.5　HAL 库的串口 API 函数及其使用

8.5.1　HAL 库外设的通用接口函数的分类

HAL 库设计了 4 种通用接口函数,分别是:

① 初始化和去初始化函数。其中初始化函数根据 PPP_InitTypeDef 中指定的参数完成 PPP 外设的初始化操作,去初始化函数的作用则相反,它用于解除初始化并将模块复位。初始化函数命名为 HAL_PPP_Init();去初始化函数命名为 HAL_PPP_DeInit()。

② I/O 操作函数。这类函数用于外设的数据传输,分为两类:一类是简单外设(如 GPIO 等),对这类外设配置有读写等 I/O 操作函数;另一类是复杂外设(如 CAN、UART 等),对这类外设配置有 3 类 I/O 操作函数,分别为轮询方式操作函数、中断方式操作函数、DMA 方式操作函数。

③ 控制函数。用于动态更改外设配置和其他操作模式。

④ 外设状态和错误函数。这类函数用于获取外设的运行状态及出错信息。

8.5.2　串口通用接口函数

串口通用接口函数的定义位于 stm32f4xx_hal_gpio.c 中,这里只介绍初始化函数和 I/O 操作函数。

(1) 串口初始化函数

由于 STM32 的串口可以配置为多个功能,每个功能初始化不同,因此串口的初始化函数有多个。比如,若要将串口设置为通用异步收发器外设(UART),HAL 库提供的初始化函数是 HAL_UART_Init();若要将串口设置为半双工模式,HAL 库提供的初始化函数是 HAL_HalfDuplex_Init();若要对串口进行与 MCU 相关的初始化,HAL 库提供的函数是 HAL_UART_MspInit()。

下面对常用的初始化函数 HAL_UART_MspInit()和 HAL_UART_Init()进行简单介绍。

① 函数 HAL_UART_MspInit()的定义如图 8-43 所示。

```
__weak void HAL_UART_MspInit(UART_HandleTypeDef *huart)
{
    /* Prevent unused argument(s) compilation warning */
    UNUSED(huart);
    /* NOTE: This function should not be modified, when the callback is needed,
             the HAL_UART_MspInit could be implemented in the user file   */
}
```

图 8-43　函数 HAL_UART_MspInit( )的定义

可以看到该函数使用__weak 修饰,是一个弱函数。若用户在用户文件中重新定义一个同名函数,则最终编译器编译时,会选择用户定义的函数,若用户没有重新定义这个函数,则编译器就会执行__weak 声明的函数,并且编译器不会报错。对于这类函数,用户可以在其他地方定义一个相同名字的函数,尽量不要修改之前的函数。使用 STM32CubeMX 创建工程时,会根据用户配置自动生成一个同名函数。

② 初始化为通用异步收发器的函数 HAL_UART_Init()。HAL_UART_Init()的入口参数只有一个,就是串口外设句柄,在该函数中先调用 HAL_UART_MspInit()配置与 MCU 相关的设置,接下来才调用函数 UART_SetConfig()配置串口的寄存器。

(2) I/O 操作函数

串口的 I/O 操作函数为输入/输出函数,HAL 库针对各种应用设计了多个串口的 I/O 操作函数,主要有:

① 轮询方式操作函数。发送数据函数为 HAL_UART_Transmit(),接收数据函数为 HAL_UART_Receive()。

② 中断方式操作函数。发送数据函数为 HAL_UART_Transmit_IT(),接收数据函数为 HAL_UART_Receive_IT()。

③ DMA 方式操作函数。发送数据函数为 HAL_UART_Transmit_DMA(),接收数据函数为 HAL_UART_Receive_DMA()。

在以上函数中,带 IT 的工作于中断方式,带 DMA 的工作于 DMA 方式,什么都不带的工作于轮询方式。

由于前面已经对轮询方式和中断方式接收函数进行了详细介绍,因此下面只介绍轮询方式发送函数的使用及其内部工作过程。

例 1：使用轮询方式发送字符串“beijing”。假设已经初始化句柄为 huart1。

```
uint8_t TxBuffer[] = "beijing";
HAL_UART_Transmit(&huart1, TxBuffer, 7, 100);
```

下面,详细介绍应用 HAL_UART_Transmit 进行数据发送的过程,假设字长设置为 8 位,整个发送过程如下:

① 首先使用语句:

```
if ((pData == NULL) || (Size == 0U))
{
    return  HAL_ERROR;
}
```

判断发送缓冲区指针 pData 是否为空和待发送的数据个数 Size 是否为 0,如果 pData 不为空或者 Size 不为 0,则进入第②步。

② 对句柄 huart 中的成员 TxXferSize 和 TxXferCount 进行初始化。

③ 发送次数 TxXferCoun 减 1,然后用以下语句发送缓冲区第 1 个数据:

$$huart \to Instance \to DR = (* pData ++ \& (uint8\_t)0xFF);$$

这条语句循环执行直到数据发送完毕。

8.5.3 使用轮询发送函数进行串口的重定向

重定向指重新定方向。在进行嵌入式系统开发时,常常需要使用串口来测试代码执行得正确与否,这时候就要用到 printf() 函数,但在 C 语言中,printf() 函数是格式化输出到显示器,并不能输出到串口助手中,所以需要进行重定向,使之能使用嵌入式平台的串口发送数据到串口助手中。

因为 printf() 在 C 标准库函数中实质是一个宏,最终调用 fputc( )函数,所以只需将 fputc() 函数改写成以下方式即可:

```
int fputc(int ch,FILE * f)
{
    uint8_t temp[1] = {ch};
    HAL_UART_Transmit(&huart1,temp,1,2);    //huart1 是串口的句柄
    return ch;
}
```

改写时要注意使用的串口,在本书的实验中均使用 USART1 向 PC 端发送数据,所以在 HAL 的串口发送语句中的第一个参数中使用的是 USART1 的句柄 huart1。改写后,当链接器检查到用户编写了与 C 库函数同名的函数时,会优先使用用户编写的函数。我们将改写的 fputc() 函数放置于 STM32CubeMX 生成工程的 usart.c 中,并注意将头文件 stdio.h 添加进来,添加结果如图 8-44 所示。

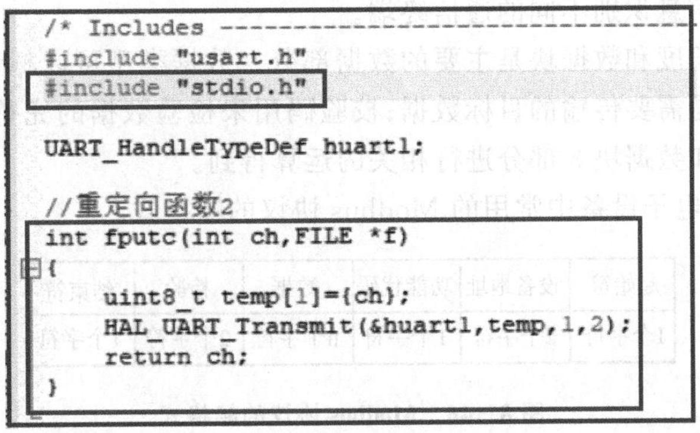

图 8-44 printf()函数重定向

除了要改写函数,还需要在 Keil 中将目标选项中的 Use MicroLIB 选中,具体如图 8-45 所示。

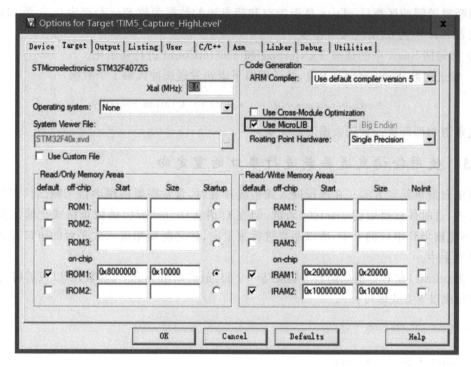

图 8 - 45   重定向 printf 函数时 Keil 的设置

接下来就可以使用 printf()向串口助手发送数据了。

8.5.4   自定义帧格式传输

在前面的例程中都是以字节方式直接收发数据,而在一般的项目开发过程中,往往需要两块或多块单片机以数据包的形式进行数据传输以确保传输的可靠性。我们把这种数据包称为一帧数据。一般一帧数据包含以下几个组成部分:帧头、地址信息、数据类型、数据长度、数据块、校验码和帧尾等。其中帧头和帧尾用于数据包完整性的判别;地址信息主要用于多机通信中,通过不同的地址信息识别不同的通信终端。

数据类型、数据长度和数据块是主要的数据部分。数据类型可以标识后面紧接着的是命令还是数据;数据块是需要传输的目标数据;校验码用来检验数据的完整性和正确性,通过对数据类型、数据长度和数据块 3 部分进行相关的运算得到。

图 8 - 46 给出了电子设备中常用的 Modbus 协议的帧格式。

起始符	设备地址	功能代码	数据	检验	结束符
1个字符	2个字符	1个字符	n个字符	2个字符	1个字符

图 8 - 46   Modbus 协议的帧格式

下面通过一个任务来学习自定义帧及其使用。

【**任务 8 - 3**】   自定义数据帧,用于控制 DS0(LED0)和 DS1(LED1)的亮灭,数据的接收采用中断方式实现。

【思路分析】

仿照 Modbus 协议来自定义一个串口协议,具体如表 8−2 所列。

表 8−2 自定义数据帧

起始符	功能码	数 据	校 验	结束符
0xaa	0x00 或 0x01	0x00 或 0x01	功能码+数据	0x55

该自定义协议分为 5 部分,其中:

➢ 起始符为 0xaa;

➢ 功能码为 0x00 或者 0x01,用于选择控制对象,若为 0x00,则控制对象为 DS0,若为 0x01,则控制对象为 DS1;

➢ 数据位为 0x00 表示打开受控设备(DS0 亮),为 0x01 表示关闭受控设备(DS0 暗);

➢ 校验针对功能码和数据之和进行;

➢ 结束符为 0x55。

【实现过程】

本任务涉及 2 个模块:LED 灯模块、串口模块。

➢ LED 灯模块的 PF9 和 PF10 配置为推挽输出。

➢ 串口使用 USART1,工作模式配置为既可接收也可发送,同时接收使用中断方式接收,要注意配置接收中断使能和设置抢占式优先级(因为本任务只有一个中断,所以也可以不设置),将这两个模块和时钟配置模块 RCC 配置好,并设置好工程相关信息,然后生成工程。

下面介绍任务代码的编写。

(1)整体思路设计

在模块 6 中已经介绍过,嵌入式系统的中断可以用图 8−47 进行描述。

在本任务中,设计程序 1 为 main 函数,中断源为 USART1 的接收完成,串口 1 的中断服务函数为 USART1_IRQHandler()。中断服务函数 USART1_IRQHandler()先执行 HAL 库的 HAL_UART_IRQHandler()函数,然后在该函数中调用 UART_Receive_IT(),再通过在 UART_Receive_IT()函数中执行中断回调函数 HAL_UART_RxCpltCallback()来执行用户功能。即要实现的功能需要用户本身编写于 HAL 库的串口的接收完成回调函数 HAL_UART_RxCpltCallback()中。注意,接收中断函数 UART_Receive_IT()在调用接收完成中断回调

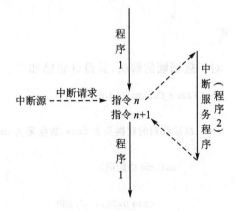

图 8−47 中断执行过程

函数 HAL_UART_RxCpltCallback()之前已经将接收中断关闭,所以若需要进行多次接收,就需要在回调函数中重新开启接收中断。

为了尽量减少 CPU 中断处理的时间,以防其他中断得不到及时有效的执行,我们将中断

回调函数设计如下：

```
void HAL_UART_RxCpltCallback(UART_HandleTypeDef * huart)
{
    if( huart1.Instance == USART1)
    {
        Rxflag = 1;
        HAL_UART_Receive_IT(&huart1, (uint8_t *)RxBuffer,5);
    }
}
```

在该回调函数中，只将接收中断标志置 1 说明已经完成数据的接收，同时重新开启接收中断。

对自定义数据帧的解码我们放置于 main() 函数中，采用轮询方式查询接收标志 Rxflag 是否已经被置 1，若被置 1，则说明数据接收完成，然后清空 Rxflag 并对接收到的数据帧进行解码，由此得到 main() 函数的设计如下：

```
int main(void)
{
    系统初始化；
    说明串口使用中断方式接收 5 个字节的数据放置到缓冲数组中；
    while(1)
    {
        if(Rxflag == 1)  //说明数据接收完成
        {
            Rxflag = 0;  //清空标志位，为下一次接收做好准备
            对数据帧进行解析；
            解析完成，清空接收缓冲数组中的数据，为下一次接收做准备；
        }
    }
}
```

对于数据帧的解析，其设计思路如下：

```
void Frame_Control(void)
{
    if(接收到的数据头为 0xaa,数据尾为 0x55,校验正确)
    {
        switch(功能码)
        {
            case 0x00:  //DS0
            {
                依据数据字节对 LED0 等作出亮灭控制；
            }
            break;
            case 0x01:  //DS1
            {
```

依据数据字节对 LED1 等作出亮灭控制；

```
            }
            break;
        }
    }
}
```

（2）具体代码添加过程

添加串口重定位函数和声明帧解析函数等，如图 8 - 48 所示。其中，fputc()为串口重定位函数，♯include "stdio. h"为 fputc 函数的声明信息，缓冲区 RxBuffer 用于接收从串口助手中发送过来的自定义帧，变量 Rxflag 用于标识是否接收到数据，若接收完成则置 1，否则置 0。

```
22  #include "main.h"
23  #include "usart.h"
24  #include "gpio.h"
25  #include "stdio.h"
26
27  uint8_t RxBuffer[5] = {0};    //接收缓冲区
28  uint8_t Rxflag = 0;           //接收完成标志，为0表示接收没有完成
29
30  void SystemClock_Config(void);
31  void Frame_Control(void);
32
33  int fputc(int ch, FILE *f)
34  {
35      uint8_t temp[1]={ch};
36      HAL_UART_Transmit(&huart1,temp,1,2);    //huart1是串口的句柄
37      return ch;
38  }
```

图 8 - 48 添加串口重定位示意图

将 main()函数改成如图 8 - 49 所示。其中，语句 HAL_UART_Receive_IT(&huart1,(uint8_t *)RxBuffer, 5)；表示 USART1 的接收工作于中断方式，一次接收 5 个数据，接收到的数据置于 RxBuffer 中。

```
int main(void)
{
    uint8_t i = 0;    1. 定义一个循环变量
    HAL_Init();
    SystemClock_Config();
    MX_GPIO_Init();
    MX_USART1_UART_Init();
    /* USER CODE BEGIN 2 */                   2. 显示帧信息
    printf("********************* Frame test ********************\r\n");
    printf("Head->0xaa Device->0x00/0x01 Operation->0x00/0x01 Check:Device+Operation Tail->0x55.\r\n");
    printf("Please enter instruction:\r\n");
    HAL_UART_Receive_IT(&huart1, (uint8_t *)RxBuffer, 5);    3. 使用中断方式接收
    /* USER CODE END 2 */
    while (1)
    {
        if(Rxflag == 1)    //判断数据是否接收完成
        {
            Rxflag = 0;
            Frame_Control();                              4. 对接收到的帧进行处理
            for( i=0; i<5; i++)
                RxBuffer[i] = 0;
        }
    }
}
```

图 8 - 49   main( )函数内容示意图

while 循环首先对接收标志进行判断,若接收到数据,则将标志位置 0,用于下一次判断。然后通过调用函数 Frame_Control()对接收到的数据帧进行分析并作出相应动作。执行完成后重新对接收缓冲区进行初始化。

  添加中断回调函数,如图 8 - 50 所示。在中断回调函数中,首先判断中断源是不是 USART1,若是则将接收标志位置 1,然后重新开启串口接收中断。

```
/* USER CODE BEGIN 4 */
void HAL_UART_RxCpltCallback(UART_HandleTypeDef *huart)
{
   if( huart1.Instance == USART1)
   {
      Rxflag = 1;
      HAL_UART_Receive_IT(&huart1, (uint8_t *)RxBuffer,5);
   }
}
```

图 8 - 50　接收中断回调函数

  添加帧分析和处理函数,如图 8 - 51 所示。在该函数中,首先对帧头、帧尾和帧校验进行判断,若正确则对受控对象进行判断,然后是具体的执行动作。

```
void Frame_Control(void)
{
  uint8_t temp = RxBuffer[1]+RxBuffer[2];
  if(RxBuffer[0] == 0xaa && RxBuffer[4] == 0x55 && (temp == RxBuffer[3])) //说明帧完整且正确
  {
    switch(RxBuffer[1])
    {
    case 0x00:      /* DS0 */
    if(RxBuffer[2] == 0x00)
    {
      HAL_GPIO_WritePin(GPIOF,GPIO_PIN_9,GPIO_PIN_RESET);
      printf("DS0 is Open!\r\n");
    }
    else if(RxBuffer[2] == 0x01)
    {
      HAL_GPIO_WritePin(GPIOF,GPIO_PIN_9,GPIO_PIN_SET);
      printf("DS0 is Close!\r\n");
    }
    break;
    case 0x01:    /* DS0 */
    if(RxBuffer[2] == 0x00)
    {
      HAL_GPIO_WritePin(GPIOF,GPIO_PIN_10,GPIO_PIN_RESET);
      printf("DS1 is Open!\r\n");
    }
    else if(RxBuffer[2] == 0x01)
    {
      HAL_GPIO_WritePin(GPIOF,GPIO_PIN_10,GPIO_PIN_SET);
      printf("DS1 is Close!\r\n");
    }
    break;
    }
  }
  else
  {
    printf("Frame Receive Error! Please Send again!\r\n");
  }
}
```

图 8 - 51　帧分析和处理函数示意图

  将程序添加好后,对工程进行编译链接并将结果下载到开发板中。

将开发板连接 PC 并给开发板上电。

打开串口调试助手,设置波特率等参数与程序设置参数一致,选择采用十六进制进行发送,然后打开串口助手,如图 8-52 所示。

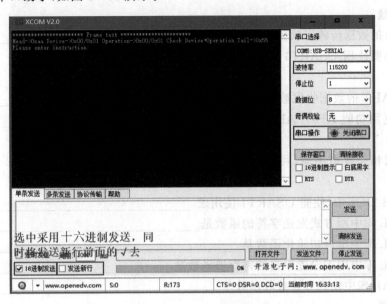

图 8-52　串口助手设置

在输入窗口中输入相关信息,要点亮 DS0,则应该输入:aa 00 00 00 55;若要点亮 DS1,则应该输入:aa 01 00 01 55。要注意,输入校验值为输入设备和数据之和。串口结果如图 8-53所示。

图 8-53　显示结果

至此,整个功能任务完成。

思考与练习

1. 填空题

(1) 串口的数据传输以帧为单位,一帧数据包括_____。

(2) 如果要使用 USART1 发送字符'b',可采用语句_____
实现。

(3) USART 的数据收发波特率的计算公式为_____。

(4) 在复用功能 AF0～AF15 中,_____为复用为 USART2 功能,_____为复用为
TIM1 功能。

(5) 查阅相关数据手册,可以发现引脚_____可以作为 USART2 的发送端 TX
引脚。

(6) 在 HAL 库中,使能 USART1 使用宏_____来实现。

(7) HAL 库中断方式发送字符的函数是_____。

(8) HAL 库中串口初始化函数是_____。

(9) HAL 库中用于设置串口的寄存器函数是_____。

(10) HAL 库中轮询方式接收函数是_____。

2. 思考题

(1) 试写出使用 USART 收发收据时的初始化流程。

(2) 在 STM32 的串口中,USART 和 UART 各有几个? 它们有什么区别?

认识 STM32 的定时器

教学目标

◆ 能力目标

1. 能应用 STM32CubeMX 对定时器进行配置。
2. 能使用 HAL 库接口函数开发定时器相关应用,如定时、输出 PWM 波形及对输入脉冲进行计数。

◆ 知识目标

1. 了解定时器的基础知识。
2. 掌握 STM32 的定时器结构及其定时运行原理。
3. 掌握 STM32 的定时器轮询及中断操作原理。
4. 掌握 HAL 库的定时器接口使用方法。

◆ 项目任务

1. 通过任务实施掌握定时器中断的应用。
2. 通过任务实施掌握 PWM 信号的产生及控制。
3. 通过任务实施掌握应用定时器测量电平的持续时间。

项目 9.1 STM32 定时器的基础知识

定时器是一种用于对周期固定的输入脉冲进行计数并达到计时目的的电路。它与计数器略有不同,计数器用于对输入脉冲进行计数,这个输入脉冲的周期可能不固定。不过,从计数层面来说,定时器本质上也是一种计数器。定时器是单片机中非常重要的一个模块,广泛应用于计时、生产线计数、数字仪表、电机控制、信号捕获等工业控制领域,是单片机学习的一个非常重要的知识点。它与串口、中断一起构成处理器学习的"三驾马车",对于这 3 个模块,不但要懂得用,要精通,而且要理解它们的工作原理。

9.1.1 STM32 定时器的分类及其特点

STM32F407ZGT6 一共有 17 个定时器,可分为两类:一类是内核定时器,另一类是片内外设定时器。片内外设是指这类外设位于芯片内,这个"外"是相对于内核而言的。内核定时器只有一个,就是 Systick 定时器。片内外设定时器有 16 个,分为两类:一类是常规定时器,这类定时器即平时所说的定时器;另一类是专用定时器。常规定时器又分为基本定时器、通用定时器和高级定时器,一共 14 个;专用定时器一共有 2 个,分别是看门狗定时器和实时时钟定时器。这些定时器分类如图 9-1 所示。

14 个常规定时器中,基本定时器有 2 个,通用定时器有 10 个,高级定时器有 2 个,它们的特点如表 9-1 所列。其中,基本定时器没有输入/输出通道,常用作时间基准,实现基本的定时/计数功能;通用定时器具备多路独立的捕获和比较通道,可以完成定时/计数、输入捕获和输出比较等功能;高级定时器除具备通用定时器功能外,还具备带死区控制的互补信号输出、断路输入等功能。

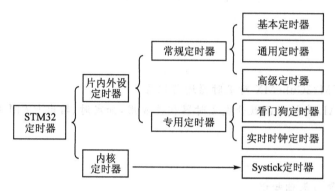

图 9-1 STM32 定时器分类

表 9-1 STM32F4 定时器的特点

类 型	名 称	位 数	计数方式	预分频系数	捕获/比较通道	互补输出	挂接总线
高级定时器	TIM1、TIM8	16	递增、递减、中心对齐	1~65536	4	支持	APB2
通用定时器	TIM2、TIM5	32	递增、递减、中心对齐	1~65536	4	不支持	APB1
	TIM3、TIM4	16	递增、递减、中心对齐	1~65536	4	不支持	APB1
	TIM9	16	递增	1~65536	2	不支持	APB2
	TIM12	16	递增	1~65536	2	不支持	APB1
	TIM10、TIM11	16	递增	1~65536	1	不支持	APB2
	TIM13、TIM14	16	递增	1~65536	1	不支持	APB1
基本定时器	TIM6、TIM7	16	递增	1~65536	0	不支持	APB1

需要注意的是,STM32 的定时器并不是直接挂接在 APB 总线上,而是挂接在与 APB 总线相连的倍频器的输出端,具体如图 9-2 所示。

由图 9-2 可知,TIM2~TIM7、TIM12~TIM14 的内部时钟信号来源于 APB1,TIM1、TIM8~TIM11 的内部时钟信号来源于 APB2,但是,都不是直接来源于 APB1 或者 APB2,而是来自于 APB1 和 APB2 的输出倍频器。不过这些定时器的时钟频率并不是直接等于 APB 的频率乘以 2,而是与 APB 的预分频系数有关。当 APB 的预分频系数(APBx PRESC)为 1时,这个倍频器不起作用,定时器的时钟频率=APB 的频率;当 APB 的预分频系数为其他数值时,这个倍频器起作用,定时器的时钟频率等于 APB 频率的 2 倍。在本书中,配置的 APB1的预分频系数为 4,APB2 的分频系数为 2,都不是 1,所以这些定时器内部时钟频率都要倍频。

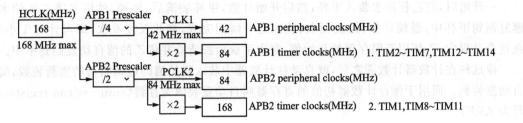

图 9-2　定时器的时钟频率及其所挂接的外设

9.1.2　定时器的计数过程及相关概念

一个最简单的定时器由脉冲源和计数器组成。脉冲源输出周期固定的脉冲信号,计数器用于对脉冲源发送过来的脉冲信号进行计数。以图 9-3 所示的水龙头滴水为例来说明 STM32 定时器的工作原理和定时器的涉及的一些概念和寄存器。

假设图 9-3 中的水龙头每秒滴下一滴水,水杯一共可以装 780 滴水,接下来用该系统来计时。在该系统中,水龙头为信号源,水滴为信号,杯子为计数器(counter,简写为 CNT)。

1. 计数器的最大计数值

图 9-3 所示的例子,杯子最多可以装 780 滴水,780 就是计数器的最大值。

2. 计数器的初始值

在图 9-3 中,如果从空杯开始接水到杯子接满,一共 780 滴,历时 780 s 即 13 分钟。而如果我们用该系统计时 10 分钟,该如何做呢? 可以先往该杯子中装入 180 滴水,则从此时开始到水装满杯子就是 10 分钟了,而这个一开始就装入计数器中的值,就是计数器的初值。

3. 上溢和下溢

在图 9-3 中,将水加满时会发生溢出,这种溢出由于是向上递增导致的,故称上溢。与上溢相对的是下溢,如果是将杯子的水放干,则放干时也可以认为是一种溢出,称为下溢。

4. 重装值和自动重装值寄存器

在图 9-3 所示的定时器中一次最多可以定时 13 分钟,现在有一个问题,如果我们想定时 1 小时,也就是超过定时器一轮定时时间,该如何实现呢? 我们可以采用下面的方法:一开始就装入杯子 180 滴水,满后迅速倒掉,然后再装入 180 滴水,如此反复,经过 6 次刚好实现 1 小时定时。在这个过程中,我们要准备两个杯子,一个杯子用于接水做计数器,另一个用于保存计数器的初始值(为了方便讨论,假设水是可以复制的),如图 9-4 所示。

甲杯水满后迅速倒掉然后将乙杯的水装入

甲　乙

图 9-3　水龙头和水杯构成的定时器示意图　　　**图 9-4　重装值示意图**

一开始时,将乙杯的水装入甲杯,然后开始计数,甲杯装满后,倒掉,然后又将乙杯的水迅速复制到甲杯中,继续计数,假设倒水、装水是一瞬间完成,如此反复 6 次,即可计时 1 小时。在这个过程中,乙杯用于保存甲的初始值,每次甲满后都清 0 并将乙的值自动复制到甲中。

像这种在计数器计数满之后,就自动往计数器中装入初始值的过程叫自动重新装载,简称自动重装载。而用于保存计数器初值的寄存器叫自动重装值寄存器(auto - reload register,简写为 ARR)。

5. 预分频器、分频系数及预分频寄存器

在前面的例子中,每一滴水滴到杯子经历的时间是 1 s,一次装满可以计时 13 分钟。而如果希望将计时值扩大,一轮装满就可以有 1 小时甚至更长的时间,有什么办法呢?由于甲杯的容量是确定的,因此需要在滴落过程想办法—减缓水滴落到甲杯的时间。为此,我们设计这样一个缓冲器,该缓冲器放置于水龙头和甲杯的中间,每接收到 5 滴水,缓冲器就滴落 1 滴到甲杯中,这样将甲杯从 0 到满经历的时间就是 5 s×780＝65 分钟了,可见计时范围大大扩大。

像这种装满 5 滴水才会流出 1 滴的缓冲器叫预分频器(prescaler,简写为 PSC),这个 5 为预分频器的分频值。分频后信号频率减小但周期增加,用于装载分频值的寄存器叫预分频寄存器。

6. 信号捕获和比较寄存器

现在用图 9 - 3 所示的装置来获取使用热水器烧水的时间,我们准备好一张纸和笔。假设在第 5 滴水落下的瞬间按下热水器的开关开始烧水,并将这个 5 记录到纸上。当水烧开时,热水器的开关自动断开,假设断开瞬间刚好第 725 滴水落下到水杯,将这个 725 记录到纸上。由于此时没有预分频,所以水杯接到的水是 1 秒 1 滴,由此计算出烧水所用的时间为 725－5＝720 s。

在这个过程中,开关的按下与弹起称为触发;将触发瞬间计数器的值记录到纸上,这个过程叫捕获;记录捕获到的计数值的纸称为捕获寄存器(capture register),由于该寄存器还被用作比较寄存器,所以全称为 capture/compare register(捕获/比较寄存器),简写为 CCR。

9.1.3 STM32 定时器的工作原理

STM32 定时器核心单元由以下 4 部分构成:预分频器、自动重载寄存器、计数器和捕获/比较寄存器(基本定时器没有这个寄存器),如图 9 - 5 所示。

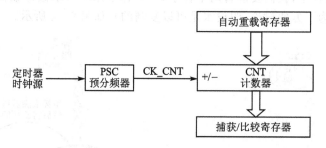

图 9 - 5 STM32 定时器核心部分示意图

其中:

➢ 计数器 CNT 是整个定时器的核心,定时器的其他电路都围绕它进行设计,它对从预分频器输出的信号 CK_CNT 进行计数,每来一个脉冲计数器加 1 或减 1,由计数模式决

定。若计数模式设置为向上计数,则为加 1,若计数模式设置为向下计数,则为减 1。

> 预分频器用于保存分频系数,这里要注意,STM32 的预分频器的分频系数不等于分频值,实际的分频值为预分频器中保存的分频系数加 1。
> 自动重载寄存器用于保存计数器的初值或者溢出值,若计数模式为向下计数,则自动重载寄存器中保存的计数器的初值,若计数模式为向上计数,则自动重载寄存器中保存的是计数器的溢出值。
> 捕获/比较寄存器用于保存比较值或者捕获到的计数值的值。

STM32 的 3 类常规定时器中,每一个定时器都有计数器、预分频器和自动重载寄存器,这些共同的单元称为 STM32 的时基单元。

下面通过一个例子来看定时器的定时原理。

例:假设 AHB＝168 MHz,APB1 的预分频系数为 4,定时器的信号源为 APB 总线的倍频器的输出信号,该如何使用 TIM3 进行 10 ms 定时?

分析:由于 TIM3 挂接在 APB1 的倍频器上,而 APB1 的预分频系数不为 1,因此 TIM3 输入信号的频率为 APB1 的倍频,即 84 MHz,可以采用以下两种方法来进行定时。

方法一:采用向下计数方式定时。此时可以设置计数器的输入脉冲的周期为 1 μs,计数器的初值为 10 000,然后一直循环读取计数器的值,当计数器的值等于 0 时,说明 10 ms 的定时时间到,然后关闭计数器。

采用这种方法时,可以将预分频器的值设置为 83,计数器的初值设置为 10 000,此时整个计数模块的数值和信号频率如图 9-6 所示。

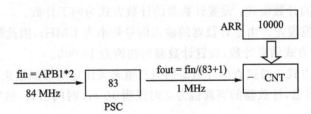

图 9-6 方法一的信号和计数模块设置

方法二:采用向上计数方式。此时可以设置计数器的输入脉冲周期为 1 μs,让计数器从 0 开始计数 10 000 次直至溢出,通过监视溢出来判断 10 000 次计数即 10 ms 是否到来。

采用这种方法时,应该设置 PSC 的值为 83,ARR 的值为 9 999,此时整个计数模块的数值和信号频率如图 9-7 所示。

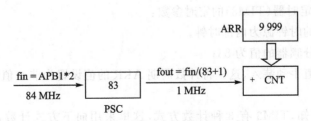

图 9-7 方法二的信号和计数模块设置

也许有读者会问,为什么采用方法一时 ARR 的值是 10 000,而采用方法二时 ARR 的值为 9 999？为什么此时 ARR 的值会比需要计数的值少 1 呢？

为了回答这个问题，我们以水杯装水为例来说明。假设一个水杯可以装 9 999 滴水，我们一滴一滴往该水杯装水，当装到第 9 999 滴时，水杯刚好装满，注意，此时没有溢出，所以处理器还没有收到溢出信号。然后再往水杯滴入一滴水，此时水杯溢出，处理器收到溢出信号。所以从开始滴水到处理器收到溢出信号，一共滴入的水滴有（9 999＋1）滴。这就是为什么方法二中采用溢出进行判断时 ARR 的值会比计数次数少 1 次。而方法一则不是采用溢出的方法来判断计数结束，它是通过读取计数器的值来判断，当读到的计数器的值为 0 时，刚好数够 10 000 次，所以方法一的初值为 10 000。

最后需要说明的是，设置 ARR 和 PSC 的值时范围不要越界（对于 TIM3，ARR 和 PSC 的最大值都是 65 535）。

项目 9.2　定时器应用基础篇

【任务 9 - 1】　使用定时器 TIM3 进行延时，使得 LED0 按 1 s 的时间间隔翻转其状态。

【分析】　为了获得 1 s 的定时，可以每次让定时器计时 10 ms，然后通过循环方式调用定时器 100 次获得 1 s 的定时时间。要想让定时器一次计时 10 ms，可以采用如下步骤实现：

① 定时器时钟源的选择：使用 APB 倍频器的输出信号作为 TIM3 的时钟源，可得 TIM3 的预分频器的输入时钟为 84 MHz。

② 预分频器的值：设置 PSC 的值为 83，可得 TIM3 的计数器频率为 1 MHz。

③ 选择计数器的计数模式：设置计数器的计数方式为向下计数。

④ 计数器的初值设定。由于计数器的输入信号频率为 1 MHz，因此计数器输入脉冲的周期为 1 μs，采用查询方式结束计数，设置计数器的初值为 10 000。

⑤ 计数结束的方式。通过查询计数器的当前值来关闭定时器以结束一次定时，具体为一直查询计数器的当前值，计数器的当前值为 0 时说明 10 ms 时间已到，然后结束一次定时。

【实现过程】

首先，选择目标芯片。

其次，配置引脚工作模式，将与 LED0 相连的 PF9 配置为输出。

再次，配置相关外设：

① 设置系统时钟源和时钟树；

② 设置调试接口（采用默认值）；

③ 设置使用的定时器（TIM3）的定时参数：

➢ 设置 TIM3 的时钟源为内部时钟；

➢ 设置 TIM3 分频器的值为 83；

➢ 计数器的初值手动装入，这里将计数周期 ARR 的值设置为非 0 值即可（设置为 0 计数器不工作）；

➢ 由表 9 - 1 可知，TIM3 有 3 种计数方式，这里采用向下方式计数，计数器计数到 0 时溢出。

定时器 TIM3 的整个设置过程如图 9 - 8 所示。

然后，对工程进行配置：只输出必须的模块代码，每个模块使用模块化进行组织，最后将工

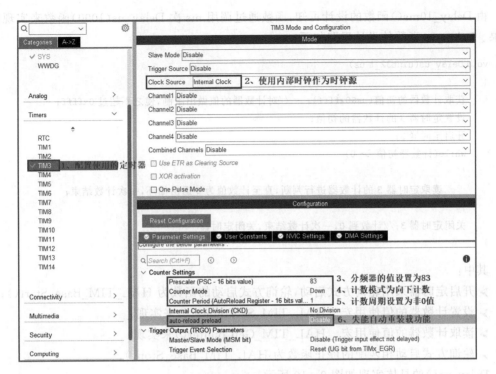

图 9 - 8　定时器 TIM3 配置示意图

程取名为 9 - 1TIM3_Delay,然后生成工程。

最后,打开生成的工程并添加用户代码,具体如下:

将主函数的 while 循环的内容改为如图 9 - 9 所示的形式。由前面介绍可知,这段函数代码使得与 PF9 相连的 DS0 的状态每隔 1 000 ms 反转一次(调用函数 Delay_10ms()一次延时10 ms)。

```
97      while (1)
98      {
99        /* USER CODE END WHILE */
100
101       /* USER CODE BEGIN 3 */
102       HAL_GPIO_TogglePin(GPIOF, GPIO_PIN_9);
103       Delay_10ms(100);
104     }
105     /* USER CODE END 3 */
106  }
```

图 9 - 9　while 循环内容示意图

设计函数 Delay_10ms(),代码如下:

```
void Delay_10ms(uint32_t ms)
{
    uint32_t i = 0;
    for(i = 0; i < ms; i++)
        Delay_us(10000);    //10 ms
}
```

由 Delay_10ms()函数的设计可知,函数通过调用 ms 次 Delay_us(1000)函数来实现延时效果。Delay_us 函数的设计思路如下:

```
void Delay_us(uint32_t us)
{
    获取计数器的初值(us&0xffff);    //对计数器的值做出限制,使之不超过 0xffff;
    设置定时器 3 的计数器的初值;
    开启定时器 3;
    while(计数器初值 > 0)
    {
        读取定时器 3 的计数器进行判断,直至计数值为 0 退出循环,一次计数结束;
    }
    关闭定时器 3;//计数到 0,一次计数结束,关闭定时器
}
```

其中:

➤ 开启定时器采用轮询方式启动,轮询方式启动的函数为 HAL_TIM_Base_Start();

➤ 设置计数器的值使用宏__HAL_TIM_SetCounter()来实现;

➤ 读取计数器的值使用宏__HAL_TIM_GetCounter()来实现;

➤ 轮询方式启动相匹配的停止函数为 HAL_TIM_Base_Stop()。

Delay_us()的具体实现如图 9 - 10 所示。

```
151    /* USER CODE BEGIN 4 */
152    void Delay_us(uint32_t us)
153    {
154        uint16_t counter = us&0xffff;
155        __HAL_TIM_SetCounter(&htim3, counter);
156        HAL_TIM_Base_Start(&htim3);
157        while(counter > 0)
158        {
159            counter = __HAL_TIM_GetCounter(&htim3);
160        }
161        HAL_TIM_Base_Stop(&htim3);
162    }
163
```

图 9 - 10　微秒级延时函数 Delay_us()示意图

注意:要记得声明函数 Delay_10ms 和 Delay_us,具体如图 9 - 11 所示。

```
52    /* USER CODE BEGIN PFP */
53    void Delay_us(uint32_t us);
54    void Delay_10ms(uint32_t ms);
55    /* USER CODE END PFP */
```

图 9 - 11　延时函数声明示意图

【任务结果】 将程序编译下载到 STM32 中,启动后可以看到 LED0 间隔 1 s 闪烁,至此,任务完成。

9.2.1 HAL 库定时器的基本操作函数和宏

1. 定时器普通方式启动函数和关闭函数的执行过程

在任务 9-1 中，定时器的启动和停止分别由函数 HAL_TIM_Base_Start()和 HAL_TIM_Base_Stop()来完成，这两个函数都只有一个参数，就是定时器句柄，该句柄在使用 STM32CubeMX 配置并生成工程后自动生成。一般来说，若被操作的对象为 TIM3，则句柄名为 htim3，若被操作的对象为 TIM7，则句柄为 htim7，其余类推。下面来看这两个函数的执行流程。

(1) 定时器普通方式启动函数

单击打开函数 HAL_TIM_Base_Start()，可以看到该函数的定义如下：

```
HAL_StatusTypeDef HAL_TIM_Base_Start(TIM_HandleTypeDef * htim)
{
    uint32_t tmpsmcr;
    assert_param(IS_TIM_INSTANCE(htim->Instance));  /*(1)检查函数参数*/
    htim->State = HAL_TIM_STATE_BUSY; /*(2)设置定时器的状态为忙状态，准备对定时器进行配置*/
    tmpsmcr = htim->Instance->SMCR & TIM_SMCR_SMS;
                        /*(3)和下一步 if 结合一起判断是不是触发模式启动定时器*/
    if (! IS_TIM_SLAVEMODE_TRIGGER_ENABLED(tmpsmcr))
    {
        __HAL_TIM_ENABLE(htim);          /*(4)如果不是触发模式启动，则使能定时器*/
    }
    htim->State = HAL_TIM_STATE_READY;  /*(5)定时器配置好后，重新将定时器配置为准备好的状态*/
    return HAL_OK;                       /*(6)返回定时器准备好的状态*/
}
```

可以看到，该函数主要在步骤(4)中通过宏__HAL_TIM_ENABLE()启动句柄 htim 的对象指向的定时器。

(2) 定时器普通方式关闭函数

打开函数 HAL_TIM_Base_Stop()，可以看到该函数的定义如下：

```
HAL_StatusTypeDef HAL_TIM_Base_Stop(TIM_HandleTypeDef * htim)
{
    assert_param(IS_TIM_INSTANCE(htim->Instance)); /*(1)检查函数参数*/
    htim->State = HAL_TIM_STATE_BUSY;       /*(2)设置定时器的状态为忙，准备配置定时器*/
    __HAL_TIM_DISABLE(htim);                 /*(3)关闭定时器*/
    htim->State = HAL_TIM_STATE_READY;      /*(4)设置定时器状态为准备好的状态*/
    return HAL_OK;                            /*(5)定时器外设配置完成，返回 OK*/
}
```

由函数 HAL_TIM_Base_Stop()的内容可以看到，该函数通过宏__HAL_TIM_DISABLE()来关闭定时器。

关于宏__HAL_TIM_ENABLE()和__HAL_TIM_DISABLE()这里不展开讨论，在后续

定时器的工作原理介绍中,读者可结合定时器寄存器位功能来自行了解。

2. 定时器/计数器值的设置和读取

定时器/计数器 CNT 值的设置通过宏__HAL_TIM_SetCounter()来完成,该宏有两个参数:第一个参数为定时器句柄,第二个参数为 CNT 的待设置值。

STM32 定时器的计数值通过宏__HAL_TIM_GetCounter()读出,该宏只有一个参数,就是目标定时器的句柄。关于 STM32 计数器值的设置和读取宏的应用可参考任务 9-1。

3. 定时器初始化函数

在 main()函数中对定时器进行初始化使用的是函数"MX_TIM3_Init()",该函数实际上是通过调用 HAL 库的定时器普通初始化函数 HAL_TIM_Base_Init()来完成对定时器的初始化。

函数 HAL_TIM_Base_Init()的定义如下(只列出部分主要内容):

```
HAL_StatusTypeDef HAL_TIM_Base_Init(TIM_HandleTypeDef * htim)
{
    if (htim == NULL)                                  /*判断定时器句柄是否为空*/
    {
        return HAL_ERROR;
    }


    if (htim ->State == HAL_TIM_STATE_RESET)           /*判断定时器是否处于复位状态*/
    {
        HAL_TIM_Base_MspInit(htim);                    /*调用 Msp 函数使能模块的时钟*/
    }
    htim ->State = HAL_TIM_STATE_BUSY;
    TIM_Base_SetConfig(htim ->Instance, &htim ->Init); /*设置定时器的底层寄存器*/
    htim ->State = HAL_TIM_STATE_READY;                /*将定时器设置为准备好的状态*/
    return HAL_OK;
}
```

可以看到,首先该函数通过调用 Msp 函数来使能模块的时钟(如有必要还会配置模块使用到的 GPIO 引脚),然后调用 SetConfig()函数来完成对底层寄存器的初始化。这点与串口的同类的通用初始化函数 HAL_UART_Init()一样,但要注意,串口的通用初始化函数中初始化串口后再使能串口,而定时器的初始化函数只是在完成初始化后将定时器设置成准备好的状态,不使能定时器。

【任务 9-2】 应用 STM32CubeMX 软件配置定时器 TIM3,实现 TIM3 中断方式控制 LED1 间隔 1 s 闪烁,在此过程中 LED0 常亮。

【实现过程】

首先,选择目标芯片。

其次,设置外设。

① 设置时钟模块,使用晶振/陶瓷振荡器作为时钟源,配置时钟树。

② 配置引脚工作模式。由于本任务使用 LED0 和 LED1 两颗 LED 灯,因此用于控制这两颗 LED 灯的引脚 PF9 和 PF10 都要设置为输出,其他可以采用默认或者将一开始的输出电

平改为高电平以关闭 LED 灯。

③ 设置 TIM3。设置过程如下：

➤ 采用内部时钟（APB 倍频器的输出信号作为定时器的输入信号）设置 TIM3 的时钟源；

➤ 预分频寄存器的值设置为 8 399（计数脉冲周期为 0.1 ms）；

➤ 定时器的定时周期设置为 10 000，即需要配置的自动重装载 ARR 寄存器的值为 9 999。

整个参数设置过程如图 9 - 12 所示。由于本任务要求使用中断方式定时，因此需要使能 TIM3 的全局中断，过程如图 9 - 13 所示。注意，因为本任务中只有一个用户中断，所以不需要设置中断的抢占优先级，若用户有多个中断，则需要为各个中断配置中断优先级。

图 9 - 12　TIM3 的时钟源、预分频值和重装值的设置

图 9 - 13　设置 TIM3 的中断

然后，对工程进行配置并输出代码。

这里将函数名取为 9 - 2TIM3_Int。

最后，编写用户程序。

这里需要在 main( )函数中添加用于开启 TIM3 中断的代码，如下：

`HAL_TIM_Base_Start_IT(&htim3);` //中断方式启动定时器

同时在 main. c 文件中增加 TIM3 的周期运行回调函数，具体如下：

`void HAL_TIM_PeriodElapsedCallback(TIM_HandleTypeDef * htim)`

{

```
        if(htim ->Instance == TIM3)
            HAL_GPIO_TogglePin(GPIOF, GPIO_PIN_10);
    }
```

由 TIM3 周期回调函数的内容可以看到,该函数只做一件事,即将 PF10 引脚的电平状态反转。

添加以上代码后,main()函数和周期回调函数的内容分别如图 9-14 和图 9-15 所示。

```
66   int main (void)
67  {
68      HAL_Init();
69      SystemClock_Config();
70      MX_GPIO_Init();
71      MX_TIM3_Init();
72      HAL_TIM_Base_Start_IT(&htim3);
73      while (1)
74      {
75      }
76  }
77
```

图 9-14   增加中断开启调用函数后的 main()函数

```
120  /* USER CODE BEGIN 4 */
121  void HAL_TIM_PeriodElapsedCallback(TIM_HandleTypeDef *htim)
122  {
123     if(htim -> Instance == TIM3)
124        HAL_GPIO_TogglePin(GPIOF, GPIO_PIN_10);
125  }
126  /* USER CODE END 4 */
```

图 9-15   TIM 的周期运行回调函数

【实验结果】

编译并将结果下载到开发板上,可以看到 LED0 常亮,LED1 间隔 1 s 闪烁,任务目标实现。

9.2.2   中断方式启动和关闭定时器

1. 定时器中断方式启动和关闭函数的执行流程

定时器中断方式启动和关闭函数分别由函数 HAL_TIM_Base_Start_IT()和 HAL_TIM_Base_Stop_IT()来完成,下面来分析这两个函数的执行过程。

(1) 定时器中断方式启动 HAL_TIM_Base_Start_IT()的执行过程

函数 HAL_TIM_Base_Start_IT()的定义执行过程如下:

```
HAL_StatusTypeDef HAL_TIM_Base_Start_IT(TIM_HandleTypeDef * htim)
{
    uint32_t tmpsmcr;
    assert_param(IS_TIM_INSTANCE(htim ->Instance));    /* (1)检查函数参数 */
    __HAL_TIM_ENABLE_IT(htim, TIM_IT_UPDATE);          /* (2)使能定时器的溢出中断 */
```

```
        tmpsmcr = htim->Instance->SMCR & TIM_SMCR_SMS;
        if (! IS_TIM_SLAVEMODE_TRIGGER_ENABLED(tmpsmcr)) /*(3)判断是否触发模式启动定时器*/
        {
            __HAL_TIM_ENABLE(htim);                        /*(4)启动定时器*/
        }
        return HAL_OK;                              /*(5)溢出中断使能和启动定时器后返回 OK 状态*/
}
```

对比普通方式启动和中断方式启动可以发现,普通方式只启动定时器,而中断方式则先开启溢出中断(假设使用的是溢出中断)然后再启动定时器,比普通方式启动多了一个定时器的溢出中断设置。

(2) 定时器中断方式关闭中断函数 HAL_TIM_Base_Stop_IT()的执行过程

函数 HAL_TIM_Base_Stop_IT()的定义及执行过程如下:

```
HAL_StatusTypeDef HAL_TIM_Base_Stop_IT(TIM_HandleTypeDef * htim)
{
    assert_param(IS_TIM_INSTANCE(htim->Instance));
    __HAL_TIM_DISABLE_IT(htim, TIM_IT_UPDATE);      /*(1)关闭定时器的溢出中断*/
    __HAL_TIM_DISABLE(htim);                        /*(2)关闭定时器外设*/
    return HAL_OK;                                  /* Return function status*/
}
```

与轮询方式停止定时器相比,中断方式先关闭定时器的溢出中断,再关闭定时器,比轮询方式多一个步骤。

2. 定时器中断的执行过程

当计数器发生上溢或下溢事件时,如果使能了对应的溢出中断,则定时器中断发生。此时如果设置有中断服务函数,则中断获得响应后,处理器将去执行中断服务函数。以 TIM3 的溢出中断为例,定时器执行中断函数的流程如下:

① 寻找 TIM3 中断入口地址。经过响应中断和优先级排序后,中断系统跳到文件 stm32f407xx.s 中寻找中断函数入口地址,该地址为 TIM3_IRQHandler。

② 执行 stm32f4xx_it.c 中 TIM3 的中断函数 TIM3_IRQHandler(),如图 9 - 16 所示。

③ 执行 stm32f4xx_hal_tim.c 中的 HAL 库的通用中断处理函数 HAL_TIM_IRQHandler()。在 HAL_TIM_IRQHandler()中处理溢出中断的代码如下:

```
(1)     if (__HAL_TIM_GET_FLAG(htim, TIM_FLAG_UPDATE) != RESET)
        {
(2)         if (__HAL_TIM_GET_IT_SOURCE(htim, TIM_IT_UPDATE) != RESET)
            {
(3)             __HAL_TIM_CLEAR_IT(htim, TIM_IT_UPDATE);
            #if (USE_HAL_TIM_REGISTER_CALLBACKS == 1)
                htim->PeriodElapsedCallback(htim);
            #else
(4)             HAL_TIM_PeriodElapsedCallback(htim);
            #endif /* USE_HAL_TIM_REGISTER_CALLBACKS */
```

```
    }
  }
```

```
186        /* USER CODE END SysTick_IRQn 0 */
187        HAL_IncTick();
188        /* USER CODE BEGIN SysTick_IRQn 1 */
189
190        /* USER CODE END SysTick_IRQn 1 */
191    }
192
193    /*******************************************
194    /* STM32F4xx Peripheral Interrupt Handlers
195    /* Add here the Interrupt Handlers for the
196    /* For the available peripheral interrupt
197    /* please refer to the startup file (start
198    *******************************************
199
200    /**
201      * @brief This function handles TIM3 glo
202      */
203    void TIM3_IRQHandler(void)
204    {
205        /* USER CODE BEGIN TIM3_IRQn 0 */
206
207        /* USER CODE END TIM3_IRQn 0 */
208        HAL_TIM_IRQHandler(&htim3);
209        /* USER CODE BEGIN TIM3_IRQn 1 */
210
211        /* USER CODE END TIM3_IRQn 1 */
212    }
213
```

图 9 - 16   TIM3 的中断函数 TIM3_IRQHandler( )

其中语句(1)使用宏 __HAL_TIM_GET_FLAG( )获取状态寄存器的溢出位,并判断其是否不等于 0(RESET),若不等于则说明发生了溢出。发生溢出后执行语句(2),通过宏 __HAL_TIM_GET_IT_SOURCE( )到定时器的中断使能寄存器 DIER 中判断溢出中断是否开启,若开启,则说明当前中断是溢出中断,接下来执行语句(3)清除中断状态位以便于下一次的中断到来的设置,然后执行语句(4)调用周期运行回调函数 HAL_TIM_PeriodElapsedCallback( )。注意,与串口中断的执行不同,HAL 库中在执行定时器周期性中断回调函数之前并不将定时器中断进行关闭(而只是清除标志位以便能继续接收下一次中断而已),然后才执行中断回调函数。

执行回调函数 HAL_TIM_PeriodElapsedCallback( )。该函数由用户自己根据中断实现任务编写。注意,由于定时器溢出后会自动装入初值继续计数,因此会使得定时器能够产生周期性的中断,即中断回调函数会获得周期性的执行,所以这种回调函数称为周期性回调函数。

项目 9.3   深入了解 STM32 定时器

STM32 定时器的核心是一个计数器,定时器的各种功能都围绕这个计数器设计。STM32 的这些定时器略有差别,不过若熟悉了高级定时器或通用定时器中的其中一个的工作原理及应用,其他的定时器即可轻松掌握,下面以通用定时器 TIM3 为例介绍 STM32 定时器的工作原理。TIM3 的内部结构框图如图 9-17 所示。由图可知,TIM3 主要由功能引脚、时钟源、触发控制、核心计数单元、输入通道、输出通道等构成。

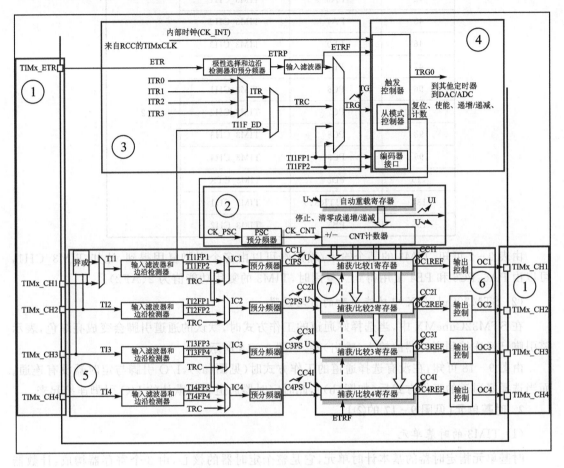

图 9-17　TIM3 的结构框图示意图

1. 定时器输入/输出端及 I/O 引脚的定时器复用(见图 9-17 的①)

(1) TIM3 的输入/输出端及 I/O 引脚的定时器复用

TIM3 有 5 个输入/输出端,分别是外部触发端 ETR 和 TIMx_CH1～TIMx_CH4。其中 TIMx_CH1～TIMx_CH4 既可以是输入也可以是输出,若某通道配置为输入,则 TIMx_CH1～4 为待捕获信号的输入端,若配置为输出,则 TIMx_CH1～TIMx_CH4 为信号输出端。

STM32F407 的定时器 TIM3 的输入/输出端需要和 I/O 引脚连接在一起才能让输入信号进入定时器或者让定时器的信号从 I/O 引脚输出。STM32F407ZGT6 的输入/输出端和 I/O 引脚关系如表 9-2 所列。

表 9 - 2　TIM3 的功能引脚

引脚序号	引脚名称	定时器功能	复用值(AF)
42	PA6	TIM3_CH1	
43	PA7	TIM3_CH2	
46	PB0	TIM3_CH3	
47	PB1	TIM3_CH4	
96	PC6	TIM3_CH1	
97	PC7	TIM3_CH2	2
98	PC8	TIM3_CH3	
99	PC9	TIM3_CH4	
116	PD2	TIM3_ETR	
134	PB4(NJTRST)	TIM3_CH1	
135	PB5	TIM3_CH2	

由表 9 - 2 可知,TIM3 的某个输入/输出端可以由多个引脚复用得到,比如 TIM3_CH1,可以由 PA6、PC6 和 PB4 复用得到。复用时,TIM3 的复用功能值为 2(AF2)。

(2) STM32CubeMX 中功能引脚的自动设置

在 STM32CubeMX 中,当选择好通道的工作方式时,默认的通道引脚会变成亮绿色,表示该引脚已经连接到定时器的输入(输出)端,如图 9 - 18 所示。

由图 9 - 18 可知,在没有选择通道的工作方式时(见图(a)),I/O 引脚与定时器没有连通。而当选择好通道的工作方式后(如图(b)),此时定时器通道将与默认的 I/O 引脚连接起来。

2. 时基单元(见图 9 - 17 的②)

(1) TIM3 的时基单元

时基单元指定时器的基本计时单元,它是整个定时器的核心,由 3 个寄存器构成:计数器 CNT、自动重载寄存器 ARR 以及预分频寄存器 PSC。TIM3 的这 3 个寄存器都是 16 位的。

① 计数器。计数器是时基单元的核心,计数方式有 3 种,如表 9 - 3 所列。

表 9 - 3　定时器计数方式及其描述

计数模式	计数过程	示 例
递增	从 0 开始递增计数,直到 ARR,发生溢出。计数器重装为 0,然后再计数到 ARR,再次溢出,如此反复	假设 ARR=5,计数过程为 0→1→2→3→4→5→0→1→……
递减	从 ARR 开始递减计数,直到 0,发生溢出。计数器重装为 ARR,然后再计数到 0,再次溢出,如此反复	假设 ARR=5,计数过程为 5→4→3→2→1→0→5→4→……
中心对齐	从 0 开始递增计数,直到 ARR-1,发生溢出;计数器重装为 ARR,然后开始递减计数直到 1,发生溢出,然后计数器的值重装为 0,开始下一轮计数	假设 ARR=5,计数过程为 0→1→2→3→4→5→4→3→2→1→ 0→1→2→……

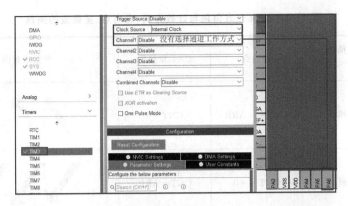

(a) 没有选择通道的工作方式

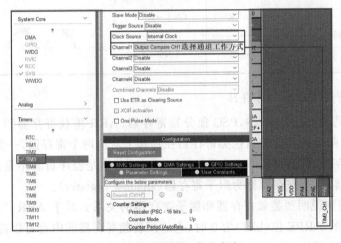

(b) 选择好通道的工作方式后

图 9 - 18   TIM3 的通道 1 的输入/输出引脚在 STM32CubeMX 中的设置示意图

计数器的初值由计数方式决定,若是递增计数和中心对齐模式,则计数器的初值为 0;若是递减计数,则计数器的初值为 ARR 的值。

② 预分频器用于对 CK_PSC 信号进行分频,以扩大定时器的定时范围及获取精确的计数时钟,其输出信号 CK_CNT 为计数器的计数源,CK_PSC 和 CK_CNT 的关系如式(9 - 1)所示:

$$CK\_CNT = CK\_PSC/(PSC+1) \tag{9 - 1}$$

PSC 的值范围为 0~65 535,所以计数器的预分频系数(PSC+1)在 1~65 536 之间。

③ 自动重载寄存器 ARR。ARR 存放计数的上限值(向上计数)或起始值(向下计数),用于供计数器与其进行比较,以确定计数溢出事件的发生。在周期计数时,ARR 决定计数的周期。

ARR 充当的角色与计数方式、溢出点、重装值的关系如表 9 - 4 所列。

表 9 - 4　ARR 充当角色与计数方式、溢出点、重装值的关系

描述 计数模式	溢出点	CNT 重装值	计数示意图
向上计数模式	CNT＝＝ARR	CNT＝0	
向下计数模式	CNT＝＝0	CNT＝ARR	
中心对齐模式	CNT＝＝ARR－1	CNT＝ARR	
	CNT＝＝1	CNT＝0	

（2）预装载寄存器和影子寄存器

需要注意的是，在图 9 - 17 中，PSC 预分频寄存器、ARR 重载寄存器和 CCR 寄存器下面有一个阴影，这个阴影的意思是指这类寄存器在物理上对应两个寄存器，一个是程序员可以写入或者读出的寄存器，称为预装载寄存器（preload），另一个是程序员看不见的，但在实际中真正起作用的寄存器，这个寄存器称为影子寄存器（shadow register）。

以 ARR 为例来说明预装载寄存器和影子寄存器的关系。对于 ARR，当定时器控制寄存器 TIMx_CR1 中的 ARPE 位（bit7）为 0 时，它的预装载寄存器的内容可以随时传送到影子寄存器，此时两者是连通的；当 ARPE 位为 1 时，在每一次更新事件发生时，预装载寄存器的内容才被传送到影子寄存器。

设计预装载寄存器和影子寄存器的好处是，所有真正需要起作用的寄存器（影子寄存器）可以在同一个时间（发生更新事件时）被更新为所对应的预装载寄存器的内容，这样可以保证多个通道的操作能够准确地同步。若没有影子寄存器，或者预装载寄存器和影子寄存器是直通的，则软件更新预装载寄存器的值时，同时更新影子寄存器的值，因为软件不可能在一个相同的时刻同时更新多个寄存器，这时会造成多个通道的时序不能同步，如果再加上其他因素（例如中断），多个通道的时序关系有可能是不可预知的。

（3）PSC、ARR 和 CCR 值的更新

在定时器计数过程中，PSC、ARR 和 CCRx 的值在发生更新事件时会被更新，更新事件包括上溢和下溢等，更新过程如下：

① 预分频器的缓冲区中将重新装载预装载值（TIMx_PSC 寄存器的内容）。

② 自动重载活动寄存器将以预装载值（TIMx_ARR 寄存器的内容）进行更新。

③ CCRx 的预装载值寄存器将以预装载值（TIMx_CCRx 寄存器的内容）进行更新。

注意，自动重载寄存器会在计数器重载之前得到更新，因此，下一个计数周期就是我们所希望的新的周期长度。

下面对这 3 个寄存器的更新过程进行详细介绍。

首先是 PSC 的更新。

图 9-19 给出了 PSC 更新时计数器的时序图。

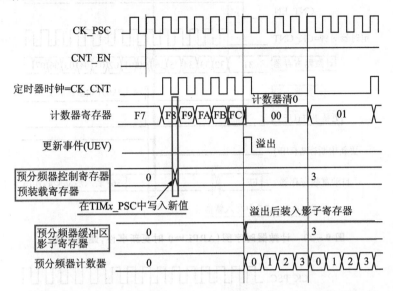

图 9-19　预分频器分频由 1 变为 4 时的计数器时序图(递增计数)

在图 9-19 中,ARR 的值为 0xFC,计数器采用向上计数方式,预分频器 PSC 的值一开始为 0。由图可见,当计数器计数到 F8 时,PSC 的预装载寄存器的值更新为 3(分频值为 4),但是此时预装载寄存器的值并没有装入到影子寄存器中,实际起作用的分频值仍然是 1。计数器计数到 FC 时,该值与 ARR 中的值相同,计数器清 0 重新开始计数,同时发生一个溢出事件。发生溢出事件后,PSC 的预装载寄存器的值装入到影子寄存器中,并同时发生作用,可以看到,此时预分频器计数器每计数 4 个输入脉冲信号才输出一个脉冲信号。

其次是 ARR 的更新。

ARR 的更新分为两种情况:一种是 TIM3_CR1 中的 ARPE 位为 0 的情况,一种是 ARPE 位为 1 的情况。

① ARPE=0,这种情况下 ARR 的预装载寄存器和影子寄存器直接连通,装入 ARR 的值立即生效,此时 ARR 的变化和计数器的时序之间的关系如图 9-20 所示。

在图 9-20 中,一开始 ARR 的值为 FF,在计数器计数到 32 时,向 ARR 装入 36,此时 ARR 立即生效,计数器计数到 36 时发生溢出事件。

② ARPE=1,这种情况下 ARR 的预装载寄存器的值只有发生更新事件时才装入影子寄存器,此时 ARR 的变化与计数器的时序之间的关系如图 9-21 所示。

在图 9-21 中,ARR 的初始值为 F5,当计数器计数到 F1 时,将新值 36 装入 ARR 中,注意此时 ARR 的影子寄存器的值仍然是 F5,直到计数器计数到 F5 发生溢出事件后,预装载寄存器的值才装入影子寄存器中并产生作用。图 9-20 和图 9-21 所举示例都为递增计数情况,其他计数模式类似,不再赘述。

最后是 CCRx 的更新。

通过将 TIMx_CCMRx 寄存器中的 OCxPE 位置 1 使能 CCRx 寄存器相应预装载寄存器,在发生更新事件时影子寄存器的值获得更新。

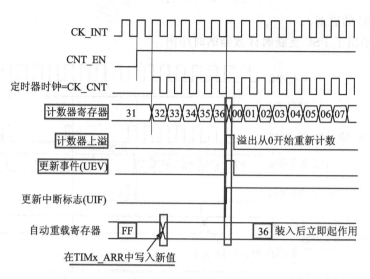

图 9-20 计数器时序图(ARPE=0 时更新事件,递增计数)

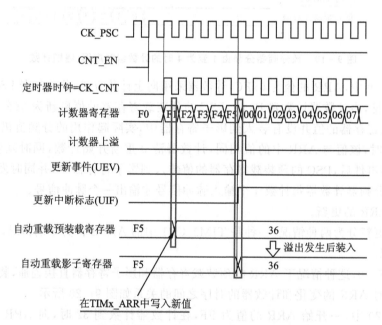

图 9-21 计数器时序图(ARPE=1 时更新事件,递增计数)

预装载功能在多个定时器同时输出信号时比较有用,可以确保多个定时器的输出信号在同一时刻变化,实现输出同步。若不涉及输出同步,则一般不需要开启预装载功能。

(4) HAL 库中定时器时基参数的封装

在应用 STM32 定时器时要先配置好定时器的一些基本参数,如 PSC、ARR、计数方式和 ARR 的生效方式等,HAL 中将这些参数封装在 TIM_Base_InitTypeDef 结构体中,该结构体的定义如下:

```
typedef struct
{
```

```
    uint32_t Prescaler;              /* 定时器的预分频寄存器值,范围为 0~0xFFFF */
    uint32_t CounterMode;            /* 计数方式 */
    uint32_t Period;                 /* 定时器的计数周期,即 ARR 的值,范围为 0~0xFFFF */
    uint32_t ClockDivision;          /* 设定定时器时钟 TIM_CLK 的分频值,用于输入信号滤波 */
    uint32_t RepetitionCounter;      /* 重复定时器的值,只针对高级定时器 */
    uint32_t AutoReloadPreload;      /* 设置 ARR 寄存器是直通还是缓冲 */
} TIM_Base_InitTypeDef;
```

其中,计数方式 CounterMode 有 3 种,但因为中心对齐方式中对计数导致的中断标志的置位有 3 种可能,所以 HAL 库中计数方式的值实际有 5 种,具体如表 9-5 所列。

表 9-5　HAL 库中计数方式的设置值

CounterMode(计数模式)的值	作　用
TIM_COUNTERMODE_UP	递增计数
TIM_COUNTERMODE_DOWN	递减计数
TIM_COUNTERMODE_CENTERALIGNED1	中心对齐模式 1。计数器交替进行递增计数和递减计数。仅当计数器递减计数时,配置为输出的通道的输出比较中断标志才置 1
TIM_COUNTERMODE_CENTERALIGNED2	中心对齐模式 2。计数器交替进行递增计数和递减计数。仅当计数器递增计数时,配置为输出的通道的输出比较中断标志才置 1
TIM_COUNTERMODE_CENTERALIGNED3	中心对齐模式 3。计数器交替进行递增计数和递减计数。当计数器递增计数或递减计数时,配置为输出的通道的输出比较中断标志都会置 1

自动重载预装载 AutoReloadPreload 的值只有两种可能,具体如表 9-6 所列。

表 9-6　自动重载预装载的值

自动重载预装载 AutoReloadPreload 的值	作　用
TIM_AUTORELOAD_PRELOAD_DISABLE	预装载功能关闭
TIM_AUTORELOAD_PRELOAD_ENABLE	预装载功能开启

(5) STM32CubeMX 中时基单元的设置

在 STM32CubeMX 中,与时基设置相关的选项如图 9-22 所示。

图 9-22 中,一些设置项的含义如下:

① 预分频值 PSC:值在 1~65 535 之间,若设置为 999,则实际的分频系数是 1 000。

② 计数模式:计数器的计数方式有 5 种,参见表 9-5。

③ 计数周期(ARR):计数周期由 ARR 的值决定,对于递增/递减计数,周期为 ARR+1。

④ 自动重装载预加载使能项(auto-reload preload),设置的是 ARPE 的值。设置为 0(失能),ARR 的预装载寄存器和影子寄存器处于直通状态,设置为 1(使能),ARR 的预装载寄存器和影子寄存器处于缓冲状态。

3. 定时器的时钟源(见图 9-17 的③)

STM32F407 定时器的时钟源有以下 4 大类:

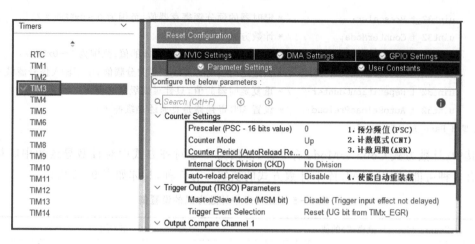

图 9-22 STM32CubeMX 时基单元设置示意图

➢ 内部时钟（CK_INT）；

➢ 外部时钟模式 1：外部输入引脚（TIx）；

➢ 外部时钟模式 2：外部触发输入（ETR），仅适用于 TIM2、TIM3 和 TIM4；

➢ 内部触发输入（ITRx）：使用一个定时器作为另一个定时器的预分频器，例如可以将定时器 1 配置为定时器 2 的预分频器。

4. 定时器控制器（见图 9-17 的④）

定时器控制器部分包括触发控制器、从模式控制器以及编码器接口。触发控制器用来针对片内外设输出触发信号，比如为其他定时器提供时钟和触发 DAC/ADC 转换。编码器接口专门针对编码器计数而设计。从模式控制器可以控制计数器复位、启动、递增/递减、计数。

5. 输入捕获和输出比较控制端（见图 9-17 的⑤⑥⑦）

TIM3 有 4 路输入捕获和输出比较通道。其中捕获通道可以对输入信号的上升沿、下降沿或者双边沿进行捕获，一般用于测量输入信号的脉宽、测量 PWM 输入信号的频率和占空比。

输出比较就是通过定时器的输出引脚对外输出控制信号，有冻结、将通道 x(x=1,2,3,4) 设置为匹配时输出有效电平、将通道 x 设置为匹配时输出无效电平、翻转、强制变为无效电平、强制变为有效电平、PWM1 和 PWM2 这 8 种模式，具体使用哪种模式由寄存器 CCMRx 的位 OCxM[2:0] 配置。其中 PWM 模式是输出比较中的特例，使用最多。

关于 STM32 的定时器输入捕获和输出比较后面专门介绍。

项目 9.4　STM32 应用中级篇——PWM 功能的实现

PWM 全称为 Pulse Width Modulation（脉冲宽度调制），即占空比可以调制的脉冲波形。所谓占空比是指高电平在一个周期之内所占的时间比率。以图 9-23 为例，第 1 个周期高电平在一周期中占 50%，即占空比为 50%；第 2 周期高电平在一周期中占 33%，即占空比为 33%；第 3 周期占空比为 25%，第 4 周期占空比为 17%，这种占空比可以调制的脉冲波形就是 PWM 调制。

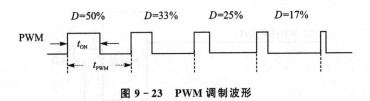

图 9-23 PWM 调制波形

STM32F407 的 14 个定时器中,除了基本定时器 TIM6 和 TIM7,其他定时器都可以输出 PWM 信号,其中每个高级定时器可以输出 7 路 PWM 信号,通用定时器 TIM2~TIM5 可以输出 4 路 PWM 信号,其他的通用定时器可以输出 2 路 PWM 信号。部分定时器的 PWM 输出通道如表 9-7 所列。

表 9-7 STM32 定时器的 PWM 输出通道(只列出部分通道)

LQFP144 (引脚序号)	引脚名称 (复位后的功能)	复用功能
4	PE5	TIM9_CH1
5	PE6	TIM9_CH2
24	PF6	TIM10_CH1
25	PF7	TIM11_CH1
26	PF8	TIM13_CH1
27	PF9	TIM14_CH1
34	PA0	TIM2_CH1_ETR/TIM5_CH1 / TIM8_ETR
35	PA1	TIM5_CH2 / TIM2_CH2
36	PA2	TIM5_CH3 /TIM9_CH1 / TIM2_CH3
37	PA3	TIM5_CH4 /TIM9_CH2 / TIM2_CH4 /

由表 9-7 可知,TIM9 的通道 1 的信号从引脚 PE5 输出,TIM9 的通道 2 的信号从引脚 PE6 输出,TIM14 的通道 1 的信号从 PF9 输出。在使用 PE5、PE6 和 PF9 等作为 TIM 的 PWM 脉冲信号输出端时,需要将这些引脚复用为对应的定时器输出通道引脚。在 STM32CubeMX 中一般都是采用默认引脚,具体可参考任务 9-1 和任务 9-2。

9.4.1 TIM14 的 PWM 调制实现原理

图 9-24 为 TIM14 的内部结构图,由图可知,TIM14 只有一路输出,因此只能输出一路 PWM 信号。其中框出的部分即为输出比较部分,由 TIM 的时基电路和输出比较电路构成,其中时基电路的时钟源只有内部时钟,计数器只能递增计数。定时器的 PWM 调制信号即为这些电路产生,并从 TIMx_CH1 输出。

TIM14 的 PWM 模式有两种:PWM 模式 1 和 PWM 模式 2,通过向 TIMx_CCMRx 寄存器中的 OCxM 位写入 110(PWM 模式 1)或 111(PWM 模式 2)进行设置。

➤ 若设置为 PWM 模式 1,则只要 TIMx_CNT < TIMx_CCRx,PWM 参考信号 OCxREF 便为高电平(有效状态),否则为低电平(无效状态)。

➤ 若设置为 PWM 模式 2,则只要 TIMx_CNT < TIMx_CCRx,通道 1 便为低电平,否则

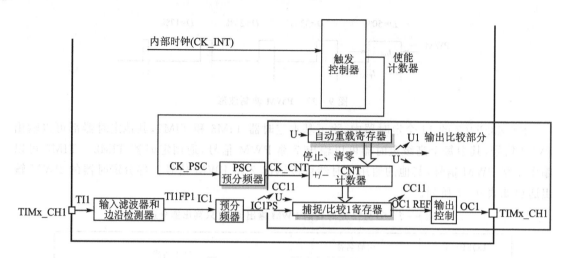

图 9 - 24　**TIM4 的内部结构图**

为高电平。

图 9 - 25 给出了 TIM14 工作于 PWM 模式 1 时的 PWM 波形。

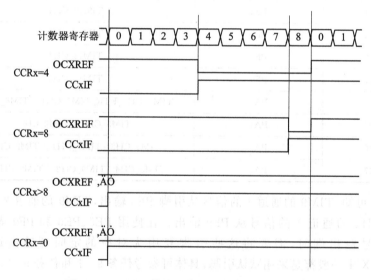

图 9 - 25　**PWM 模式 1 的 PWM 波形(ARR＝8)**

图中分 4 种情况,讨论如下:

① CCR1＝4,ARR＝8,这种情况为比较寄存器的值小于自动重载值。这时,当计数器 CNT 的值小于捕获/比较寄存器 CCR1 的值时,OC1REF 为高电平,否则为低电平。

② CCR1＝8,ARR＝8,这种情况为比较寄存器的值与自动重载值相等。这时,当计数器 CNT 的值小于 CCR1 的值时,输出 OC1REF 为高电平,否则为低电平。

③ CCR1＞ARR＝8,这种情况为计数器的值始终小于比较寄存器的值。这时,输出 OC1REF 始终为高电平。

④ CCR1＝0,此时计数器的值始终大于或等于 CCR1 的值,故输出 OC1REF 始终为低电平。

注意,图 9-25 给出的是 OC1REF 信号,而 TIM4 实际输出到外部的是 OC1 信号,那么 OC1REF 信号和 OC1 信号有什么联系呢?下面通过图 9-26 来说明。

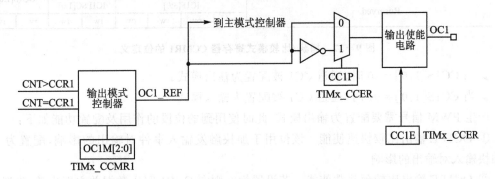

图 9-26 捕获/比较输出阶段框图

图 9-26 为捕获/比较输出阶段框图。由图可知,从 OC1_REF 输出的信号分成两路,一路到主模式控制器,这一路不在讨论范围,另一路再分两路送到 2 路选择开关:一路直接送到 2 路选择开关,另一路经反相后再送到 2 路选择开关。2 路选择开关由 TIM14 的 CCER 寄存器的 CC1P 位控制。

> 当 CC1P=0 时,OC1=OC1REF(假设输出使能);
> 当 CC1P=1 时,OC1=$\overline{OC1REF}$(假设输出使能)。

综合以上分析,如果采用的是 PWM 模式 1,则当计数器 CNT 的值小于 CCR1 的值时,OC1REF 输出高电平,当 CNT 的值大于或等于 CCR1 的值但小于或等于 ARR 的值时,OC1REF 输出低电平。当 CNT 的值增加到与 ARR 相等后,溢出事件发生,CNT 初始化为 0,然后继续递增计数并同时与 CCR1 的值进行比较以确定 OC1REF 的信号电平。如此反复即可形成脉冲输出,若在整个过程中不断改变 CCR1 的值,则输出为脉宽可调的 PWM 信号。由这些讨论还可以看出,PWM 信号的周期由 ARR 的值决定,占空比由 CCR1 的值决定。PWM 模式 2 产生 PWM 的原理与此相同,不再赘述。

9.4.2 TIM14 产生 PWM 信号涉及的寄存器及寄存器功能在 STM32CubeMX 中的配置

TIM14 产生 PWM 信号涉及的寄存器主要有 8 个,这里选择其中的 3 个进行介绍。

(1) 捕获/比较寄存器 CCR1

该寄存器中存放的是与 CNT 寄存器进行比较的值。若没有通过 TIMx_CCMR 寄存器中的 OC1PE 位来使能预装载功能,则写入 CCR1 的数值会被直接传输至当前寄存器(使用的寄存器)中。若使能了预装载功能,则只在发生更新事件时 CCR1 的值才被复制到实际起作用的捕获/比较寄存器 1 并生效。

(2) 捕获/比较模式寄存器 CCMR1

该寄存器的位定义如图 9-27 所示。

由图 9-27 可知,CCMR1 寄存器的位在不同的工作模式下具有不同的含义,而这个工作模式由位段 CC1S[1:0] 来选择。

15	14	13	12	11	10	9	8	7	6	5	4	3	2	1	0
Reserved									OC1M[2:0]			OC1PE	OC1FE	OC1S[1:0]	
Reserved									IC1F[3:0]			IC1PSC[1:0]			
								rw	rw	rw	rw	rw	rw	rw	rw

图 9 - 27　捕获/比较模式寄存器 CCMR1 的位定义

> 当 CC1S[1:0]=00 时,通道 CC1 被配置为输出模式;
> 当 CC1S[1:0]=01 时,通道 CC1 被配置为输入模式。

产生 PWM 信号需要配置为输出模式,此时使用到的位段的作用及配置功能如下:

① OC1FE 输出比较快速使能。该位用于加快触发输入事件对输出的影响,配置为 1 即可加快输入对输出的影响。

② OC1PE 输出比较预装载使能。若设置为 0 则向 CCR1 写入数据并立即生效,设置为 1 则使能 CCR1 的缓冲功能,只有发生更新事件后 CCR1 的值才加载到活动寄存器中并生效。

③ OC1M 输出比较模式。若配置为 110,则输出通道工作于 PWM 模式 1,若配置为 111,输出通道工作于模式 2。

（3）捕获/比较使能寄存器 CCER

该寄存器的位定义如图 9 - 28 所示。

15	14	13	12	11	10	9	8	7	6	5	4	3	2	1	0
Reserved												CC1NP	Res.	CC1P	CC1E
												rw		rw	rw

图 9 - 28　捕获/比较使能寄存器 CCER

CCER 寄存器中 CC1E 位为通道使能位,在 CC1 配置为输出的情况下:

> CC1E=0,OC1 通道关闭,CC1E=1,OC1 通道开启。
> CC1P 位为 CC1 输出极性位,CC1P=0,OC1 高电平有效,实际上就是 OC1 = OC1REF;CC1P=1,OC1 低电平有效,实际上就是 OC1=$\overline{OC1REF}$。CC1NP 为互补输出极性位。

以上寄存器中的部分功能在 STM32CubeMX 中的配置界面如图 9 - 29 所示。

9.4.3　STM32CubeMX 软件配置定时器输出 PWM 信号的实现过程

下面通过一个例子来介绍应用 STM32CubeMX 软件配置定时器输出 PWM 信号的方法。

【任务 9 - 3】 使用 STM32 的定时器产生周期为 2 s、占空比为 20% 的脉冲信号。定时器的时钟源采用内部时钟。

【思路分析】

（1）选择定时器及其 PWM 信号输出通道

由于所使用的开发板只有 LED 接口可以方便观察定时器的 PWM 调制效果,而 LED 连接 PF9 和 PF10,通过查表 9 - 7 可知,只有 PF9 是 TIM14 的通道 1,因此以 TIM14 的通道 1 产生的 PWM 信号来控制接在 PF9 的 LED0。

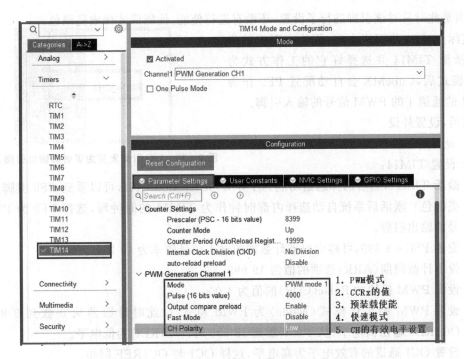

图 9 - 29　STM32CubeMX 中 PWM 功能的设置

（2）设置时基单元的值

在设置 TIM14 的时基单元和 PWM 单元之前首先明确，TIM14 的内部时钟频率为 84 MHz。

① 设置计数器的输入信号的频率，这一步通过设置 PSC 的值来获得。PSC 的值可以有多种可能，在此设置为 8 399，这样计数器的输入信号频率就被设置为 10 kHz（对应的信号周期为 0.1 ms）。

② 设置定时器的计数周期，通过设置 ARR 的值实现。由于输入计数器的信号周期为 0.1 ms，任务要求定时器的周期为 2 s，所以计数周期为 2 s/0.1 ms＝20 000，因此应该设置 ARR 的值为 19 999（注意不要超出 ARR 的范围）。

（3）设置 PWM 模块

① 设置捕获/比较模块的工作模式，可以设置为 PWM 模式 1，若计数器 CNT 的值小于 CCR 的值，则 OC1REF 端输出有效电平（高电平）。

② 设置 OC1 极性为高电平，OC1 通道信号等于 OC1REF 的信号，即 CNT 的值小于 CCR 的值时，PWM 通道输出高电平，LED0 灭。

③ 设置捕获比较寄存器 CCR 的值。由于题目中要求的占空比为 20%，即每个周期高电平时间为 2 s×20%＝0.4 s，所以 CCR 的值设置为 4 000。

【实现过程】

首先，选择目标芯片。

其次，配置引脚工作模式。

将 PF9 复用为 TIM14_CH1 功能，如图 9 - 30 所示，注意此时引脚变成了橙色而不是亮绿色,原因是此时只对该引脚进行了设置,还没有进行使能,使能后才变成亮绿色。

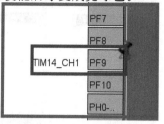

实际上,这一步可以省略,因为在下面的步骤中,激活 TIM14 并选择好它的工作方式为 PWM 模式后,CubeMX 会自动配置 PF9 作为 TIM14 的通道 1 的 PWM 信号的输入引脚。

然后,设置外设。

① 设置时钟模块。

② 设置 TIM14:

图 9-30　I/O 引脚复用为定时器输出引脚示意图

➤ 激活 TIM14,然后选择通道功能为 PWM Generation CH1,可以看到 PF9 引脚变为了亮绿色! 激活后系统自动选择内部时钟作为 TIM14 的时钟源,选择 PF9 为 PWM 信号的输出引脚。

➤ 设置 PSC=8 399,可得定时器计数器的输入信号频率为 10 kHz。

➤ 设置计数周期(ARR)选项的值为 19 999。

➤ 设置 PWM 模块的 Pulse(CCR)的值为 4 000。

➤ 设置 PWM 的工作模式(Mode)为 PWM 模式 1,此时计数器从 0 数到 3 999 时,OC1REF 输出高电平,从 4 000 数到 19 999 时,OC1REF 为低电平。

➤ 设置 OC1 通道的有效电平为高电平,这样 OC1 与 OC1REF 同相。

其余采用默认值(默认计数方式是递增)。设置完成后,结果如图 9-31 所示。

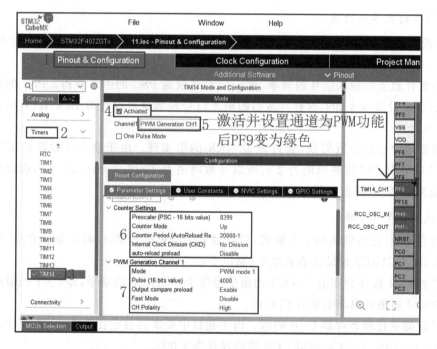

图 9-31　定时器 TIM14 输出 PWM 信号时的设置

接着,对工程进行配置并输出代码。这里将函数名取为 9-3TIM14_PWM。

最后,编写用户程序。

这里需要在 main 函数中增加采用 PWM 方式开启 TIM14 的语句,如下:

```
HAL_TIM_PWM_Start(&htim14,TIM_CHANNEL_1);
```

添加位置如图 9-32 所示。

```
MX_GPIO_Init();
MX_TIM14_Init();
/* USER CODE BEGIN 2 */
HAL_TIM_PWM_Start(&htim14,TIM_CHANNEL_1);
/* USER CODE END 2 */
```

图 9-32　PWM 启动代码添加位置

需要说明的是在定时器中断中,开启定时器的 HAL 库函数只有一个入口参数,而定时器输出 PWM 的开启函数则有两个参数。

【任务结果】

编译并将结果下载到开发板上,可以看到 LED0 周期性闪烁,接示波器可以看到 PF9 输出波形的周期为 2 s,波形的占空比为 20%,任务目标完成。

9.4.4　PWM 方式启动函数及 PWM 方式启动时的初始化流程

（1）PWM 方式启动函数 HAL_TIM_PWM_Start()的功能

在任务 9-3 中,采用函数 HAL_TIM_PWM_Start()启动定时器,由于该函数名带有 PWM,故称该函数为 PWM 方式启动函数。打开该函数,可以看到函数的定义如图 9-33 所示(只列出关键部分程序)。

```
1294    HAL_StatusTypeDef HAL_TIM_PWM_Start(TIM_HandleTypeDef *htim, uint32_t Channel)
1295  {
1296        uint32_t tmpsmcr;
1297        ......
1298        /* Enable the Capture compare channel */
1299 ①    TIM_CCxChannelCmd(htim->Instance, Channel, TIM_CCx_ENABLE);
1300
1301        tmpsmcr = htim->Instance->SMCR & TIM_SMCR_SMS;
1302        if (!IS_TIM_SLAVEMODE_TRIGGER_ENABLED(tmpsmcr))
1303        {
1304 ②        __HAL_TIM_ENABLE(htim);
1305        }
1306        ......
1307        return HAL_OK;
1308  }
```

图 9-33　函数 HAL_TIM_PWM_Start()定义示意图

由图 9-33 可知,函数 HAL_TIM_PWM_Start()做两方面工作:一是通过调用函数语句 ①调用函数 TIM_CCxChannelCmd 来使能定时器的某个通道,二是通过调用宏__HAL_TIM_ENABLE 来使能定时器。下面列出在 HAL 库中,普通方式启动函数 HAL_TIM_Base_Start()、中断方式启动函数 HAL_TIM_Base_Start_IT()和 PWM 方式启动函数功能的区别:

> HAL_TIM_Base_Start():只使能定时器。

> HAL_TIM_Base_Start_IT():先使能中断,然后启动定时器。

> HAL_TIM_PWM_Start():先打开 OC1 通道,然后启动定时器。

（2）PWM 方式启动定时器的初始化流程

STM32CubeMX 中激活 PWM 功能后,在输出的工程代码中,主函数通过函数

MX_TIM14_Init()对定时器 TIM14 进行初始化,打开 MX_TIM14_Init(),可以看到它的定义如图 9 - 34 所示。

```
30    void MX_TIM14_Init(void)
31  ⊟ {
32        TIM_OC_InitTypeDef sConfigOC = {0};
33
34        htim14.Instance = TIM14;
35        htim14.Init.Prescaler = 8400-1;
36   ①   htim14.Init.CounterMode = TIM_COUNTERMODE_UP;
37        htim14.Init.Period = 20000-1;
38        htim14.Init.ClockDivision = TIM_CLOCKDIVISION_DIV1;
39        htim14.Init.AutoReloadPreload = TIM_AUTORELOAD_PRELOAD_DISABLE;
40   ②   if (HAL_TIM_Base_Init(&htim14) != HAL_OK)
41        {
42            Error_Handler();
43        }
44   ③   if (HAL_TIM_PWM_Init(&htim14) != HAL_OK)
45        {
46            Error_Handler();
47        }
48        sConfigOC.OCMode = TIM_OCMODE_PWM1;
49        sConfigOC.Pulse = 4000;
50   ④   sConfigOC.OCPolarity = TIM_OCPOLARITY_HIGH;
51        sConfigOC.OCFastMode = TIM_OCFAST_DISABLE;
52   ⑤   if (HAL_TIM_PWM_ConfigChannel(&htim14, &sConfigOC, TIM_CHANNEL_1) != HAL_OK)
53        {
54            Error_Handler();
55        }
56        HAL_TIM_MspPostInit(&htim14);
57
58    }
```

图 9 - 34 PWM 方式启动定时器的初始化过程示意图

在图 9 - 34 中,函数 MX_TIM14_Init()首先通过①中的 6 条语句对定时器句柄 htim14 的成员 Init 中的参数(定时器对象、预分频寄存器值、计数方式等)进行初始化,然后调用②中的函数 HAL_TIM_Base_Init()对定时器 TIM14 的时基单元和基本的工作参数进行设置。设置好后,再通过在③中调用函数 HAL_TIM_PWM_Init()对 TIM14 的时基单元和工作参数再进行一次初始化。

分别打开函数 HAL_TIM_Base_Init()和 HAL_TIM_PWM_Init(),结果如图 9 - 35 所示。

对比图 9 - 35 中的这两个函数,除了 Msp 函数部分不一样外,其他的完全相同。而两者的 Msp 函数中,Base 初始化函数中的 HAL_TIM_Base_MspInit()函数使能了定时器的时钟,而 PWM 初始化函数中的 HAL_TIM_PWM_MspInit()则没有实质内容。所以函数 HAL_TIM_Base_Init()实际上已经做了函数 HAL_TIM_PWM_Init()的工作,在这里,函数 HAL_TIM_PWM_Init()实际上没有必要,应该是 STM32CubeMX 的一个 Bug 吧!

在图 9 - 32 中,在对时基单元进行完初始化后,接下来使用④中的 4 条语句对输出比较通道的一些参数进行初始化,然后使用⑤中的函数 HAL_TIM_PWM_ConfigChannel()将这些参数写入到输出比较通道的寄存器中,完成对输出比较通道涉及到的寄存器 CCR1、CCMR 和 CCER 的配置。

至此,整个 PWM 模式工作时的初始化工作完成!

```
265  HAL_StatusTypeDef HAL_TIM_Base_Init(TIM_HandleTypeDef *htim)
266 ⊟{
267       /* Check the TIM handle allocation */
268       if (htim == NULL)
269 ⊟      {
270          return HAL_ERROR;
271       }
272
273       if (htim->State == HAL_TIM_STATE_RESET)
274 ⊟      {
275          /* Allocate lock resource and initialize it */
276          htim->Lock = HAL_UNLOCKED;
277          /* Init the low level hardware : GPIO, CLOCK, NVIC */
278          HAL_TIM_Base_MspInit(htim);
279       }
280
281       /* Set the TIM state */
282       htim->State = HAL_TIM_STATE_BUSY;
283
284       /* Set the Time Base configuration */
285       TIM_Base_SetConfig(htim->Instance, &htim->Init);
286
287       /* Initialize the TIM state*/
288       htim->State = HAL_TIM_STATE_READY;
289
290       return HAL_OK;
291  }
```

```
1151  HAL_StatusTypeDef HAL_TIM_PWM_Init(TIM_HandleTypeDef *htim)
1152 ⊟{
1153       /* Check the TIM handle allocation */
1154       if (htim == NULL)
1155 ⊟      {
1156          return HAL_ERROR;
1157       }
1158
1159       if (htim->State == HAL_TIM_STATE_RESET)
1160 ⊟      {
1161          /* Allocate lock resource and initialize it */
1162          htim->Lock = HAL_UNLOCKED;
1163          /* Init the low level hardware : GPIO, CLOCK, NVIC and DMA */
1164          HAL_TIM_PWM_MspInit(htim);
1165       }
1166
1167       /* Set the TIM state */
1168       htim->State = HAL_TIM_STATE_BUSY;
1169
1170       /* Init the base time for the PWM */
1171       TIM_Base_SetConfig(htim->Instance, &htim->Init);
1172
1173       /* Initialize the TIM state*/
1174       htim->State = HAL_TIM_STATE_READY;
1175
1176       return HAL_OK;
1177  }
```

图 9 - 35　函数 HAL_TIM_Base_Init( )和 HAL_TIM_PWM_Init( )对比示意图

项目 9.5　STM32 的定时器应用高级篇——输入捕获

9.5.1　定时器输入捕获的实现

1. 定时器输入捕获的原理

输入捕获实际上就是将计数器 CNT 的值复制（捕获）到 CCRx 寄存器。输入捕获是 STM32 高级定时器和通用定时器都具有的功能。其实现原理是，当定时器被设置为输入捕获模式时，其捕获单元在检测到输入引脚 TIMx_CHx 的边沿信号（可以是上升沿、下降沿或者双边沿）后，把计数器寄存器（TIM x_CNT）的值锁存（捕获）到捕获/比较寄存器（TIM x_CCRx）中供用户读取。所以输入捕获可以简单理解为当某些事件发生时，捕获模块将计数器的值捕获到捕获寄存器中。应用输入捕获可以用来测量脉冲的宽度或者测量信号频率。

下面以定时器 TIM5 的输入通道为例来介绍输入捕获的原理及其在测量脉冲宽度方面的应用，通用定时器 TIM5 的输入通道有 4 个，分别为 CH1、CH2、CH3 和 CH4，其全称为 TIMx_CHx，简写为 TIx，如图 9 - 36 所示。

假设计数器采用递增计数方式，待捕获的信号（单脉冲高电平信号）从通道 1 进入，通道一开始采用上升沿捕获，整个捕获过程为：

① 当单脉冲信号的上升沿信号到达 TIMx_CH1 端后，通过两路选择开关进入到 TI1 端。

② 从 TI1 端进入滤波器（滤波器用于过高频干扰进行过滤）和边沿检测器，边沿检测器检测到是上升沿后，产生 TI1PF1 和 TI1PF2 信号，这两个信号实际上一样，只是输出路径不同。一个经过三路选择开关进入到 IC1——输入捕获通道 1，另一个则经过另一路三路选择开关进入到 IC2。

③ 假设 TI1PF1 信号被选中进入到 IC1，再经预分频器分频后输出捕获信号，这时定时器计数器的当前值被锁存到捕获/比较寄存器中，而且 TIMx_SR 状态寄存器的 CC1IF 标志位被置 1，若使能了通道 1 输入捕获的中断功能，则会产生中断。注意在此过程中，定时器的计数器一直在计数。假设捕获到的计数值是 100，此时将捕获的触发条件由上升沿触发改为下降

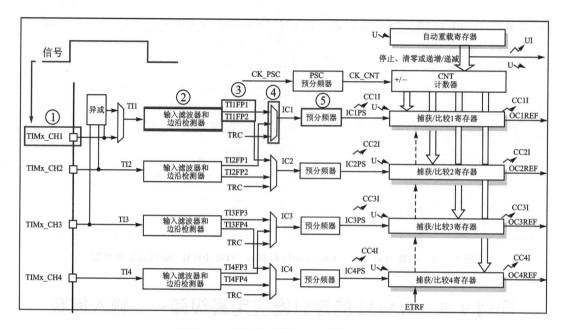

图 9 - 36　通用定时器 TIM5 的输入通道

沿触发。

④ 当单脉冲信号的下降沿经过预分频器并再次触发捕获后,计数器的值又被保存到捕获/比较寄存器中,假设此时捕获到的计数值是 800,结合时基单元参数即可计算出脉冲宽度。

为了直观起见,假设计数器的输入信号周期为 $100\ \mu s$,ARR 的值为 999,此时输入信号的宽度分为两种情况:

① 如果在整个过程中计数器没有发生溢出,则脉冲宽度为:

$$(800-100)\times 100\ \mu s=70\ 000\ \mu s=70\ ms$$

② 如果在整个过程中计数器发生溢出,假设发生溢出的次数为 3 次,则总的计数次数为第 1 次溢出时的计数值+第 2 次溢出计数值+第 3 次溢出计数值+最后一次没有溢出的计数次数。其中第 1 次溢出时计数器一共计数(ARR+1-100)次,第 2 次溢出和第 3 次溢出计数次数都是(ARR+1)次,最后一次没有溢出的计数次数是 800 次,所以脉冲宽度为:

$$(1\ 000-100+1\ 000+1\ 000+800)\times 100\ \mu s=370\ ms$$

实际上,第 1 种情况只是第 2 种情况下溢出次数为 0 的一种特殊情况,所以可以用一个公式来统一这两种情况。假设第 1 次捕获时,捕获值为 count_start,第 2 次捕获时,捕获值为 count_end,在该过程中溢出次数为 N 次,则脉冲宽度 Width 为:

$$Width=((ARR+1)\times N+count\_ent-count\_start))\times 计数器的周期 \qquad (9-3)$$

【思考题】　由输入捕获原理的介绍可以看到,输入捕获实际上也是一种“读数”,读取 CNT 中的计数值,其实这个读数操作也可以通过中断的发生来读取,但 STM32 为什么还要设置这样一种读数方式呢?

实际上,由于存在中断的响应过程,因此使用中断方式读取时,读取到的值并不是 CNT 的当前值,即会存在一定的误差,但捕获方式是触发发生后,定时器将 CNT 的值复制到 CCR 中,所以误差基本不会存在,非常精准。

2. 定时器输入捕获涉及的定时器

（1）模式寄存器 CCMR1

模式寄存器的位段描述如图 9-37 所示。

15	14	13	12	11	10	9	8	7	6	5	4	3	2	1	0
OC2CE	OC2M[2:0]			OC2PE	OC2FE	CC2S[1:0]		OC1CE	OC1M[2:0]			OC1PE	OC1FE	CC1S[1:0]	
IC2F[3:0]				IC2PSC[1:0]				IC1F[3:0]				IC1PSC[1:0]			
rw	rw	rw	rw	rw	rw	rw	rw	rw	rw	rw	rw	rw	rw	rw	rw

图 9-37　捕获/比较模式寄存器位段示意图

其实这个寄存器在介绍 PWM 功能时曾经讲解过，不过这个寄存器在通道作输入和作输出时，位段的含义是不同的，当将 CC1S 位段配置为非 0 时，通道 CH1 作为输入捕获通道使用。此时起作用的位段是 IC1PSC、IC1F 和 IC2PSC、IC2F。其中 IC1PSC 和 IC1F 用于配置输入捕获通道 IC1 的功能，IC2PSC 和 IC2F 用于配置输入捕获通道 IC2 的功能。下面来介绍 IC1 通道的这两个位段，其他通道的同名位段功能相同。

① IC1F：输入捕获 1 滤波器（Input capture 1 filter）位段。此位段定义 TI1 输入的采样频率和适用于 TI1 的数字滤波器带宽。

② IC1PSC：输入捕获 1 预分频器（Input capture 1 prescaler）位段。此位段定义 CC1 输入（IC1）的预分频比。

➤ 设置为 00：无预分频器，捕获输入上每检测到一个边沿便执行捕获；
➤ 设置为 01：每发生 2 个事件便执行一次捕获；
➤ 设置为 10：每发生 4 个事件便执行一次捕获；
➤ 设置为 11：每发生 8 个事件便执行一次捕获。

通过位段 IC1F 和 IC1PSC 的介绍已经知道输入捕获的滤波、分频在哪里设置，细心的读者会发现，输入捕获通道 IC1 可以映射到 TI1、TI2 和 TRC 上（即 IC1 可以通过开关选择分别连接到这 3 个输入端），如图 9-38 所示。

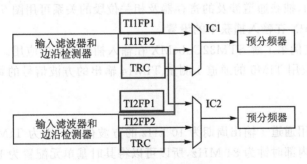

图 9-38　IC1 通道映射示意图

这个映射在哪里配置呢？答案是在 CCMR 的 CC1S 中，当将 CC1S 设置为不同的值时，IC1 映射到不同的输入端，具体如下：

➤ 01：CC1 通道配置为输入，IC1 映射到 TI1 上。
➤ 10：CC1 通道配置为输入，IC1 映射到 TI2 上。
➤ 11：CC1 通道配置为输入，IC1 映射到 TRC 上。

（2）捕获/比较使能寄存器（TIMx_CCER）

捕获/比较使能寄存器的位段定义如图 9-39 所示。

15	14	13	12	11	10	9	8	7	6	5	4	3	2	1	0
CC4NP	Res.	CC4P	CC4E	CC3NP	Res.	CC3P	CC3E	CC2NP	Res.	CC2P	CC2E	CC1NP	Res.	CC1P	CC1E
rw		rw	rw	rw		rw	rw	rw		rw	rw	rw		rw	rw

图 9-39 捕获/比较使能寄存器的位段定义示意图

在将通道配置为输入的情况下：

① CC1E 位为捕获/比较 1 输出使能位。设置为 0：禁止捕获；设置为 1：使能捕获。

② CC1P 位为捕获/比较 1 输出极性位。与 CC1NP 位联合使用，使用方式为 CC1NP/CC1P，用于判断是上升沿触发捕获还是下降沿触发捕获。具体如下：

➤ CC1NP/CC1P=00：非反相/上升沿触发；

➤ CC1NP/CC1P=01：反相/下降沿触发；

➤ CC1NP/CC1P=10：保留；

➤ CC1NP/CC1P=11：非反相/上升沿和下降沿均触发。

（3）中断使能寄存器（TIMx_DIER）

中断使能寄存器的各位位段的描述如图 9-40 所示。

15	14	13	12	11	10	9	8	7	6	5	4	3	2	1	0
Res.	TDE	Res.	CC4DE	CC3DE	CC2DE	CC1DE	UDE	Res.	TIE	Res.	CC4IE	CC3IE	CC2IE	CC1IE	UIE
	rw		rw	rw	rw	rw	rw		rw		rw	rw	rw	rw	rw

图 9-40 中断使能寄存器的各位的位段描述示意图

其中：

➤ CC1IE 位为捕获/比较 1 中断使能位。设置为 0：禁止 CC1 中断；设置为 1：使能 CC1 中断。

➤ UIE 位为更新中断使能位。设置为 0：禁止更新中断；设置为 1：使能更新中断。

由以上讨论可知，捕获通道涉及的寄存器及相关位段的关系可用图 9-41 来描述。

3. STM32CubeMX 在输入捕获中的设置

下面通过一个实例来了解 STM32CubeMX 在输入捕获方面的应用。

【任务 9-4】 应用 TIM5 的通道 1 测量 TIM14 输出的方波信号的每个周期高电平持续时间。

【实现思路】

配置 TIM14 使用通道 1 输出周期为 10 kHz 的方波信号。因为 TIM14 挂接在 APB1 输出端的倍频器上，其内部时钟为 84 MHz，所以可以将其时基单元配置为 PSC=8 399，ARR=1 999，CCR1=1 000，这样计数器的计数信号频率为 10 kHz，计数的周期为 200 ms，每周期中高电平为 100 ms。

配置 TIM5 的通道 1 为输入捕获功能。TIM5 的时基单元的设置为 PSC=83，ARR=9 999，因为 TIM5 也挂接在 APB1 输出端的倍频器上，所以可得 TIM5 计数器的输入信号频率为 1 MHz，输入信号周期为 1 μs，每 10 000 μs 即 10 ms 溢出一次，这样设置是为了方便观察溢出设计。在实际应用中为了扩大应用范围，ARR 一般都设置为 0xFFFF FFFF（注意，TIM5 为 32 位，TIM14 为 16 位）。

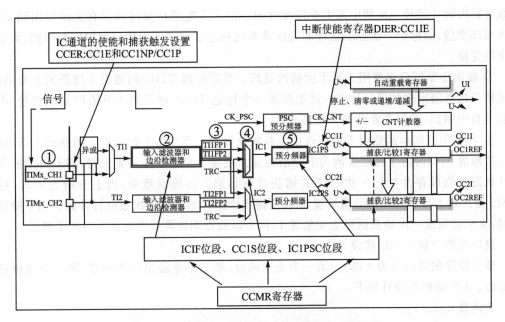

图 9-41　输入通道及其涉及的寄存器关系示意图

将 TIM14 的通道 1 的输出端 PF9 和 TIM5 的通道 1 的输入端 PA0 用杜邦线连接起来,这样从 TIM14 输出的信号刚好从 TIM5 进入,这两个引脚位置如图 9-42 所示。

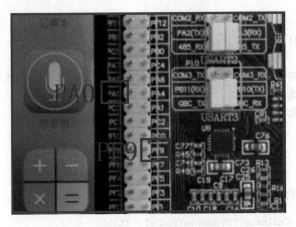

图 9-42　PA0 和 PF9 的位置

配置 USART1 输入/输出使能,方便将计算好的高电平信号宽度等信息发送到串口助手上观看结果。

测量过程分析。一开始将定时器 TIM5 的捕获设置为上升沿触发,当捕获到上升沿时将触发改为下降沿触发,且为了减少计算,此时对计数器清 0。接下来当捕获到下降沿时视具体情况关闭定时器或者重新设置为高电平触发捕获,重复前面过程以进行多次测量。假设捕获到下降沿时,CCR1 的值为 count_ent,溢出次数为 N,则高电平宽度为:

$$\text{Width}=((\text{ARR}+1)\times N+\text{count\_ent}))\times \text{计数器的周期} \qquad (9-4)$$

接下来进行程序实现分析。

① 主函数用查询实现串口数据发送。当完成一次高电平捕获时,由捕获到的数据及溢出

次数计算出脉冲信号一周期中高电平持续时间。由于高电平持续时间只有主函数用到,故设置为局部变量,而标记一次捕获过程的完成需要的标志变量在下面的函数中需要用到,需定义为全局变量。

② 溢出中断回调函数用于溢出次数的处理。当定时器 TIM5 的通道 1 捕获到上升沿时,该函数开始对溢出次数进行计数。这里涉及一个标记 TIM5 触发到上升沿的标志变量,由于下面函数中用到,因此需要设置为全局变量。

③ 捕获中断回调函数用于捕获数据的获取及设置。当 TIM5 的通道 1 捕获到上升沿时,对计数器清 0,同时将下次触发改为下降沿触发。在接下来的下降沿到来时,将 CCR1 捕获到的计数器的值保存并标记一次完整的捕获过程结束。在该函数中,当上升沿到来时,标记 TIM5 触发到上升沿的标志变量被置 1,以便溢出中断开始对溢出次数进行计数。当下降沿到来时,将标记完成一次捕获的标志变量置 1,供主函数查询计算并发送到串口助手显示。

最后是整个程序的结构设计。

整个程序的结构分为 3 部分:第一个是主函数,第二个是溢出回调函数,第三个是捕获回调函数。3 个函数的设计如下:

主函数 main():

```
int main(void)
{
    系统初始化;
    while(1)
    {
        if(测量完)
        {
            计算高电平宽度 = 计数器输入信号的周期 * ((ARR + 1) * 溢出次数 + temp2 - temp1);
            显示高电平宽度;
            初始化相关标志和溢出次数;
        }
    }
}
```

溢出中断回调函数的设计:

```
void HAL_TIM_PeriodCallback(TIM_HandleTypeDef * htim)
{
    if(没有测量完)
    {
        if(上升沿已经到来)
        {
            if(溢出累加器溢出了)
            {
                打印信息说明电平过长;
                初始化相关标志和变量;
            }
            else
```

```
            溢出累加器 + 1;
        }
    }
}
```

捕获回调函数的设计:

```
void HAL_TIM_IC_CaptureCallback(TIM_HandleTypeDef * htim)
{
    if(没有测量完)
    {
        if(下降沿到来)
        {
            标志捕获已经完成;
            读取 CCR 的值(temp2 = TIMx_CCR1 或者 HAL_TIM_ReadCapturedValue(&htim5,TIM_CHANNEL_1));
        }
        else   //是上升沿到来
        {
            标志上升沿到来;
            读取 CCR 的值;
            将捕获触发方式改为下降沿触发;
        }
    }
}
```

【实现过程】

首先,选择目标芯片。

其次,外设设置:

① 时钟模块的设置。

② PWM 输出的设置(TIM14)。这里需要设置时基单元和比较单元,如图 9-43 所示。

③ 输入捕获模块的设置(TIM5)。这里需要设置通道 1 的输入捕获功能使能、时基单元、输入捕获单元并使能 TIM5 的全局中断,具体分别如图 9-44 和图 9-45 所示。

④ 串口模块的设置。这里使用 USART1 实现与 PC 端的通信。USART1 的设置过程如图 9-46 所示。

再次,工程配置:工程管理中将工程名配置为 TIM5_CaptureTim14Pwm。

然后,应用程序的编写。在 main.c 文件中添加串口重定向、数据处理及发送等代码,具体又分为 3 步:

① 添加串口重定向函数 fputc 及其对应的头文件;

② 添加两个全局变量,具体如下:

```
uint8_t  TIM5CH1_CAPTURE_STA = 0;          //输入捕获状态
uint32_t  TIM5CH1_CAPTURE_VAL = 0;         //输入捕获值
```

变量 TIM5CH1_CAPTURE_VAL 用于保存高电平结束时(捕获到下降沿)计数器的值,变量 TIM5CH1_CAPTURE_STA 的低 6 位用于保存计数次数,最高位 bit7 用于标识一次输

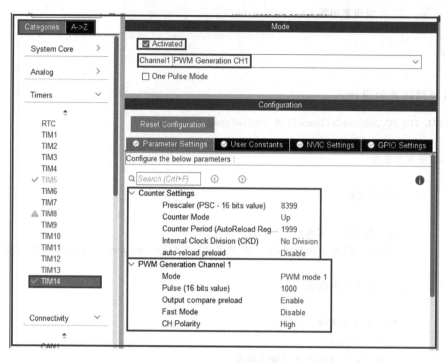

图 9 - 43　PWM 模块的设置

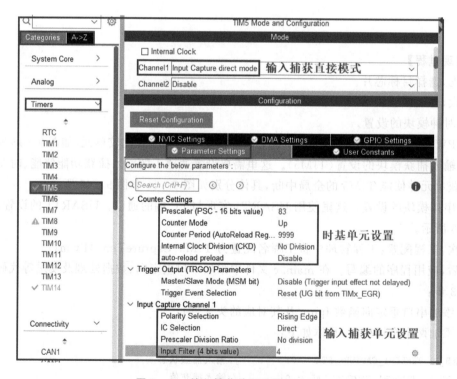

图 9 - 44　输入捕获单元设置(TIM5)

入捕获是否完成,置 1 说明完成,次高位 bit6 用于标识一次捕获时上升沿的到来,以便开启溢

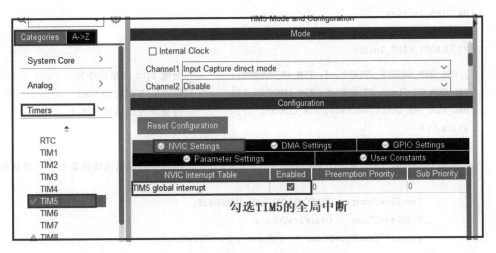

图 9 – 45   选中输入捕获模块的全局中断

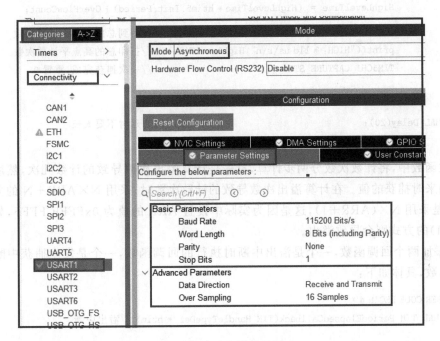

图 9 – 46   串口模块设置

出中断的计数。

③ 将主函数改写如下：

```
int main(void)
{
    uint8_t OverFlowCount = 0;
    long long HighLevelTime = 0;    //高电平时间
    HAL_Init();
    SystemClock_Config();

    MX_GPIO_Init();
```

```
    MX_TIM5_Init();
    MX_TIM14_Init();
    MX_USART1_UART_Init();

    __HAL_TIM_ENABLE_IT(&htim5, TIM_IT_UPDATE);          //使能 TIM5 的溢出中断
    HAL_TIM_IC_Start_IT(&htim5, TIM_CHANNEL_1);          //用中断方式启动 TIM5
    HAL_TIM_PWM_Start(&htim14, TIM_CHANNEL_1);           //用查询方式启动 TIM14
    while (1)
    {
        if(TIM5CH1_CAPTURE_STA&0X80)                     //bit7 = 1,说明成功捕获到了一次高电平
        {
            OverFlowCount = TIM5CH1_CAPTURE_STA&0X3F;
            HighLevelTime = OverFlowCount;
            printf("OverFlowCount = % d\r\n", OverFlowCount);

            /* 溢出时间总和 */
            HighLevelTime = (HighLevelTime * htim5.Init.Period) + OverFlowCount;

            HighLevelTime + = TIM5CH1_CAPTURE_VAL;       //得到总的高电平计数次数
            printf("HIGH: % lld us\r\n",HighLevelTime);  //打印总的高点平计数次数
            TIM5CH1_CAPTURE_STA = 0;                     //一次捕获完成,重置 0
        }
    }
    HAL_Delay(20);                                       //延时不要太长
}
```

在主函数中,将计数次数分两步计算,首先是计算溢出次数导致的计数几次,然后再加上下降沿到来时捕获的值。在计算溢出次数导致的计数次数时,采用 N×ARR＋N 的方式来计算,而不是采用 N×(ARR＋1),这是因为实际中设置 ARR 的值为 0xFFFF FFFF,如果采用 (ARR＋1)的方式则会导致溢出。

④ 添加两个回调函数,一个是溢出中断时执行的回调函数,一个是发生捕获中断时执行的回调函数,具体如下:

```
/* USER CODE BEGIN 4 */
void HAL_TIM_PeriodElapsedCallback(TIM_HandleTypeDef * htim) //溢出中断
{
    if((TIM5CH1_CAPTURE_STA & 0x80) == 0)               //结果为 0,说明一次捕获没有完成
    {
        if(TIM5CH1_CAPTURE_STA & 0x40)                  //bit6 = 1,说明捕获到上升沿
        {
            if((TIM5CH1_CAPTURE_STA & 0x3F) == 0x3F)    //判断计数位满没有
            {
                TIM5CH1_CAPTURE_STA | = 0x80;           //满,说明高电平太长,可能出错了
                TIM5CH1_CAPTURE_VAL = 0xFFFFFFFF;
            }
            else
                TIM5CH1_CAPTURE_STA ++ ;                //若低 6 位还没有满,溢出一次加一次
```

```
            }
        }
    }

void HAL_TIM_IC_CaptureCallback(TIM_HandleTypeDef * htim)         //捕获中断
{
    if((TIM5CH1_CAPTURE_STA & 0x80) == 0)                    //bit7 为 0,说明一次捕获没有完成
    {
        /* bit6 = 1 说明刚才已经捕获到上升沿,本次中断由下降沿触发导致 */
        if(TIM5CH1_CAPTURE_STA & 0x40)
        {
            TIM5CH1_CAPTURE_STA |= 0x80;                    //下降沿到说明一次捕获结束
            TIM5CH1_CAPTURE_VAL = HAL_TIM_ReadCapturedValue(&htim5,TIM_CHANNEL_1);
            TIM_RESET_CAPTUREPOLARITY(&htim5, TIM_CHANNEL_1); //要先关闭通道才能设置触发方式
            TIM_SET_CAPTUREPOLARITY(&htim5, TIM_CHANNEL_1, TIM_INPUTCHANNELPOLARITY_RISING);
        }
        else            //bit6 不等于 1,说明本次中断由上升沿触发
        {
            __HAL_TIM_DISABLE(&htim5);
            TIM5CH1_CAPTURE_STA = 0;
            TIM5CH1_CAPTURE_STA |= 0x40;                     //bit6 置 1,说明上升沿捕获到了
            TIM5CH1_CAPTURE_VAL = 0;
            __HAL_TIM_SetCounter(&htim5, 0);
            TIM_RESET_CAPTUREPOLARITY(&htim5, TIM_CHANNEL_1);  //要先关闭通道才能设置触发方式
            TIM_SET_CAPTUREPOLARITY(&htim5, TIM_CHANNEL_1, TIM_INPUTCHANNELPOLARITY_FALLING);
            __HAL_TIM_ENABLE(&htim5);
        }
    }
}
/* USER CODE END 4 */
```

再次,确保开发板硬件连接好。

主要包括:

① 串口 USART1 的发送引脚 PA9、接收引脚 PA10 已分别与 USB 接口的接收引脚 RXD、发送引脚 TXD 连接好(注意,STM32 的串口发送引脚与 USB 接口的接收引脚相连,接收引脚与 USB 接口的发送引脚相连,不能接收与接收引脚或者发送与发送引脚相连。

② TIM14 的通道 1 的 PWM 输出引脚 PF9 与 TIM5 的输入通道 1 的引脚 PA0 相连。

最后,打开串口助手进行测试。

测试结果如图 9-47 所示。

【任务结果】 仔细对比输出的高电平时间 100 000 μs=100 ms,与一开始的设计思路一致,任务目标完成。通过这个任务也可以看到输入捕获非常精准。

【思考题】 如果输入捕获端 TIMx_CHx 输入频率固定的 PWM 信号,则该信号的周期或者频率该如何测量呢?

图 9 - 47　任务 9 - 3 测试结果示意图

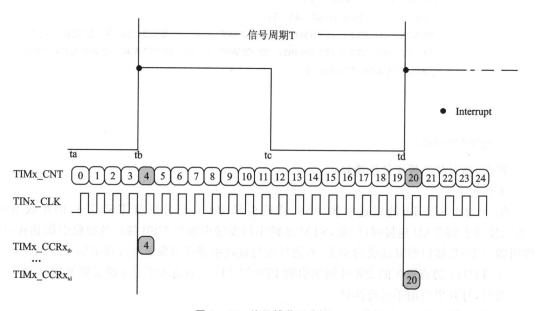

图 9 - 48　信号捕获示意图

分析：因为信号频率固定，所以只要能捕获到连续两次上升沿之间的溢出次数和两次上升沿发生瞬间计数器的计数值，即可由式(9-3)计算出两次上升沿之间的时间间隔，即信号的周期。以图 9 - 48 为例，一开始设置定时器的捕获触发方式为上升沿触发并同时启动计数器计数，在第一次捕获到上升沿时，假设获取计数器的值为 4，在第二次捕获到上升沿时，假设获取计数器的值为 20，若整个过程没有发生溢出，则信号的周期＝(20－4)×计数器的输入信号周

期。若此过程中发生了溢出,则可以在中断中记录溢出次数,比如 N 次,此时信号的周期＝
(N×(ARR＋1)＋(20－4))×计数器输入信号的周期。

9.5.2 输入捕获中断方式开启定时器及捕获值的读取

下面来介绍任务 9－4 中涉及的一些知识点,这些知识点都与输入捕获有关。

1. 定时器输入捕获中断方式开启定时器函数 HAL_TIM_IC_Start_IT( )

定时器输入捕获中断方式开启定时器函数 HAL_TIM_IC_Start_IT()的定义如图 9－49
所示。

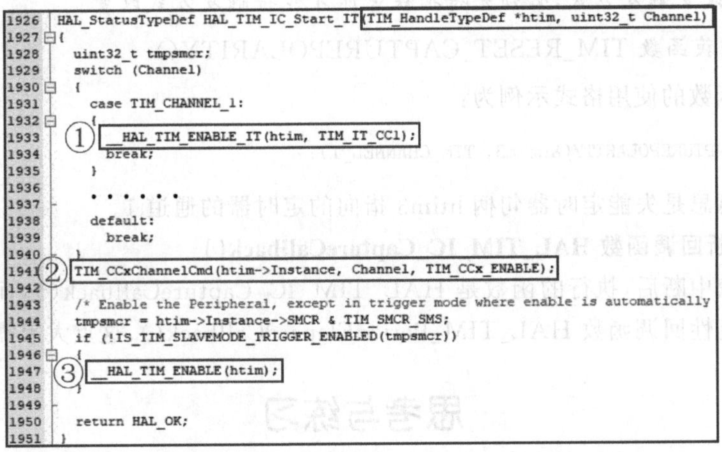

```
1926   HAL_StatusTypeDef HAL_TIM_IC_Start_IT(TIM_HandleTypeDef *htim, uint32_t Channel)
1927 ┌ {
1928       uint32_t tmpsmcr;
1929       switch (Channel)
1930 ┌     {
1931         case TIM_CHANNEL_1:
1932
1933  ①       __HAL_TIM_ENABLE_IT(htim, TIM_IT_CC1);
1934           break;
1935         }
1936         ......
1937
1938         default:
1939           break;
1940       }
1941  ②   TIM_CCxChannelCmd(htim->Instance, Channel, TIM_CCx_ENABLE);
1942
1943       /* Enable the Peripheral, except in trigger mode where enable is automatically
1944       tmpsmcr = htim->Instance->SMCR & TIM_SMCR_SMS;
1945       if (!IS_TIM_SLAVEMODE_TRIGGER_ENABLED(tmpsmcr))
1946 ┌     {
1947  ③       __HAL_TIM_ENABLE(htim);
1948       }
1949
1950       return HAL_OK;
1951   }
```

图 9－49 定时器输入捕获中断方式开启定时器函数示意图

由图 9－49 可知,该函数有两个参数,第一个参数是定时器句柄,第二个参数是定时器的
捕获通道,若当前使用定时器 3,通道为 2,则该函数的调用方式如下:

```
HAL_TIM_IC_Start_IT(&htim3, TIM_CHANNEL_2);
```

该函数的执行过程为:

① 调用宏"__HAL_TIM_ENABLE_IT(htim,TIM_IT_CC1);"来使能定时器句柄 htim
指向的对象的捕获中断。

② 调用函数"TIM_CCxChannelCmd(htim→Instance,Channel,TIM_CCx_ENABLE);"
来使能定时器句柄 htim 指向的对象的通道 Channel。

③ 调用宏"__HAL_TIM_ENABLE(htim)"来使能定时器句柄 htim 指向的对象。

在学习该函数时,要注意与普通方式、普通中断方式、PWM 方式等开启定时器的函数的
区别。

2. 捕获到 CCR 中值的读取函数 HAL_TIM_ReadCapturedValue( )

HAL_TIM_ReadCapturedValue()函数有两个参数,第一个参数用于指明定时器句柄,第
二个参数用于说明读取的是哪一个通道的捕获比较寄存器的值。

比如要读取定时器 3 的捕获通道 2 的 CCR 寄存器的值,该函数的使用方式为:

```
HAL_TIM_ReadCapturedValue(&htim3, TIM_CHANNEL_2);
```

3. 捕获触发方式的设置

（1）设置捕获触发方式函数 TIM_SET_CAPTUREPOLARITY()

设置捕获通道的捕获触发方式的函数为 TIM_SET_CAPTUREPOLARITY()，这个函数有 3 个参数：第一个为要设置的定时器句柄，第二个为要设置的通道，第三个为采用的触发方式。比如要设置定时器 3 的通道 1 的捕获为下降沿触发，可以使用如下语句：

```
TIM_SET_CAPTUREPOLARITY(&htim3, TIM_CHANNEL_1, TIM_INPUTCHANNELPOLARITY_FALLING);
```

触发方式有 3 种，分别是上升沿触发、下降沿触发和双边沿触发。

注意，要想改变触发方式，必须先将捕获失能才能将触发方式改变！

（2）失能捕获函数 TIM_RESET_CAPTUREPOLARITY()

失能捕获函数的使用格式示例为：

```
TIM_RESET_CAPTUREPOLARITY(&htim3, TIM_CHANNEL_1);
```

该语句的意思是失能定时器句柄 htim3 指向的定时器的通道 1。

4. 捕获中断回调函数 HAL_TIM_IC_CaptureCallback( )

在发生捕获中断后，执行的函数是 HAL_TIM_IC_CaptureCallback()，而普通中断发生后执行的是周期性回调函数 HAL_TIM_PeriodElapsedCallback()，这点大家需要注意！

思考与练习

1. 填空题

（1）STM32 的定时器一共有 14 个，分为高级定时器、通用定时器和基本定时器，其中高级定时器是_____，通用定时器是_____，基本定时器是_____。

（2）高级定时器中 PSC、ARR 和 CCRx 在物理上都是两个定时器，其中一个是预加载寄存器，另一个是_____，与程序员面对的是_____。

（3）引脚_____可以作为 TIM1 的 PWM 信号的输出引脚。

（4）TIM14 的 PWM 模式有两种，分别为 PWM1 和 PWM2，其中 PWM1 的特点是_____。

（5）通用定时器的时基单元有_____。

（6）HAL 库定时器采用 PWM 方式启动的函数是_____。

（7）HAL 库中设置定时器的占空比采用的函数是_____。

（8）HAL 库中溢出中断执行的回调函数是_____。

（9）HAL 库中使能中断的函数是_____。

（10）HAL 库中设置定时器计数器的宏是_____。

2. 编程题

（1）将任务 9-4 改为测量 PWM 信号的周期和频率。

（2）使用定时器的 PWM 控制实现呼吸灯效果。

附 录

STM32F407ZGT6 的引脚结构和功能

STM32F407ZGT6 最小系统板

参考文献

［1］欧启标.STM32 程序设计案例教程［M］.北京:电子工业出版社,2019.

［2］刘军,张洋.精通 STM32F4(寄存器版)［M］.北京:北京航空航天大学出版社,2015.

［3］刘军,张洋.精通 STM32F4(库函数版)［M］.2 版.北京:北京航空航天大学出版社,2019.